DIGIMAT 非线性复合材料多尺度模拟平台应用基础

左殿军　陈文亮　主编

中国建筑工业出版社

图书在版编目（CIP）数据

DIGIMAT非线性复合材料多尺度模拟平台应用基础/
左殿军，陈文亮主编.—北京：中国建筑工业出版社，
2021.6（2023.4重印）
ISBN 978-7-112-26159-8

Ⅰ.①D… Ⅱ.①左… ②陈… Ⅲ.①非线性材料—复
合材料—应用软件 Ⅳ.①TB39-39

中国版本图书馆CIP数据核字（2021）第087680号

复合材料以其高比强度、高比模量、耐腐蚀、抗疲劳以及高度的可设计性等优越性能越来越多地被应用在航天、航空、汽车、兵器、电子等行业。复合材料无论是在材料的研发、工艺设计还是结构校核方面都更为复杂，因此对材料开发人员和结构设计人员都提出了更高的挑战。用于多尺度非线性复合材料性能预测和设计的软件平台DIGIMAT，在航天航空、汽车制造、兵器研发以及土木建筑、交通工程等领域材料的开发和利用中得到大量地应用。本书以DIGIMAT 2019版为对象，系统介绍材料科学数值模拟研究和开发。全书共分为4大部分、22章，主要包括复合材料多尺度分析理论、多尺度平均场均匀化-MF、多尺度有限元分析-FE、DIGIMAT辅助工程设计-CAE等方面的内容。

本书适合从事复合材料研发、设计工程技术人员以及软件开发人员学习参考。

责任编辑：杨　允
责任校对：芦欣甜

DIGIMAT非线性复合材料多尺度模拟平台应用基础

左殿军　陈文亮　主编

*
中国建筑工业出版社出版、发行（北京海淀三里河路9号）
各地新华书店、建筑书店经销
唐山龙达图文制作有限公司制版
北京建筑工业印刷厂印刷
*

开本：787毫米×1092毫米 1/16 印张：19½ 字数：484千字
2021年6月第一版 2023年4月第三次印刷
定价：60.00元
ISBN 978-7-112-26159-8
(37119)

本书编委会

主　编：左殿军　陈文亮

副主编：王晨阳　王　良　齐昌广

　　　　曹　鹏　李劲松　郭进军

前　言

复合材料以其高比强度、高比模量、耐腐蚀、抗疲劳以及高度的可设计性等优越性能越来越多地被应用在航天、航空、汽车、兵器、电子等行业。随着材料应用的普及，基于复合材料的结构设计和材料研究也越来越多地被关注。对比金属材料，复合材料无论是在材料的研发、工艺设计还是结构校核方面都更为复杂，因此对材料开发人员和结构设计人员都提出了更高的挑战。

随着计算机辅助技术的兴起，将计算机辅助技术用于复合材料的研发和复合材料结构的设计优化成为主流趋势和必然方向，出现了很多基于层合板理论的复合材料力学分析程序和商用软件包。但随着研究的深入和应用的普及，这种方法的精度越来越难以满足工程上的需要。而且，由于在过去几十年里复合材料发展出越来越多的种类，其中很多都超出了经典复合材料力学的应用范围，基于微观尺度的，更普适的复合材料性能预测方法和结构分析方法成为新的研究热点。

美国MSC软件公司于2003年开发的一款用于多尺度非线性复合材料性能预测和设计的软件平台——DIGIMAT，旨在帮助材料开发人员能够准确预测多相材料的等效性能，可预测的材料范围涉及纤维、晶须、颗粒和片层等所有增强体，包含树脂基、金属基和陶瓷基在内的所有基体材料，且其丰富的软件接口可以与目前所有主流的有限元软件耦合进行多尺度计算分析，以便更好地判断材料的失效模式和破坏特征。目前，该软件在航天航空、汽车制造、兵器研发以及土木建筑、交通工程等领域材料的开发和利用中得到大量的应用。其软件版本也由4.1.2升级到2019，各种计算功能也在增强，但目前国内还没有专门的参考书籍。在MSC公司中国华中区经理李劲松的帮助下，我们着手出版了这本基础教程，目的是为国内材料科学数值模拟研究和开发人员提供一种参考。

本书在编写过程中，得到国家自然科学基金项目（51779264）、浙江省自然科学基金（LY21E080007）、中央级公益性科研院所基本科研业务费专线资金项目（TKS20200403）等课题的资助，在此一并表示感谢。

鉴于编者的水平和能力有限，疏漏、不足和错误在所难免，本书全体编者在此恳请各位同行、专家和学者等提出宝贵的批评和修改意见，以便本书再次出版时能够及时补充、修改和完善。

目　　录

第 1 部分　复合材料多尺度分析理论

第 2 部分　多尺度平均场均匀化-MF

第 3 部分 多尺度有限元分析-FE

第 4 部分　DIGIMAT 辅助工程设计-CAE

第 1 部分　复合材料多尺度分析理论

第 1 章　复合材料多尺度方法和均匀化理论

1.1　概述

复合材料是由两种或多种不同性质的材料用物理或化学方法在不同尺度上经过一定的空间组合而形成的多相材料系统，它既能保留原组分材料的主要特色，又通过复合效应获得原组分所不具备的性能，可以通过材料设计使各组分的性能互相补充并彼此关联，从而获得新的优越性能。可见，复合材料至少由两种不同性质的材料组成，因而在微观上的性质是不均匀的，这种非均匀性是复合材料最本质的特征，据此可将复合材料定义为空间分布非均匀的材料，包括多相复合材料、多孔材料和点阵材料等，其整体的有效性能取决于材料的性能及其在空间的分布。多尺度复合材料力学通过综合考虑复合材料在宏观、细观、微观等不同尺度结构特性，运用多尺度分析方法研究建立复合材料的宏观性能同其组分材料性能及各尺度结构之间的定量关系，并揭示材料各尺度的不同组织形式导致其宏观性能不同的内在机制。

实验手段可以用于研究复合材料力学性能，但不能完全或定量地研究和理解组分及结构对整体性能的影响，且必须先真实地制造出材料才能研究其性能。而理论和计算研究容易预测设计方案来使材料达到所需性能，当然仍需实验验证。然而，复合材料是相当复杂的结构，理论上获得材料微结构状态变量和材料系数的演化的精确解（解析解）是不可能的；而受限于目前的计算机发展水平，数值求解难以大规模地应用。

对于解决科学和工程问题而言，严格意义上的均质材料在自然界是不存在的，连续的均质材料只是一种抽象而形成的数学物理概念模型。在无法获得精确理论解的情况下，利用现有的研究能力和水平，通过对真实问题进行简化、近似、均质化来平衡准确性、效率及成本之间的关系，来达到一个对问题的最佳解决方案，且对于非均匀材料，很多随机因素使得材料的行为更多呈现统计物理学的规律，求解并不一定越准确效果越好。对于复合材料的均匀化近似，可以将研究的空间分辨率降低，满足输入和输出与真实材料满足相应的精度需求，从而简化计算而使之可行。

复合材料微观结构状态和材料系数的演化规律属于细观结构层面，而热荷载和机械荷载都是施加在宏观结构层面，所以要求研究采用的细观力学模型必须能够把材料的细观响应和宏观力学行为联系起来。用细观力学理论研究非均匀材料的均匀化问题，首先要确定均匀化方法中的基本单元，此基本单元被称为非均匀材料的代表性体积单元。单胞模型通过在非均匀结构中提取出一个代表性体积单元（RVE），从而可以求得有效的材料响应和演化过程。这里假设微结构是周期性重复排列的单胞，与复合材料的宏观尺寸相比，它的不均匀性是很小的，此种类型的材料被称作具有周期性微观结构的复合材料。但是，单胞法还是存在许多不足。周期性假设用于预测最优材料性能非常有效，然而实际的非均匀材料很少具有完全的周期性微结构，宏观结构上不同的点可能具有不同的微结构形态。这种假设在处理复杂载荷条件下非线性非均匀结构变形问题时也存在不足。为了解决上述问题，单胞模型应该包含大的区域，采用大的模型。

20 世纪 70 年代，学者们在研究非均匀材料时引入了一种替代的数学方法，Benssousan（1978）[1] 和 Sanchez-Palencia 等（1980）[2] 称之为均匀化理论。这种方法用于分析具有两个或者多个尺度的物质系统，它可以把含有第二相空间的细观尺度和整体结构上的宏观尺度联系起来。通过对位移和应力场进行渐进展开以及适当的变分原理，均匀化方法不仅可以求出等效的（均匀化）材料常数，而且可以得到两个尺度上的应力和应变分布。相对于单胞法，这种方法的优点在于不必做全局的周期性假设，在宏观结构的不同点可以有不同的微结构。然而，这种分析通过引入空间重复排列单胞做了局部周期性假设。

Toledano 和 Murakami（1987）[3]，Guedes 和 Kikuchi（1990）[4] 以及 Devries 等（1989）[5] 成功地把有限元方法和均匀化方法结合起来用于分析复合材料的线弹性问题。在这些研究当中，通过计算机模拟宏观结构的平均应力和应变场得到了全局的响应，同时借助局部应力和应变场的描述得到了微结构的行为。

国内学者郑晓霞等（2010）[6]，张廼龙等（2011）[7]，沈观林（2013）[8]，陈玉丽等（2018）[9] 在不同时期对多尺度复合材料力学研究进展进行了综述，本章部分内容结合 DIGIMAT 多尺度复合材料模拟应用平台理论基础进行了节选引用，更为详细的内容可参阅上述文献。

1.2　代表性体积单元

在非均匀材料的理论和数值分析中通常都需要用到代表体积单元（Representative Volume Element，RVE）[9]，如图 1.1 所示，因而合理地选取代表单元对多尺度分析十分重要。一般而言，复合材料结构的尺度（设结构最小尺度为 L）与其内部组分的特征尺度（设组分最大特征尺度为 A，如夹杂的最大尺度）相差巨大，即 $L \gg A$。例如，一般航空复合材料结构尺度在厘米到米的量级，而增强相尺度约为微米量级。对于这样的结构进行分析时，不可能将所有微观结构考虑其中，因此需要引入一个微元（设其尺度为 l），通过该微元上的微观结构获得复合材料宏观等效性能，从而将结构计算和复合材料的等效性能计算解耦，大大简化问题的求解。该微元称为复合材料代表单元，为了使代表单元能够

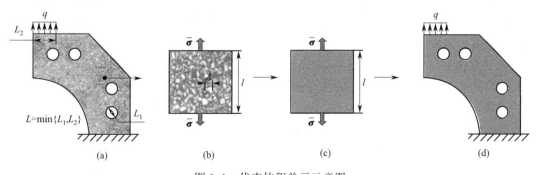

图 1.1　代表体积单元示意图

更好地代表复合材料，一般要求宏观结构尺度、代表单元尺度和微观结构尺度满足 $L \gg l \gg A$。这意味着，代表单元相对于结构尺度要充分小，在宏观结构中可以看作一个点，以保证其处于均匀载荷状态；同时代表单元相对于微观结构要充分大，包含尽量多的微观结构信息，因此其平均性质能够描述复合材料的宏观等效性能。注意这里所说的结构尺度 L 不仅是指结构的实际几何尺度，还要考虑结构所受载荷或变形的特征尺度。

遵循上述原则，可以选择出合理的代表单元并得到较为准确的分析结果。然而，代表单元中所含夹杂很多，使得理论分析难度较大，同时数值模拟的时间成本较高。而且，该代表单元主要适用于有明确的夹杂或增强相的材料，对于一些特殊的复合材料，例如双连续相复合材料、编织复合材料等，无法利用上述原则选取代表单元。实际上，大部分复合材料的微结构具有周期性或近似周期性，而且很多微结构还具有对称性，因此充分利用这些性质，一方面，可以缩小代表单元的尺度，降低理论分析的难度并减小数值模拟的计算规模，另一方面，也可以解决双连续相复合材料等特殊材料的代表单元选取问题。能够通过对称以及空间无限延拓（无重叠、无缝隙）重现真实材料微结构的代表单元称为周期性代表单元。如图 1.2（a）所示的周期性微观结构，可以选取如图 1.2（b）所示的矩形周期性代表单元，还可以根据对称性进一步缩小，选取如图 1.2（c）及图 1.2（d）所示的矩形和三角形代表单元。一般而言，对于二维周期性微结构总可以选取到一个平行四边形的周期性代表单元，对于三维周期性微结构总可以选取一个平行六面体的周期性代表单元。

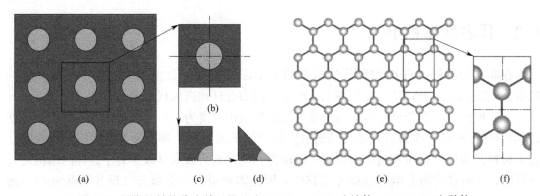

图 1.2 周期性结构代表单元的选取：(a) ～ (d) 连续体，(e)、(f) 离散体

在实际计算中，为了方便施加周期性边界条件，通常也会选取平行四边形或平行六面体的代表单元，周期性代表单元需要施加周期性边界条件，如图 1.3（a）所示的平行四边形周期性代表单元，在载荷作用下变为如图 1.3（b）所示的曲边平行四边形。为了保证无缝无重叠填充，等同边界点 G 和 H（$\boldsymbol{X}_\mathrm{H} - \boldsymbol{X}_\mathrm{C} = \boldsymbol{X}_\mathrm{G} - \boldsymbol{X}_\mathrm{A}$）需要满足如下边界条件：

$$\boldsymbol{U}_\mathrm{H} - \boldsymbol{U}_\mathrm{C} = \boldsymbol{U}_\mathrm{G} - \boldsymbol{U}_\mathrm{A} \tag{1.1}$$

式中，X 为初始构型的坐标，U 为位移，H 点相对于 C 点的位置始终与 G 点相对于 A 点的位置一样。在实际计算中，只需要给定 A 点、B 点和 C 点的位移，其他点在满足周期性边界约束条件下通过能量极小即可求得[8]。

对于不具备周期性微结构的复合材料，由于代表单元存在边界效应，则需要采用前文所述的较大的代表单元，并需要进行收敛性验证。代表单元是连接宏观和微观两个尺度的

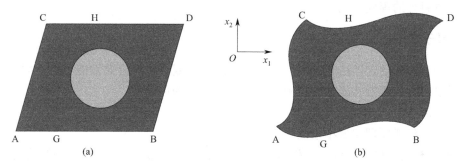

图 1.3　周期性边界条件示意图

桥梁，它的引入，可以将复合材料等效性能的分析转移到一个微元上，从而简化问题的求解。值得指出的是，代表单元的方法虽然是在多相复合材料的研究中发展起来的，但也适用于离散非均匀材料的研究，如图 1.2（e）、（f）所示。

1.3　细观尺度相关理论

在细观尺度上，材料的各组分按照一定的排布方式形成具有特定结构的复合体，各组分材料可以看作均匀连续介质，而复合体是非均匀的。细观尺度分析的任务是研究材料在载荷作用下的力学响应、组分间载荷传递及细观结构的萌生与演变，其中求解非均匀复合体的宏观等效刚度与等效强度是较为基础且较为重要的内容。目前，求解等效刚度的方法发展较为完善，包括直接等效方法、基于变分原理的定界法和基于夹杂理论的等效方法等，本书中将分别予以介绍；相较而言，等效强度由于受界面、缺陷等多种因素影响而难以准确求解。

1.3.1　直接等效方法

直接等效方法[10] 基于场量（例如应力和应变）的表面或体积平均而直接计算等效应力和等效应变，然后根据宏观等效应力和宏观等效应变之间的关系，求解宏观等效性能。首先选取 RVE，在边界上施加均匀应变 $\bar{\boldsymbol{\varepsilon}}$（或均匀应力 $\bar{\boldsymbol{\sigma}}$），对于简单结构可利用材料力学方法或弹性力学方法直接求解各组分的应力、应变，然后进行平均得到宏观等效应力 $\bar{\boldsymbol{\sigma}}$（或宏观等效应变 $\bar{\boldsymbol{\varepsilon}}$），最后根据定义求解复合材料的等效刚度系数 $\bar{\boldsymbol{C}}$（或等效柔度系数 $\bar{\boldsymbol{S}}$）：

$$\bar{\boldsymbol{\sigma}} = \bar{\boldsymbol{C}} : \bar{\boldsymbol{\varepsilon}} \ \text{或} \ \bar{\boldsymbol{\varepsilon}} = \bar{\boldsymbol{S}} : \bar{\boldsymbol{\sigma}} \tag{1.2}$$

对于微观结构复杂的 RVE，可以借助有限元或边界元等数值方法求解 RVE 内的微观应力应变分布。

串联模型、并联模型以及纤维增强复合材料的同心圆柱模型，便是直接等效方法的典型代表。然而可以解析求解的模型并不多，而且实际的微观结构一般很难满足这些模型的假设，因此解析方法在实际应用中主要用于粗略估计，更为精确的求解则需要借助于有限元。目前，直接等效方法广泛地用于预测碳纳米管增强复合材料、双相钢、随机网络以及编织复合材料等的等效性能。

1.3.2 基于变分原理的定界法

基于变分原理的定界法是利用变分极值原理得到复合材料等效性能上、下限的一种方法，能对复合材料等效性能的变化范围提供一个合理的估计[11,12]。

1）Voigt 上限与 Reuss 下限

（1）最小势能原理和最小余能原理

考虑 N 相复合材料，设总体积为 V，第 r 相的刚度系数为 C_r，柔度系数为 S_r，所占体积为 V_r（$r=0,\cdots,N-1$），体积分数为 c_r。设许可应变场 $\tilde{\varepsilon}\in M$，M 为所有满足位移边界条件和几何条件的许可位移场的集合，则许可应变场 $\tilde{\varepsilon}$ 对应的应变能密度（不考虑外力功的贡献）为：

$$\tilde{U}=\frac{1}{V}\sum_{r=0}^{n=1}\frac{1}{2}\int_{V_r}\tilde{\varepsilon}:\tilde{C}_r:\tilde{\varepsilon}\,\mathrm{d}V \tag{1.3}$$

用 $\bar{\varepsilon}$ 表示复合材料的宏观等效应变场，则真实应变能密度可以表示为：

$$U=\frac{1}{2}\bar{\varepsilon}:\bar{C}:\bar{\varepsilon} \tag{1.4}$$

式中，$\bar{C}$ 表示复合材料整体的等效刚度系数。根据最小势能原理，在所有满足位移边界条件和几何方程的许可应变场中，真实的应变场使系统的应变能取最小值，即：

$$U\leqslant\tilde{U} \tag{1.5}$$

设许可应力场 $\tilde{\sigma}\in L$，L 为所有满足应力边界条件和平衡方程的许可应力场的集合，则许可应力场 $\tilde{\sigma}$ 对应的余能密度（不考虑外力功的贡献）为：

$$\tilde{P}=\frac{1}{V}\sum_{r=0}^{n=1}\frac{1}{2}\int_{V_r}\tilde{\sigma}:S_r:\tilde{\sigma}\,\mathrm{d}V \tag{1.6}$$

用 $\bar{\sigma}$ 表示复合材料的宏观等效应力场，那么真实余能密度可以表示为：

$$P=\frac{1}{2}\bar{\sigma}:\bar{S}:\bar{\sigma} \tag{1.7}$$

式中，$\bar{S}$ 表示复合材料整体的等效柔度系数。根据最小余能原理，在所有满足应力边界条件和平衡方程的许可应力场中，真实的应力场使系统的余能取最小值，即：

$$P\leqslant\tilde{P} \tag{1.8}$$

（2）Voigt 近似与 Reuss 近似

Voigt（1989）[13] 假设了均匀的许可应变场，即 $\tilde{\varepsilon}=\bar{\varepsilon}$，代入式（1.3），并联立式（1.4）和式（1.5），可以得到 Voigt 近似关系：

$$\bar{C}\leqslant\frac{1}{V}\sum_{r=0}^{N-1}\int_{V_r}C_r\,\mathrm{d}V=\sum_{r=0}^{N-1}c_rC_r \tag{1.9}$$

Voigt 近似给出了复合材料等效刚度的一个上限。Reuss（1929）[14] 假设了均匀分布的许可应力场，即 $\tilde{\sigma}=\bar{\sigma}$，代入式（1.6），并联立式（1.7）和式（1.8），可以得到 Reuss 近似关系：

$$\bar{\boldsymbol{C}} \geqslant \left[\frac{1}{V}\sum_{r=0}^{N-1}\int_{V_r}\boldsymbol{S}_r\,\mathrm{d}V\right]^{-1} = \left[\sum_{r=0}^{N-1}\int_{V_r}c_r(\boldsymbol{C}_r)^{-1}\right]^{-1} \tag{1.10}$$

Reuss 近似给出了复合材料等效刚度的一个下限。式(1.9)和式(1.10)也常常用来直接估计复合材料的等效模量。式(1.9)可以较好地估计单向排布的长纤维复合材料沿纤维方向的模量，式(1.10)则常常用来估计单向复合材料的横向模量。事实上，当初 Voigt 和 Reuss 研究复合材料等效弹性模量时，分别采用了并联模型和串联模型进行分析，得到了 Voigt 近似和 Reuss 近似的结果，并未明确指出其结果分别为上限与下限。Hill（1952）[15] 利用能量变分原理证明了 Voigt 近似和 Reuss 近似结果分别是复合材料等效弹性模量的上限与下限，上述分析便是基于 Hill 的理论给出的。由于均匀应变场（或应力场）的假设太强，Voigt 和 Reuss 给出的上、下限范围太宽，在工程上应用价值不大，主要用于粗略地检验其他复合材料弹性模量预测方法的正确性。

2）Hashin-Shtrikman 上、下限

Hashin 和 Shtrikman（1962）[16,17] 采用变分法更加细致地研究了应变能的极值条件：选择一个几何形状和边界条件都相同的各向同性均匀体作为参考介质，然后将真实非均匀体的位移场、应变场和弹性模量分解为相应的参考介质量和扰动量，最后通过边界条件和内部约束条件给出非均匀体应变能的极值条件。对于宏观均匀且各向同性的复合材料，可以得到如下体积模量和剪切模量的 Hashin-Shtrikman 上、下限：

$$\begin{cases} \left[\displaystyle\sum_{r=0}^{N-1}c_r(K_g^*+K_r)^{-1}\right]^{-1}-K^* \leqslant \bar{K} \leqslant \left[\displaystyle\sum_{r=0}^{N-1}c_r(K_g^*+K_g^*)^{-1}\right]^{-1}-K_g^* \\ \left[\displaystyle\sum_{r=0}^{N-1}c_r(G_l^*+G_r)^{-1}\right]^{-1}-G_l^* \leqslant \bar{G} \leqslant \left[\displaystyle\sum_{r=0}^{N-1}c_r(G_g^*+G_r)^{-1}\right]^{-1}-G_g^* \end{cases} \tag{1.11}$$

此处：

$$\begin{cases} K_l^* = \dfrac{4}{3}\dfrac{1}{G_l}, K_g^* = \dfrac{4}{3}G_g \\[2mm] G_l^* = \dfrac{3}{2}\left(\dfrac{1}{G_l}+\dfrac{10}{9K_l+8G_l}\right) \\[2mm] G_g^* = \dfrac{3}{2}\left(\dfrac{1}{G_g}+\dfrac{10}{9K_g+8G_g}\right) \end{cases} \tag{1.12}$$

其中，$K_l = \min\limits_{0\leqslant r\leqslant N-1} K_r$，$K_g = \max\limits_{0\leqslant r\leqslant N-1} K_r$ 分别为复合材料各相中体积模量的最小值和最大值；$G_l = \min\limits_{0\leqslant r\leqslant N-1} G_r$，$G_g = \max\limits_{0\leqslant r\leqslant N-1} G_r$ 分别为复合材料各相中剪切模量的最小值和最大值。对于各向同性复合材料，任何计算结果都不应该违背 Hashin-Shtrikman 上、下限。

3）定界法的发展及应用

Krner（1977）[11] 基于 Dederichs 和 Zeller（1973）[18] 的成果，完善了求解等效弹性模量界限的递推形式的 n 阶界限理论体系，并提出了优化的零阶界限。其中 n 阶是指模量求解过程中所使用的统计信息相关函数的最高阶次，上述的 Voigt 与 Reuss 界限属于一阶界限，Hashin-Shtrikman 界限属于二阶界限。零阶界限的求解无需包括体积分数在内的任何统计信息，仅根据组分材料的参数便可给出复合材料整体性能的界限，可为复合材料设计之初的材料筛选提供参考数据。故此，除一阶和二阶界限外，零阶界限也得到了较

多的关注，并被不断发展和完善。Nadeau 和 Ferrari（2001）[19] 给出了优化的零阶上下界的算法，并将其推广到了各向异性材料性能（四阶张量）的求解。Lobos 等（2016）[20] 指出 Nadeau 和 Ferrari 给出的下限会存在负压缩模量和剪切模量的不合理情况，对其进行修正，并重新给出了非对角元参数的界限。上述定界方法能够粗略地给出复合材料等效刚度的上界和下界，可为其他方法的计算结果提供一个判断准则，还可用于复合材料设计之初的材料筛选。定界法形式简单、便于使用，有着较为广泛的应用。

1.3.3 基于夹杂理论的等效方法

许多经典的细观力学刚度预测方法都是基于 Eshelby 夹杂理论[21] 发展起来的，如稀疏法、自洽法[22-24]、广义自洽法[25]、Mori-Tankata（M-T）方法等[26-28]，这些方法已广泛用于求解含球形、椭球形夹杂复合材料的宏观等效性能。Eshelby（1957）给出了无限大均匀介质内含单椭球夹杂的弹性场。证明了当夹杂本征应变 ε^* 为常数时，椭球形夹杂内产生的应变 ε_{in} 是均匀的，且可以表示为：

$$\boldsymbol{\varepsilon}_{in} = \boldsymbol{S}^{E} : \boldsymbol{\varepsilon}^{*} \tag{1.13}$$

这里本征应变 $\boldsymbol{\varepsilon}^*$ 泛指除去周围约束时不会产生应力的应变，例如热应变、塑性应变以及材料的相变应变等；$\boldsymbol{S}^{E}$ 为著名的 Eshelby 张量，是四阶对称张量，满足 $S_{ijkl}^{E} = S_{jikl}^{E} = S_{ijlk}^{E}$，详细计算过程可见参考文献[21]，常见特殊椭球体夹杂的 Eshelby 张量见参考文献[21]。

如图 1.4 所示，当模量为 $\boldsymbol{C}_0$ 的无限大均匀介质中有一模量为 $\boldsymbol{C}_r$ 的椭球形夹杂，受到远场均匀宏观外载荷 $\bar{\boldsymbol{\varepsilon}}$ 或 $\bar{\boldsymbol{\sigma}}$（$\bar{\boldsymbol{\sigma}} = \boldsymbol{C}_0 : \bar{\boldsymbol{\varepsilon}}$）作用时，利用 Eshelby 等效夹杂理论，假想夹杂产生相变成为与基体相同的材料，相变所需的本征应变为 $\boldsymbol{\varepsilon}^*$，进而利用叠加原理及夹杂和基体的本构关系，得到夹杂内部的平均应变 $\langle\boldsymbol{\varepsilon}\rangle_r$ 和平均应力 $\langle\boldsymbol{\sigma}\rangle_r$ 与远场均匀外载荷的关系分别为：

$$\langle\boldsymbol{\varepsilon}\rangle_r = [\boldsymbol{I} + \boldsymbol{S}_r^{E} : \boldsymbol{C}_0^{-1} : (\boldsymbol{C}_r - \boldsymbol{C}_0)]^{-1} : \bar{\boldsymbol{\varepsilon}} \tag{1.14}$$

$$\langle\boldsymbol{\sigma}\rangle_r = \boldsymbol{C}_r : [\boldsymbol{C}_0 + \boldsymbol{C}_0 : \boldsymbol{S}_r^{E} : \boldsymbol{C}_0^{-1} : (\boldsymbol{C}_r - \boldsymbol{C}_0)]^{-1} : \bar{\boldsymbol{\sigma}} \tag{1.15}$$

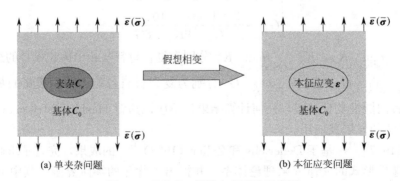

(a) 单夹杂问题　　　　　　　　　　　(b) 本征应变问题

图 1.4　Eshelby 等效夹杂理论示意图

多夹杂问题可分解为多个单夹杂问题求解，若单夹杂的局部坐标系与宏观坐标系不一致，在求代表单元的平均物理量时可将局部坐标系下得到的物理量之间的关系转换到统一的宏观坐标系下进行。对于第 r 相夹杂，引入应变集中因子 $\boldsymbol{A}_r$ 和应力集中因子 $\boldsymbol{B}_r$，则其平均应变 $\langle \boldsymbol{\varepsilon} \rangle_r$、平均应力 $\langle \boldsymbol{\sigma} \rangle_r$ 与复合材料宏观应变 $\bar{\boldsymbol{\varepsilon}}$、宏观应力 $\bar{\boldsymbol{\sigma}}$ 之间的关系可由 $\boldsymbol{A}_r$ 和 $\boldsymbol{B}_r$ 表示为：

$$\langle \boldsymbol{\varepsilon} \rangle_r = \boldsymbol{A}_r : \bar{\boldsymbol{\varepsilon}} \tag{1.16}$$

$$\langle \boldsymbol{\sigma} \rangle_r = \boldsymbol{B}_r : \bar{\boldsymbol{\sigma}} \tag{1.17}$$

对比式(1.14)、式(1.15) 和式(1.16)、式(1.17) 可以看出，Eshelby 等效夹杂理论正是给出了单夹杂问题的应变集中因子 $\boldsymbol{A}_r$ 和应力集中因子 $\boldsymbol{B}_r$。进一步，复合材料的等效刚度张量和等效柔度张量可以表示为：

$$\bar{\boldsymbol{C}} = \boldsymbol{C}_0 + \sum_{r=1}^{N-1} c_r (\boldsymbol{C}_r - \boldsymbol{C}_0) : \boldsymbol{A}_r \tag{1.18}$$

$$\bar{\boldsymbol{S}} = \boldsymbol{S}_0 + \sum_{r=1}^{N-1} c_r (\boldsymbol{S}_r - \boldsymbol{S}_0) : \boldsymbol{B}_r \tag{1.19}$$

式中，c_r 表示第 r 相的体积分数；$\boldsymbol{C}_r$ 和 $\boldsymbol{S}_r$ 分别表示第 r 相的刚度系数和柔度系数。其中应变集中因子 $\boldsymbol{A}_r$ 或应力集中因子 $\boldsymbol{B}_r$ 可以在不同的近似条件下利用 Eshelby 对单夹杂问题的解求得，由此得到了不同的近似方法。相对单夹杂问题，多夹杂问题需要考虑夹杂之间的相互作用，主要通过两种思想来实现：一是改变基体（等效介质）的模量，例如自洽法、广义自洽法；二是改变远场载荷，例如 Mori-Tankata 方法。几种比较有代表性的近似方法主要思路如图 1.5 所示，下面将分别介绍。

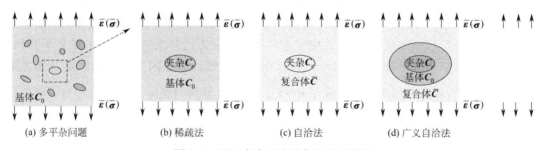

(a) 多平杂问题　　　(b) 稀疏法　　　(c) 自洽法　　　(d) 广义自洽法

图 1.5　基于夹杂理论的各方法示意图

1）稀疏法[29]

稀疏法适用于夹杂含量比较小的情况，该情况下可忽略夹杂之间的相互作用，因此第 r 相夹杂的平均应变 $\langle \boldsymbol{\varepsilon} \rangle_r$ 近似等于孤立的夹杂嵌于无限大基体中时的应变；对于单个夹杂，若受到宏观均匀应变 $\bar{\boldsymbol{\varepsilon}}$，由式(1.14)、式(1.16) 和式(1.18) 可以得到复合材料的宏观等效刚度张量为：

$$\bar{\boldsymbol{C}} = \boldsymbol{C}_0 + \sum_{r=1}^{N-1} c_r \left[(\boldsymbol{C}_r - \boldsymbol{C}_0)^{-1} + \boldsymbol{S}_r^{\mathrm{E}} : \boldsymbol{C}_0^{-1} \right]^{-1} \tag{1.20}$$

式中，$\boldsymbol{S}_r^{\mathrm{E}}$ 为第 r 相夹杂的 Eshelby 张量；$\boldsymbol{C}_r$ 为第 r 相的刚度系数；$\boldsymbol{C}_0$ 为基体的刚度系数。特别地，若复合材料由两相各向同性材料组成，且夹杂为随机分布的球形颗粒，这样复合材料本身也是各向同性的，其宏观性能可由等效体积模量 $\bar{K}$ 和等效剪切模量 $\bar{G}$ 表达，根据式(1.20)得：

$$\bar{K} = K_0 + \frac{c_1(4G_0 + 3K_0)(K_1 - K_0)}{4G_0 + 3K_1} \tag{1.21}$$

$$\bar{G} = G_0 + \frac{5c_1 G_0(4G_0 + 3K_0)(G_1 - G_0)}{3K_0(3G_0 + 2G_1) + 4G_0(2G_0 + 3G_1)} \tag{1.22}$$

式中，$K = E/3(1 - 2\nu)$ 为体积模量；G 为剪切模量；c 为体积分数；ν 为泊松比，下标 0 和 1 分别代表基体和夹杂。

若采用均匀应力边界条件 $\bar{\boldsymbol{\sigma}}$，则由式(1.13)、式(1.14) 和式(1.15) 得到复合材料的宏观等效柔度和刚度张量分别为：

$$\bar{\boldsymbol{S}} = \boldsymbol{S}_0 + \sum_{r=1}^{N-1} c_r \left[(\boldsymbol{I} - \boldsymbol{S}_0 : \boldsymbol{S}_r^{-1})^{-1} - \boldsymbol{S}_r^{\mathrm{E}} \right]^{-1} : \boldsymbol{S}_0 \tag{1.23}$$

$$\bar{\boldsymbol{C}} = \left\{ \boldsymbol{C}_0^{-1} + \sum_{r=1}^{N-1} c_r \left[(\boldsymbol{I} - \boldsymbol{C}_0^{-1} : \boldsymbol{C}_r)^{-1} - \boldsymbol{S}_r^{\mathrm{E}} \right]^{-1} : \boldsymbol{C}_0^{-1} \right\}^{-1} \tag{1.24}$$

对于球形颗粒增强的两相各向同性复合材料，由式(1.24) 可以得到[30]：

$$\bar{K} = K_0 + \frac{c_1(4G_0 + 3K_0)(K_1 - K_0)}{K_0(4G_0 + 3K_1) - c_1(4G_0 + 3K_0)(K_1 - K_0)} \tag{1.25}$$

$$\bar{G} = G_0 + \frac{5c_1 G_0(4G_0 + 3K_0)(G_1 - G_0)}{3K_0(3G_0 + 2G_1) + 4G_0(2G_0 + 3G_1) - 5c_1 G_0(4G_0 + 3K_0)(G_1 - G_0)} \tag{1.26}$$

当夹杂含量极低（$c_1 \to 0$）时，很容易看出式(1.21)、式(1.22) 和式(1.25)、式(1.26) 结果一致，并且都接近基体材料的模量，此时稀疏法的预测较为合理。然而，当夹杂含量较高时（$>5\%$），稀疏法在应变边界条件和应力边界条件下得到的结果不自洽，即式(1.20)~式(1.22) 和式(1.24)~式(1.26) 不一致。这是因为稀疏法假定基体无限大，因此认为宏观应力和宏观应变满足 $\bar{\boldsymbol{\sigma}} = \boldsymbol{C}_0 : \bar{\boldsymbol{\varepsilon}}$，这显然与实际情况不符。为了解决应力与应变边界结果不一致的问题，可以改变基体模量，例如认为夹杂嵌在模量为 $\bar{\boldsymbol{C}}$ 的无限大基体中，则上式变为 $\bar{\boldsymbol{\sigma}} = \bar{\boldsymbol{C}} : \bar{\boldsymbol{\varepsilon}}$；也可以改变远场载荷，例如，将远场载荷改为基体内的平均载荷，即 $\langle \boldsymbol{\sigma} \rangle_0 = \boldsymbol{C}_0 : \langle \boldsymbol{\varepsilon} \rangle_0$，这两种解决方法正是考虑夹杂之间相互作用的两种基本思想。以下介绍的几种方法正是这两种基本思想的典型代表，应力与应变边界条件的结果一致，因此给出结果时不再区分应力和应变边界条件。

2) 自洽法

自洽法假定把夹杂嵌入无限大基体中时，基体的刚度系数发生了变化，不再是原始的 $\boldsymbol{C}_0$，而是变为了复合材料的等效刚度系数 $\bar{\boldsymbol{C}}$，如图 1.5（c）所示。因此，式(1.14) 中的 $\boldsymbol{C}_0$ 改为 $\bar{\boldsymbol{C}}$，并与式(1.14) 和式(1.20) 联立，即可得到自洽模型的等效模量：

$$\bar{\boldsymbol{C}} = \boldsymbol{C}_0 + \sum_{r=1}^{N-1} c_r (\boldsymbol{C}_r - \boldsymbol{C}_0) : \left[\boldsymbol{I} + \boldsymbol{S}_r^{\mathrm{E}} : \bar{\boldsymbol{C}}^{-1} : (\boldsymbol{C}_r - \bar{\boldsymbol{C}}) \right]^{-1} \tag{1.27}$$

需要注意的是，此处的 $\bar{\boldsymbol{C}}$ 是待求的复合材料的等效刚度张量，是未知量。可见式(1.27) 是隐式方程，对于一般材料往往无法得到解析表达式，需要通过数值迭代求解。

若复合材料由两相各向同性材料组成，且夹杂为随机分布的球形颗粒，可由式(1.27)

解得其模量为:

$$\bar{K}=K_0+\frac{c_1(4\bar{G}+3\bar{K})(K_1-\bar{K})}{4\bar{G}+3K_1} \tag{1.28}$$

$$\bar{G}=G_0+\frac{5c_1\bar{G}(4\bar{G}+3K_0)(G_1-G_0)}{3\bar{K}(3\bar{G}+2G_1)+4\bar{G}(2\bar{G}+3G_1)} \tag{1.29}$$

3) 广义自洽法

在自洽法的基础上，研究者们发展了一些更为精确的模型，其中应用较多的是广义自洽法。为了更好地考虑基体与夹杂之间的相互作用，广义自洽法认为夹杂周围应该有一层基体，夹杂和有限厚度的基体材料组成一个新的夹杂，然后将该夹杂嵌入刚度未知的无限大基体中，如图 1.5(d) 所示。可见，广义自洽法能够较好地反映夹杂和基体的微结构特征，因此所得到的计算结果比较精确。然而，广义自洽法中的单夹杂问题无法通过 Eshelby 等效夹杂方法求解，需要利用弹性力学方法针对具体构型进行求解，因此增加了求解的难度，通常无法得到解析解，目前只有球形和长纤维形夹杂的单夹杂问题能够得到精确的解析表达式。例如，若复合材料由两相各向同性材料组成，且夹杂为随机分布的球形颗粒，则由广义自洽法可以得到:

$$\bar{K}=K_0+\frac{c_1(4G_0+3K_0)(K_1-K_0)}{(4G_0+3K_0)+3(1-c_1)(K_1-K_0)} \tag{1.30}$$

$$A\left(\frac{G}{G_0}\right)^2+2B\left(\frac{G}{G_0}\right)+C=0 \tag{1.31}$$

式中，A，B，C 为求解剪切模量的方程系数，系数较为繁琐，具体参见参考文献 [25]，需要注意的是，Christensen（1979）等[31] 给出的是基于特征函数解法的广义自洽法，只限于各向同性球形或圆柱形单夹杂嵌于各向同性基体之中的情况；Huang 等[32,33] 用能量方法把广义自洽方法推广到了各向异性材料、椭球形夹杂、多相夹杂、含微裂纹等情况。

此外，还有一些研究对上述方法做了改进，例如有效自洽法[34]、IDD 方法[35] 等。

4) Mori-Tankata 方法

该方法推导过程基于 Eshelby 解决方案中的近似值使用。自洽法和广义自洽法都通过改变基体的刚度系数来考虑夹杂的影响，基体远场的载荷仍是外部施加的应变 $\bar{\boldsymbol{\varepsilon}}$ 或应力 $\bar{\boldsymbol{\sigma}}$，而 Mori-Tankata 方法则通过改变远场载荷来考虑夹杂与基体之间的相互作用。

如图 1.5（e）所示，Mori-Tankata 方法考虑夹杂仍旧嵌于无限大基体材料之中，但基体的远场应变不再是外部施加的应变 $\bar{\boldsymbol{\varepsilon}}$ 或应力 $\bar{\boldsymbol{\sigma}}$，而是基体的平均应变 $\langle\boldsymbol{\varepsilon}\rangle_0$ 或应力 $\langle\boldsymbol{\sigma}\rangle_0(\langle\boldsymbol{\sigma}\rangle_0=\boldsymbol{C}_0:\langle\boldsymbol{\varepsilon}\rangle_0)$，通过外载荷的改变可以合理地反映夹杂与基体之间的相互作用。将式(1.14) 中的 $\bar{\boldsymbol{\varepsilon}}$ 改为 $\langle\boldsymbol{\varepsilon}\rangle_0$，代入式(1.16) 和式(1.18) 便可求得复合材料的等效刚度 $\bar{\boldsymbol{C}}$ 为:

$$\bar{\boldsymbol{C}}=\boldsymbol{C}_0+\sum_{r=1}^{N-1}c_r(\boldsymbol{C}_r-\boldsymbol{C}_0):\boldsymbol{T}_r:\left(c_0\boldsymbol{I}+\sum_{r=1}^{N-1}c_r\boldsymbol{T}_r\right)^{-1} \tag{1.32}$$

式中，$\boldsymbol{T}_r=[\boldsymbol{I}+S_r^{\mathrm{E}}:\boldsymbol{C}_0^{-1}:(\boldsymbol{C}_r-\boldsymbol{C}_0)]^{-1}$，对于球形颗粒增强的两相各向同性复合

材料，可以得到等效体积模量和等效剪切模量分别为：

$$\bar{K}=K_0+\frac{c_1(4G_0+3K_0)(K_1-K_0)}{(4G_0+3K_0)+3(1-c_1)(K_1-K_0)} \quad (1.33)$$

$$\bar{G}=G_0+\frac{5c_1G_0(4G_0+3K_0)(G_1-G_0)}{5G_0(4G_0+3K_0)+6(1-c_1)(2G_0+K_0)(G_1-G_0)} \quad (1.34)$$

5）微分法

微分法的主要思路是构造一个往基体内逐渐添加夹杂的微分过程，形成一个"少量添加—均匀化"的循环迭代过程：首先在体积为 V 的基体中取出一体积为 dV 的微元，替换为相同体积的夹杂，使这些夹杂按照复合材料中夹杂的具体形状和取向均匀分布到基体中；然后不断重复前面的"取存"过程，取出前一步"取存"之后所形成的复合材料的微元 dV，替换为相同体积 dV 的夹杂，同样使这些夹杂按照复合材料中夹杂的形状和取向均匀地分布到取出之前的复合材料中，直至夹杂的体积百分比达到真正复合材料的要求。

在上述过程中，把每次"取"之前的复合材料看作"存"之后的新复合材料的基体，这样每次"取存"过程夹杂的体积百分比很小，仅为 dV/V，因此可以用稀疏法给出每次"取存"后新复合材料的有效模量。对于两相复合材料，假设所有夹杂的大小一致、取向相同，则有：

$$\frac{d\bar{C}}{dc}=\frac{1}{1-c}\left[(C_1-\bar{C})^{-1}+\bar{S}^E:(\bar{C})^{-1}\right]^{-1} \quad (1.35)$$

式中，c 为夹杂的含量，初始值为 0，终止值为复合材料中夹杂的体积百分比 c_1；$\bar{C}$ 的初始值是纯基体的模量 C_0。若夹杂为球形颗粒，其体积模量及剪切模量可由下式求解：

$$\begin{cases} \frac{d\bar{K}}{dc_1}+\frac{(4\bar{G}+3\bar{K})(\bar{K}-K_1)}{(1-c_1)(4\bar{G}+3K_1)}=0 \\ \frac{d\bar{G}}{dc_1}+\frac{5\bar{G}(4\bar{G}+3\bar{K})(\bar{G}-G_1)}{(1-c_1)[3\bar{K}(3\bar{G}+2G_1)+4\bar{G}(2\bar{G}+3G_1)]} \\ \bar{K}|_{c_1=0}=K_0,\quad \bar{G}|_{c_1=0}=G_0 \end{cases} \quad (1.36)$$

6）各种方法的比较及应用[9]

表 1.1 对上述方法得到的等效刚度公式进行了汇总，下面针对两相各向同性复合材料，以随机分布球形孔洞夹杂（$K_1/K_0=0$）和刚性夹杂（取 $K_1/K_0=100$）为例，对上述方法的计算结果进行对比分析，以简要说明各种方法的特点及适用范围。对比结果如图 1.6 所示：

（1）当夹杂体积分数很低，即 $c_1\to0$ 时，自洽法、广义自洽法、微分法以及 Mori-Tankata 方法的结果都趋于稀疏法的结果；且当夹杂体积分数极低，即 $c_1\to0$ 时，各方法得到的模量都趋于基体模量；可见夹杂含量低时各种方法均能很好地预测复合材料的等效模量。

（2）稀疏法只适用于体积分数较小的情况，体积分数较大时，均匀应变和均匀应力边界条件的结果都明显偏离实际情况。

（3）就图中所考虑的孔洞夹杂和刚性夹杂而言，夹杂体积分数较大时，自洽法结果出现了较大的偏差，事实上，一般而言当夹杂和基体的弹性常数相差较大时，自洽法便会存在问题。

（4）广义自洽法、微分法以及 Mori-Tankata 方法，在低夹杂浓度以及高夹杂浓度情况下，均能给出较为合理的结果。

各种细观力学方法等效刚度对比　　　　　　　　　　　　　　　表 1.1

方法		等效模量
Voigt 上限		$\bar{C} \leqslant \sum\limits_{r=0}^{N-1} c_r C_r$
Ruess 下限		$\bar{C} \geqslant [\sum\limits_{r=0}^{N-1} \int_{V_r} c_r (C_r)^{-1}]^{-1}$
稀疏法	应力边界条件	$\bar{C} = C_0 + \sum\limits_{r=1}^{N-1} c_r [(C_r - C_0)^{-1} + S_r^E : C_0^{-1}]^{-1}$
	应变边界条件	$\bar{C} = \{ C_0^{-1} + \sum\limits_{r=1}^{N-1} c_r [(I - C_0^{-1} : C_r)^{-1} - S_r^E]^{-1} : C_0^{-1} \}^{-1}$
自洽法		$\bar{C} = C_0 + \sum\limits_{r=1}^{N-1} c_r (C_r - C_0) : [(I + S_r^E : \bar{C}^{-1} : (C_r - \bar{C})]^{-1}$
Mori-Tankata 方法		$\bar{C} = C_0 + \sum\limits_{r=1}^{N-1} c_r (C_r - C_0) : T_r : (c_0 I + \sum\limits_{r=1}^{N-1} c_r T_r)^{-1}$
微分法		$\dfrac{\mathrm{d}\bar{C}}{dc} = \dfrac{1}{1-c} [(C_1 - \bar{C})^{-1} + \bar{S}^E : (\bar{C})^{-1}]^{-1}$

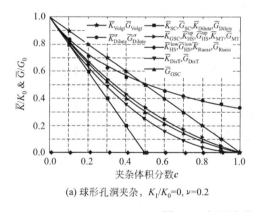

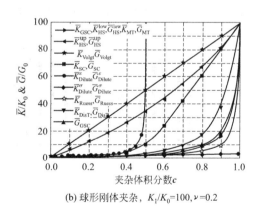

(a) 球形孔洞夹杂，$K_1/K_0 = 0$，$\nu = 0.2$ 　　　　(b) 球形刚体夹杂，$K_1/K_0 = 100$，$\nu = 0.2$

图 1.6　细观力学方法结果对比（$\nu = 0.2$）

（5）上述公式都是在线弹性范围内推导的，通过适当选取线性参考介质、引入新的变分方法将非线性问题线性化（可以借助有限元）后，上述公式可用于多尺度复合材料力学研究进展以推广到非线性问题的求解[36-39]。

1.3.4　细观力学强度分析方法

细观力学强度分析的主要目的是建立复合材料强度与组分材料性能、含量、微观结构等参数之间的关系。相较于前文求解等效刚度的理论，细观力学强度方面的理论研究在成熟程度和预测的准确性方面都有所欠缺，这是由于强度和刚度的性质不同，刚度反映的是材料的整体特性，而强度受材料的局部特性影响较大。组分材料的随机性缺陷、材料性能的分散性、界面特性以及制造工艺、残余温度应力等各种因素都会影响强度，因此简单的强度理论模型很难准确地定量预测实际复合材料的强度，强度理论更多地是对影响复合材料强度因素的定性分析。力学强度分析的思路大致如下：

（1）根据材料的组分、微观结构以及外载荷特征，分析可能出现的失效模式；

（2）针对可能的失效模式，建立相应的力学模型，并根据各相材料的性质及界面特点分别选取适当的强度准则或屈服条件；

（3）求解复合材料的应力-应变关系，得到极限载荷和极限应变。

复合材料在外载荷作用下存在多种可能的失效模式，且微观结构不同、外载荷形式不同，其失效模式也有所不同。因此，复合材料细观强度分析首先需要针对具体问题，结合实验观测和物理机理分析其可能的失效模式。例如，连续纤维增强复合材料在轴向拉伸载荷作用下，可能发生纤维断裂、基体开裂、界面脱粘等不同模式的失效，如图 1.7(a)～(c) 所示；在轴向压缩载荷作用下，则可能发生纤维屈曲、界面脱粘、基体开裂、剪切破坏等不同模式的失效，如图 1.7(d)～(h) 所示。分析得到可能的失效模式之后，需要结合具体的复合材料微观结构建立合理的理论模型，分析各组分间的载荷传递及相互作用。例如，针对连续纤维增强复合材料的强度问题，Rosen（1964）[40] 基于最弱环模型[41]提出了均匀载荷分担模型，Zweben（1968）[42] 基于剪滞理论成功发展了局部载荷分担模型等。然后，根据各组分材料的特性选择合适的失效或屈服准则进行失效分析。其中，针对单一组分材料的失效通常选用较为简单的准则，常用的各向同性失效准则有最大正应力准则、最大线应变准则、最大剪应力准则及最大畸变能准则，各向异性失效准则见第 2 部

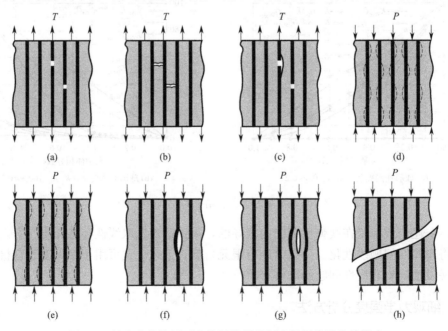

图 1.7　轴向载荷作用下连续纤维增强复合材料常见失效模式

分中第 8 章；常用的各向同性屈服准则有 Tresca 屈服准则和 Mises 屈服准则，各向异性屈服准则具体参见文献 [43,44]。

最后，根据理论模型和失效或屈服准则得到复合材料的极限载荷，该值可以作为宏观结构分析中材料的强度值。一般而言，复合材料中较弱的部分会首先发生失效；当部分材料失效后，其余部分会继续承载，直到整体发生破坏。复合材料强度分析通常需要求解复合材料整个损伤及失效过程的应力-应变曲线，其最高点即为复合材料的强度。应当注意，不同的失效模式对应不同的分析模型和失效准则，因此最终可能得到不同的极限载荷。如果无法确定材料会出现哪种失效模式，则应该研究所有可能的失效模式，以其中最小的极限载荷计算复合材料的强度。上述复合材料强度分析过程中，外载荷如何分配到各组分材料以及各组分材料之间载荷如何传递是问题的关键所在，相关力学模型可参阅文献 [45]。

1.4　宏观尺度相关理论

在宏观尺度下，对复合材料的力学性能分析可以忽略其非均匀性，以均匀化后的材料为研究对象。因此宏观的理论分析应用于多尺度分析时，通常需要通过微纳米尺度、细观尺度的分析或材料性能实验，得到材料均匀化后的等效力学性能。宏观复合材料力学分为材料力学和结构力学，前者的核心是层合板理论，在该理论中，把单层板看成均匀的各向异性材料，忽略各相材料的具体差异，用平均力学性能代表单层材料的刚度、强度等特性，从单层板性能出发推导得到整体层合板的性能；后者则从更宏观的角度进行分析，以层合板的性能为起点，把层合板看作均匀材料，借助板壳理论等结构力学的分析方法对其弯曲、屈曲、振动、疲劳等性能进行研究。宏观复合材料力学在复合材料的制备、优化、性能评估等方面发挥着重要的指导作用，理论体系比较成熟，相关教材[46-48] 中都有详细介绍，本书不再赘述。

1.5　均匀化理论和方法

1.5.1　均匀化理论

均匀化理论用于分析两个或更多个长度尺度的物理系统。20 世纪 80 年代该理论得到进一步的发展。均匀化方法可以运用于许多物理、工程的领域。事实上，力学和物理的连续介质假设可认为是均匀化理论的一种，把材料看成由原子或分子组成。均匀化理论是一套严格的数学理论。该方法用均质的宏观结构和非均质的具有周期性分布的微观结构描述原复合材料结构；将力学量表示成关于宏观坐标和微观坐标的函数，并用微观和宏观两种尺度之比为小参数展开，用摄动技术将原问题化为微观均匀化问题和宏观均匀化问题。对这些问题的求解给出了具有微观非均质结构的复合材料的有效性能，并给出了非均质扰动的复合材料的微观应力场。

均匀化方法目的是确定非均匀材料的等效均匀介质的特征，根据局部本构关系和相关的局部变量表达式，得到描述 RVE 整体特征的宏观量。考虑一具有周期性结构的复合材

料弹性体 Ω，受体力 f，边界 Γ_t 上受表面力 t，边界 Γ_u 上给定位移边界条件。宏观某点 x 处的细观结构可以看成是非均匀单胞在空间中周期性重复堆积而成。单胞的尺度 y 相对于宏观几何尺度为小量（图 1.8）。

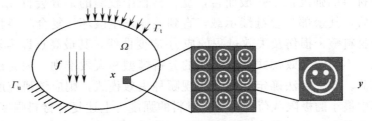

图 1.8　轴向载荷作用下连续纤维增强复合材料常见失效模式

对于非均匀的复合材料，当宏观结构受外部作用时，位移和应力等结构场变量将随宏观位置的改变而不同。同时由于细观结构的高度非均匀性，使得这些结构场变量在宏观位置 x 非常小的邻域 ε 内也会有很大变化。因此所有变量都假设依赖于宏观与细观两种尺度，即：

$$\Phi^{\varepsilon}(x) = \Phi(x, y), \quad y = x/\varepsilon \tag{1.37}$$

其中，上标 ε 表示该函数具有两尺度的特征。

Y-周期性：微观单胞的周期为 Y

$$\Phi(x, y) = \Phi(x, y + Y) \tag{1.38}$$

在 Ω^{ε} 中，弹性张量 E^{ε}_{ijkl} 和柔度张量 S^{ε}_{ijkl} 分别为

$$E^{\varepsilon}_{ijkl}(x) = E_{ijkl}(x, y), \quad S^{\varepsilon}_{ijkl}(x) = S_{ijkl}(x, y) \tag{1.39}$$

假设应力场和位移场都满足平衡方程、几何方程和本构方程，有

$$\begin{cases} \sigma^{\varepsilon}_{ij,j} = -f_i \\ e^{\varepsilon}_{kl} = \dfrac{1}{2}\left(\dfrac{\partial u^{\varepsilon}_k}{\partial x^{\varepsilon}_l} + \dfrac{\partial u^{\varepsilon}_l}{\partial x^{\varepsilon}_k}\right) \\ \sigma^{\varepsilon}_{ij} = E^{\varepsilon}_{ijkl} e^{\varepsilon}_{kl} \end{cases} \tag{1.40}$$

其中：$u^{\varepsilon} = u(x, y)$ 是细观坐标系 y 中的具有 Y-周期的位移场。

同时，在给定力边界和给定位移边界分别满足：

$$\sigma^{\varepsilon}_{ij} n_j = t_i, \quad u^{\varepsilon}_i = \bar{u}_i \tag{1.41}$$

考虑到非均匀固体的微观结构由基体材料和多相夹杂组成，并受到给定的载荷和边界条件的影响。就计算而言，禁止在微观结构的尺度上解决力学问题。因此，可以将材料划分两个尺度：微观尺度（非均匀化）和宏观尺度，其中固体可以视为局部均匀，通过代表性的体积单元联系两个尺度。基于数学理论严格的均匀化方法有渐进展开法、泰勒级数近似法和以傅里叶变换为基础的多尺度方法，常用的主要是双尺度渐进展开化，具体方法可参考文献［46］。

1.5.2　平均场均匀化

1）一般平均化

在双尺度（及更普遍的多尺度）方法中的主要难题是解决 RVE 问题。传统的连续力学分析是在宏观层面上进行的。在每个宏观点 X 处，需要知道宏观应变 $E(X)$，并计算宏观应力 $\sigma(X)$，反之亦然。

RVE（域 $\boldsymbol{\omega}$，体积 V）的平均数量定义为：

$$\langle f(X,x) \rangle \equiv \frac{1}{V} \int_{\omega} f(X,x) \mathrm{d}V \tag{1.42}$$

其中，$f(X,x)$ 对微观坐标进行积分，并且是 RVE 内部的微观场。

考虑两种传统的 BCs 类型：（1）线性位移；（2）均布应力。前者对应于施加的宏观位移梯度，后者对应于已知的宏观应力。

（1）宏观位移梯度 G 和应变 $E=(G+G^{\mathrm{T}})/2$

在微观层面上，RVE 的边界 $\partial\omega$ 受到施加的线性位移的影响：

$$\boldsymbol{u}_i(\boldsymbol{x}) = \boldsymbol{G}_{ij} x_j \quad \boldsymbol{x} \in \partial\boldsymbol{\omega} \tag{1.43}$$

平均应变等于宏观应变，即 $\langle \varepsilon_{ij} \rangle = E_{ij}$。

（2）宏观应力 σ

在微观层面上，对 $\partial\boldsymbol{\omega}$ 施加的应力：

$$\boldsymbol{F}_i(\boldsymbol{x}) = \boldsymbol{\sigma}_{ij} \boldsymbol{n}_j(\boldsymbol{x}), \quad \boldsymbol{x} \in \partial\boldsymbol{\omega} \tag{1.44}$$

其中，$\boldsymbol{n}$ 是外向单位，与 $\partial\boldsymbol{\omega}$ 正交。

平均应力等于宏观应力：

$$\langle \sigma_{ij} \rangle = \sigma_{ij} \tag{1.45}$$

对于传统 BCs 下的 RVE 而言，宏观应变和应力等于未知微观应变的 RVE 和 RVE 内的应力场的体积平均值。

考虑任何自平衡的微观应力场和微观应变场：

$$\boldsymbol{\sigma}_{ij}^* = \boldsymbol{\sigma}_{ji}^*, \frac{\partial \boldsymbol{\sigma}_{ij}^*}{\partial \boldsymbol{x}_j} = \boldsymbol{0}, \forall \, \boldsymbol{x} \in \boldsymbol{\omega}; \boldsymbol{\varepsilon}_{ij}^* = \frac{1}{2} \left(\frac{\partial \boldsymbol{u}_i^*}{\partial \boldsymbol{x}_j} + \frac{\partial \boldsymbol{u}_j^*}{\partial \boldsymbol{x}_i} \right) \tag{1.46}$$

其中，$\boldsymbol{u}(X)$ 是与 $\varepsilon^*(X)$ 相关的微观位移场。

如果 $\boldsymbol{\varepsilon}^*(X)$ 满足 $\partial\omega$ 上的线性位移 B.C.（1），或者 $\sigma^*(\boldsymbol{X})$ 满足 $\partial\boldsymbol{\omega}$ 上的均匀应力 B.C.（2），则

$$\langle \boldsymbol{\sigma}^* : \boldsymbol{\varepsilon}^* \rangle = \langle \boldsymbol{\sigma}^* \rangle : \langle \boldsymbol{\varepsilon}^* \rangle \tag{1.47}$$

上式也被称为 Hill 宏观均匀化条件或 Hill-Mandell 条件，这一条件对采用变分方法推导均匀化模型非常有用。在线弹性模型中，如果 $\sigma^*(X)$ 和 $\varepsilon^*(X)$ 相关，则微观能量的平均值等于宏观能量，更直接地解释了式(1.47)。

2）平均场均匀化[50]

平均场均匀化是本书第 2 部分多尺度平均场均匀化的理论基础，其目的是计算 RVE 层面（宏观应力和应变）和各相中的应力和应变场的体积平均值的准确近似值。须强调的是 MFH 无法详细解决 RVE 问题，因此无法计算各相中的详细微观应力和应变场。

目前，理论上存在不同的 MFH 模型，每个模型都基于一些特定的假设。最简单的模型是前述 Voigt 和 Reuss 模型。Voigt 模型假设应变场在 RVE 内部均匀，宏观刚度被认为是微观刚度的体积平均值；在 Reuss 模型中，假设应力场在 RVE 中均匀，宏观柔度（刚度的倒数）被认为是微观柔度的体积平均值。Voigt 和 Reuss 模型分别以并行和串联

的方式归纳了简单的 1D 条形模型。这两种模型都非常简单。事实上，假设复合材料内的应变或应力均匀是不现实的。此外，如果材料是各向同性，则两个模型都会预测各向同性的复合材料，不考虑夹杂相的形状和取向如何，而这在物理上是错误的。

（1）两相复合材料

两相复合材料由基质材料制成，并利用许多相同的夹杂相（I）增强，具有相同的材料、形状和取向。本书中使用下标 0 作为基质，1 作为夹杂相。两个相中的体积分数为 $\nu_0 + \nu_1 = 1$。RVE、基质相和夹杂相的应变场的体积平均值如下所示：

$$\langle \varepsilon \rangle_\omega = \nu_0 \langle \varepsilon \rangle_{\omega 0} + \nu_1 \langle \varepsilon \rangle_{\omega 1} \tag{1.48}$$

实际上，该恒等式适用于任何微观场（例如：应力场）。任何 MFH 模型都可以用所谓的应变集中向量来定义，具体如下所示：

$$\langle \varepsilon \rangle_{\omega 1} = \boldsymbol{B}^{\mathrm{e}} : \langle \varepsilon \rangle_{\omega 0}, \langle \varepsilon \rangle_{\omega 1} = \boldsymbol{A}^{\mathrm{e}} : \langle \varepsilon \rangle_\omega \tag{1.49}$$

通过第一个向量，所有夹杂相的应变体积平均值与基质相的应变体积平均值相关，并且通过第二个向量，与整个 RVE（宏观应变）的应变体积平均值相关。两个应变集中向量不是独立的。事实上，第二个向量可以从第一个向量中进行计算：

$$\boldsymbol{A}^{\mathrm{e}} = \boldsymbol{B}^{\mathrm{e}} : [\nu_1 \boldsymbol{B}^{\mathrm{e}} + (1-\nu_1) \boldsymbol{I}]^{-1} \tag{1.50}$$

对于两相线性弹性复合材料由应变集中向量定义的任何均匀化模型，宏观刚度为：

$$\bar{\boldsymbol{C}} = [\nu_1 \boldsymbol{C} : \boldsymbol{B}^{\mathrm{e}} + (1-\nu_1) \boldsymbol{C}_0] : [\nu_1 \boldsymbol{B}^{\mathrm{e}} + (1-\nu_1) \boldsymbol{I}]^{-1} \tag{1.51}$$

可以看出 Voigt（均匀应变）和 Reuss（均匀应力）模型，分别对应于以下选项：

$$\boldsymbol{B}^{\mathrm{e}} = \boldsymbol{I} \ \text{和} \ \boldsymbol{B}^{\mathrm{e}} = \boldsymbol{C}_1^{-1} : \boldsymbol{C}_0 \tag{1.52}$$

可以证明，真实复合材料的刚度受 Voigt 和 Reuss 估计值的限制，其分别提供上限和下限。然而在实践中，它们的边界却相距甚远，更近的边界可由 Hashin 和 Shtrikman 模型确定。

（2）基于夹杂理论的平均场均匀化方法

由于 Eshelby 的理论比 Voigt 和 Reuss 估计值更接近真实值，复杂的 MFH 模型或边界都使用了 Eshelby 的解决方法（参见 1.3.3 节）。考虑在均匀刚度 $\boldsymbol{C}_0$ 的无限固体内部，切割出一个椭球体（I），经过无应力本征应变 ε^*，然后焊接至其占据的空腔中（图 1.9）。

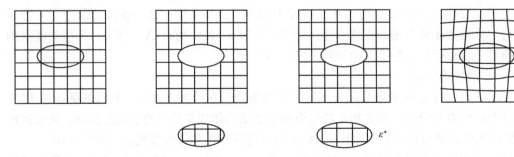

图 1.9　Eshelby 的问题

椭球体（I）内的应变均匀，并与本征应变有关，具体如下：

$$\varepsilon(\boldsymbol{x}) = \boldsymbol{\zeta}(\boldsymbol{I}, \boldsymbol{C}_0) : \varepsilon^*, \forall \boldsymbol{x} \in (\boldsymbol{I}) \tag{1.53}$$

其中：$\zeta(I,C_0)$ 是 Eshelby 向量。其取决于 C_0 和形状（而非尺寸）以及（I）的取向。如果 C_0 是各向同性，并且（I）是球体（其是旋转椭球体），则刚度依赖性仅通过泊松比，而形状依赖性仅通过纵横比。

考虑单一夹杂相问题，无限实体在其边界上（对应于均匀的远程应变 E）受到线性位移的影响。固体由均匀刚度 C_0 的基质相组成，其中嵌入了均匀刚度 C_1 的单一椭球夹杂相（I）（图 1.10）。使用 Eshelby 的解决方法可以闭合的形式解决该问题。其中发现，夹杂相（I）内部的应变均匀，并且与远程应变有关，具体如下所示：

$$\varepsilon(x)=H^e(I,C_0,C_1):E,\forall x\in(I) \tag{1.54}$$

其中：H^e 是单一夹杂相应变集中向量，定义如下：

$$H^e(I,C_0,C_1)=\{I+\zeta(I,C_0):C_0^{-1}:[C_1-C_0]\}^{-1} \tag{1.55}$$

另一个起重要作用的向量是 Hill（极化）向量，定义如下：

$$P^e(I,C_0)=\zeta(I,C_0):C_0^{-1} \tag{1.56}$$

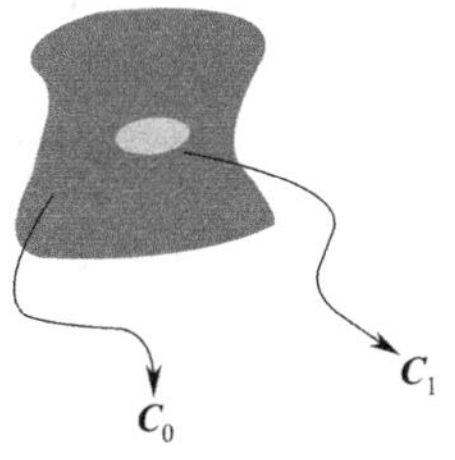

图 1.10　嵌入到无限体内的单一夹杂相

单一夹杂相问题的解决方案是众所周知且成功的 MFH 模型的基础。

①两相复合材料的 MFH 模型

回到前述由均匀刚度 C_0 的基质相组成的复合 RVE 的情况，其由若干均匀刚度 C_1 的夹杂相增强，在材料、形状和取向方面应该相同。对应于远程应变 ε 的线性位移施加在边界上。与单一夹杂相问题不同，该多重夹杂相问题并没有解析解。因此，根据不同的假设存在若干个 MFH 模型。它们都使用单一夹杂相问题的解决方法。

a. 自洽（S-C）模型

使用单一夹杂相解决方法，真实 RVE 的各个夹杂相（I）内的应变如下：

$$\varepsilon(x)=H^e(I,\bar{C},C_1):E,\forall x\in(I) \tag{1.57}$$

S-C 模型可应用于一般复合材料（不仅是简单的两相复合材料），甚至可应用于没有基质相的材料中（多晶体和聚集体）。然而，对于真实的复合材料（具有不同材料性能的成分）而言，S-C 模型通常会产生不好的预测（例如，太硬）。

b. Mori-Tanaka 模型

应变集中向量由以下关系式定义，其中所有夹杂相的应变体积平均值与平均基质应变相关：

$$B^e=H^e(I,\bar{C},C_1) \tag{1.58}$$

这正是单一夹杂相问题的应变集中向量，真实 RVE 中各个夹杂相的行为方式好像其在实际基质中被分离。该固体无限，并且受到真实 RVE 中的平均基质应变（远程应变）的影响（图 1.11）。M-T 模型成功预测两相复合材料的有效性能。从理论上讲，其只限于夹杂相的中等体积分数（少于 25%），但实际上其可以很好地预测超出该范围的体积分数。

c. 双重夹杂相（D-I）模型[51]

该模型基于以下理念：每个刚度 C_1 的夹杂相（I）被紧密包围在四周，并具有真实的刚度 C_0 基质材料，而在这些区域之外，还有刚度 C_r 的参考媒介。换言之，真实的复合 RVE 可由模型复合材料替代，该模型复合材料由刚度 C_r 参考基质组成，其中嵌入了涂覆有刚度 C_0 材料的刚度 C_1 夹杂相（图 1.12）。

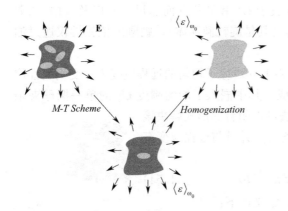 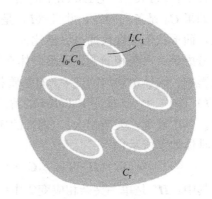

图 1.11 Mori-Tanaka（M-T）模型　　　　图 1.12 双重夹杂相（D-I）模型图

体积和体积分数之间的不等式应为如下所示：

$$\frac{V(I)}{V(I_0)} \geqslant \frac{\nu_1}{1-\nu_1} \tag{1.59}$$

实际上，D-I 模型是 MFH 模型系，可以根据参考媒介刚度的特定选择来设计众多方案。特别是可以证明以下三种情况：

✓　$\mathbf{C}_r = \overline{\mathbf{C}}$（复合材料）：自洽模型；

✓　$\mathbf{C}_r = \mathbf{C}_0$（基质）：Mori-Tanaka 模型 $\mathbf{B}^e = \mathbf{H}^e(I, \mathbf{C}_0, \mathbf{C}_1) \equiv \mathbf{B}_l^e$；

✓　$\mathbf{C}_r = \mathbf{C}_1$（夹杂相）：逆向 Mori-Tanaka 模型 $\mathbf{B}^e = [\mathbf{H}^e(I, \mathbf{C}_0, \mathbf{C}_1)]^{-1} \equiv \mathbf{B}_u^e$。

逆向 M-T 模型可以直接从真实的 RVE 中找出，并在夹杂相和基质的材料性能之间进行排列。这可以被视为以下情况：夹杂相的体积分数太高，以致夹杂相几乎形成了连续的基质相。

另外，还可以证明 M-T 和逆向 M-T 估计值对应于 Hashin-Shtrikman（H-S）边界。假设夹杂相比基质硬，则 M-T 对应于较低的 H-S 边界，而逆向 M-T 提供较高的 H-S 边界。

Lielens（1999）[52] 基于 M-T 和逆向 M-T 的结果提出内插 D-I 模型，该模型由以下应变集中向量定义：将夹杂相的平均应变与基质的对应物相关联：

$$\mathbf{B}^e = [(1-\xi(\nu_1))(\mathbf{B}_l^e)^{-1} + \xi(\nu_1)(\mathbf{B}_u^e)^{-1}]^{-1} \tag{1.60}$$

其中，$\xi(\nu_1)$ 是平滑插值函数，将其选择作为简单的二次方程：

$$\xi(\nu_1) = \frac{1}{2}\nu_1(1+\nu_1) \tag{1.61}$$

对于线性弹性两相复合材料而言，D-I 模型通常能够在所有夹杂相体积分数、纵横比和刚度对比（夹杂相与基质刚度比率）的范围内，对有效性能进行出色的预测。

②多相复合材料

多相复合材料由基质材料和至少两种在材料、纵横比或取向方面不同夹杂相制成。可使用前面提出的两步均匀化方法，因为其是一种非常基本的方法，且并不局限于分布取向函数（Orientation Distribution Function，ODF）描述的非对齐夹杂相。该方法如图 1.13 所示，其主要步骤是：

a. 将 RVE 分解成一组伪颗粒，每个伪颗粒均为具备相同和已对齐夹杂相的基本两相复合物；

b. 对各伪颗粒进行均匀化（例如采用 Mori-Tanaka 模型进行均匀化）；

c. 对已均匀化伪颗粒进行均匀化（采用 Voigt 模型进行均匀化）。

然而，就某些多阶段复合材料而言，两步法可能会导致不良甚至是物理上不可接受的预测。因此，需要使用多层次方法，该方法以嵌套均匀化水平为依据（图 1.13），其过程如下：在最深的层次（Level 2）处，真实的基质材料与第一类（黑色）夹杂相保持均匀；获得的有效材料起到虚拟（灰色）基质的作用，该基质采用另一套（红色）夹杂相进行加强，构成一个高层次（Level 1）复合体。重复该过程，直至将所有夹杂相类别计算在内。通常，如果既定层次的复合材料与基本两相复合材料相对应，则将在该层次使用 Mori-Tanaka 模型。如果在同一个层次上，夹杂相未对齐，并由 ODF 描述，则在该层次上使用两步 Mori-Tanaka/Voigt 均匀化方法。

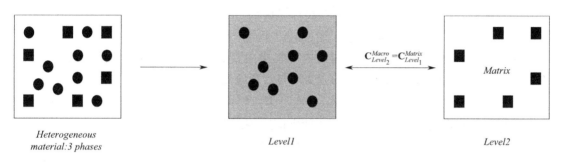

图 1.13　多层次方法

（左侧：三相复合材料；右侧：具有"黑色"夹杂相的更深层次 Level 2 真实基质；中间：
来自层次 Level 2 的高层次 Level 1 已均匀化复合材料起到采用"红色"夹杂相增强的虚拟基质的作用）

在正确选择嵌套均匀化层次时，多层次方法能够进行出色的预测。实际上，所选择的各层次待使用的夹杂相类别会对最终预测产生影响，有时候是很强的影响。由于需要更多的经验，很难对此提出建议。但是，就不同材料特性的夹杂相而言，如为从最深层次到高层次的顺序，则应从最兼容到最坚硬的顺序添加夹杂相。

多层次方法还可用于开发具有涂层的夹杂相，以及特定选择的均匀化层次的复合材料。实际上，在这种情况下，在更深的层次上，夹杂相与其涂层均匀化，从而产生"等效"夹杂相（图 1.14）。为进行对比，在同一图中也描述了两步法。其产生了不同的伪颗粒：一方面具有夹杂相，另一方面具有涂层的真实基质。在两步法中，涂层视为孤立的夹杂相，这在物理上是不正确的。

③线性热弹性复合材料

考虑基本线性热弹性复合材料（由基质相同及已对齐的夹杂相制成），可采用等温情况中展示的适当方法研究。

每个均匀材料相遵循以下本构方程：

$$\boldsymbol{\sigma}_0(\boldsymbol{x}) = \boldsymbol{C}_0(\boldsymbol{\varepsilon}_0(\boldsymbol{x}) - \boldsymbol{\alpha}_1 \Delta \boldsymbol{T}) = \boldsymbol{C}_0 \boldsymbol{\varepsilon}_0(\boldsymbol{x}) + \boldsymbol{\beta}_0 \Delta \boldsymbol{T}; \; \boldsymbol{\sigma}_1(\boldsymbol{x}) = \boldsymbol{C}_1(\boldsymbol{\varepsilon}_1(\boldsymbol{x}) - \boldsymbol{\alpha}_1 \Delta \boldsymbol{T}) = \boldsymbol{C}_1 \boldsymbol{\varepsilon}_{10}(\boldsymbol{x}) + \boldsymbol{\beta}_1 \Delta \boldsymbol{T}$$

$$(1.62)$$

其中，$\boldsymbol{C}$ 和 $\boldsymbol{\alpha}_{ij}$ 分别表示弹性刚度和热膨胀系数（CTE），$\boldsymbol{\beta} = -\boldsymbol{C} : \boldsymbol{\alpha}$。

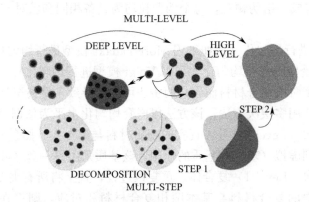

图 1.14　具有涂层夹杂相复合材料的多层次方法

复合 RVE 将在与宏观应变对应的边界上施加线性位移，且存在均匀的温度变化，找到相应的复合材料弹性刚度和热膨胀向量，以使：

$$\langle \boldsymbol{\sigma} \rangle = \bar{\boldsymbol{C}} : (\boldsymbol{E} - \bar{\alpha} \Delta T) = \bar{\boldsymbol{C}} : \boldsymbol{E} + \bar{\beta} \Delta T \tag{1.63}$$

在等温情况下，由双相复合材料的应变集中向量 $\boldsymbol{B}^e$（或 $\boldsymbol{A}^e$）来定义其 MFH 模型。在热弹性方面，所有夹杂相上的平均应变均与宏观应变相关，具体如下：

$$\langle \varepsilon \rangle_{\omega_1} = \boldsymbol{A}^e : \boldsymbol{E} + a^e \Delta T \tag{1.64}$$

采用与线弹性情况相同的 A^e，采用相同均匀化方案，得到：

$$a^e \equiv (\boldsymbol{A}^e - \boldsymbol{I}) : (\boldsymbol{C}_1 - \boldsymbol{C}_0)^{-1} : (\beta_1 - \beta_0)$$
$$\varepsilon = \nu_0 \langle \varepsilon \rangle_{\omega 0} + \nu_1 \langle \varepsilon \rangle_{\omega 1} \tag{1.65}$$

可以预测复合材料的宏观响应：

$$\langle \sigma \rangle = \bar{\boldsymbol{C}} : \varepsilon + \bar{\beta} \Delta T \tag{1.66}$$

采用与等温情况相同的弹性刚度向量：

$$\bar{\boldsymbol{C}} = [\nu_1 \boldsymbol{C}_1 : \boldsymbol{B}^e + (1 - \nu_1) \boldsymbol{C}_0] : [\nu_1 \boldsymbol{B}^e + (1 - \nu_1) \boldsymbol{I}]^{-1} \tag{1.67}$$

与

$$\bar{\beta} = \nu_0 \beta_0 + \nu_1 \beta_1 + \nu_1 (\boldsymbol{C}_1 - \boldsymbol{C}_0) : a^e, \bar{\alpha} = -\bar{\boldsymbol{C}}^{-1} : \bar{\beta} \tag{1.68}$$

④线性黏弹性复合材料

小应变复合材料的黏弹效应包含蠕变、松弛、应变速率依赖性以及在封闭加载循环中的能量消散。在加载和卸载的拉力测试中，加载和卸载路径各不相同，但是如果时间"足够长"，则在零应力下，零应变会得到恢复。与弹性理论相反，黏弹性模型能够模拟这些现象。

在黏弹性中，时间 t 下的应力取决于到该时间为止的所有应变史（记忆效应）：

$$\sigma(t) = \boldsymbol{G}(t) : \varepsilon(0) + \int_0^t \boldsymbol{G}(t - \tau) : \frac{\partial \varepsilon(\tau)}{\partial \tau} \mathrm{d}\tau \tag{1.69}$$

其中，$\boldsymbol{G}$ 代表松弛模量的四阶向量，与时间有关。

在各向同性的情况下，松弛模量由两个与时间有关的模量（体积和剪切模量）定义，通常需要遵守 Prony 级数规定。在线性黏弹性中，向量 $\boldsymbol{G}$（或体积和剪切模量）与时间有关，但不与应变本身有关。因此，通过将所有应变史乘以一个常数因子，将应力反应乘以相同的因子。类似结果适用于应变史总计。所有以上这些均说明了线性与非线性黏弹性之间的差异。

可使用 Laplace-Carson 变换法（L-C）：

$$\hat{f}(s)=s\int_0^\infty f(t)\mathrm{e}^{-st}\,\mathrm{d}t \tag{1.70}$$

卷积可简化为一个简单的乘法运算，而黏弹性本构方程则形成与线弹性形式相似的形式：

$$\hat{\sigma}(s)=\hat{G}(s):\hat{\varepsilon}(s)\leftrightarrow\sigma=C:\varepsilon \tag{1.71}$$

由于已变换的黏弹性本构方程的形式与线性弹性的形式相同，因此所有可用于线性弹性的 MFH 模型和程序都可用于线性黏弹性，但须在 L-C 域中。利用 Schapery（1962年）[53] 的方法可使这些值从 L-C 域逆变换至时间域，以易于解释和应用。该方法假定可以在已变换域的任何点评估未知时间函数 $f(t)$ 的 L-C 变换。时间域函数的近似值可以演变成具有附加仿射项的 n 项 Dirichlet 级数：

$$\widetilde{f}(t)=A+Bt+\sum_{k=1}^n \underbrace{b_k 1-\mathrm{e}^{-t/\theta_k}}_{basis\ functions} \tag{1.72}$$

然后在所谓的配置点的数量 m 处，其变换与未知时间函数的精确变换相拟合：

$$\widetilde{f}(s_t)=A+\frac{B}{s_t}+\sum_{k=1}^n \frac{b_k}{1+s_l\theta_k},1\leqslant l\leqslant m \tag{1.73}$$

需要仔细选择配置点的数量和位置，以便在精度、CPU 时间和内存空间之间采取适当折中方案。

⑤与速率无关的非弹性复合材料

与速率无关的非弹性材料模型通常是弹塑性模型和与速率无关的损伤模型。就非线性材料模型而言，适用于单一夹杂相问题的封闭式解决方法不可用。需要采取若干步骤，以便采用近似方式得到线性弹性和非线性区域的 Eshelby 解决方法和实用平均场均匀化（MFH）方法。主要涉及的问题有：线性化、比较材料、一阶和二阶均匀化及各向同性。

a. 线性化

图 1.15 给出了适用于单轴应力状态的三种方法。增量法采用应力-应变曲线的切线，并写出一个拟线性关系式($y=\alpha\cdot x$)；仿射线性化方法也采用了切线，但写出了一个伪仿射关系式($y=\alpha\cdot x+b$)；割线法表达式假定了一个伪线性关系式($y=\alpha\cdot x$，α 是割线刚度)。割线法是一种全变形理论，类似于非线性弹性，并且局限于单调和比例加载。增量法和仿射法更为通用，并且能够通过适当的时间离散方案来处理任何加载历史。然而，由于仿射法主要用于速率相关的非弹性模型（例如弹黏塑性），本节集中讨论增量表达式。

考虑一种由与速率无关的非弹性相制成的两相复合材料，并让该材料在其边界上进行随时间（t）或类似于时间的参数而演变的线性位移。使用增量表达式，每个相位（$r=0$，1）的每个材料点的应力和应变率通过切线算子相互关联：

$$\dot{\boldsymbol{\sigma}}(\boldsymbol{x},t)=\boldsymbol{C}_r(\boldsymbol{\varepsilon}(\boldsymbol{x},t),t):\dot{\boldsymbol{\varepsilon}}(\boldsymbol{x},t),\forall\boldsymbol{x}\in\boldsymbol{\omega}_r,r=0,1 \tag{1.74}$$

这种关系看起来像线弹性，其中应力和应变率代替了应力和应变，切线算子代替了 Hooke 的弹性刚度向量。因此，可以应用已知的均匀化方案。然而，一般而言，线弹性

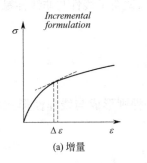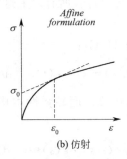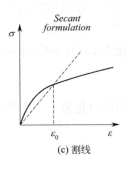

(a) 增量	(b) 仿射	(c) 割线

图 1.15　三种线性化方法的说明

与弹塑性或速率无关的非弹性之间存在重要的差异。事实上，在非线性区域中，由于应力场和应变场在每一相中都不是均匀的，所以切线算子在每一相中也不是均匀的，而在线弹性中，Hooke 的算子在每一相中都是均匀的。

　　b. 比较材料

　　由于每一相中切线算子的非均匀性，因此不能对 Eshelby 的结果和 Mori-Tanaka 等 MFH 方法一概而论。采用的一个变通方法是在每一相中定义一些虚拟比较资料（图 1.16），通过该定义，上述方法具有一个在相内均匀的切线算子（但会随时间或者类似时间的参数变化而变化）：

$$\dot{\boldsymbol{\sigma}}(x,t) = \hat{\boldsymbol{C}}_r(t) : \dot{\boldsymbol{\varepsilon}}(x,t), \forall\, x \in \omega_r, r = 0,1 \qquad (1.75)$$

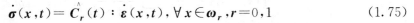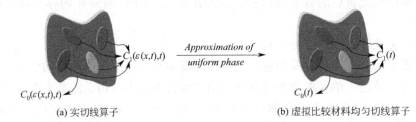

(a) 实切线算子	(b) 虚拟比较材料均匀切线算子

图 1.16　复合材料的比较材料

　　c. 一阶和二阶均匀化

　　实际定义比较材料的切线算子可以使用：一阶和二阶均匀化。在一阶均匀化中，通过使用相的实际材料模型和相中应变场的体积平均值来计算每相的比较材料。将已计算的切线算子看作均匀的比较切线，已计算的均匀应力看作相中应力场体积平均值的近似值（图 1.17）。该相的材料模型借助相中应变的体积平均值和应变增量（或速率）场得到调用。场的体积平均值称为第一统计动差，因此称为"一阶均匀化"。在二阶均匀化中，为定义比较材料，还使用应变场的第二统计动差。

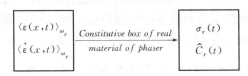

图 1.17　一阶均匀化的概念图

前面部分中介绍的 MFH 的增量公式和增量仿射公式都是一阶公式。就非弹性复合材料而言，例如就弹塑性或弹塑性黏塑性材料而言，这意味着每一相位的比较切线算子乃采用相位中应变场的体积平均值所计算，该平均值称为每个相位应变场的第一统计矩。在二阶均匀化中，不仅使用了各相应变场的第一统计矩，也使用了第二统计矩。第二统计矩与方差有关，丰富了统计信息，能获得更好的预测。

考虑使用由弹性［不一定是线性相（r）］相制成的复合材料，每一种材料均采用应变能函数进行说明，即：

$$W_r(\varepsilon(x)), \forall x \in \omega_r \tag{1.76}$$

利用均匀化方法，参考应变值的二阶泰勒展开式在每个相位中都是均匀的，即

$$W_r(\varepsilon(x)) \approx W_r(\widetilde{\varepsilon}_r) + \frac{\partial W_r}{\partial \varepsilon}(\widetilde{\varepsilon}_r):(\varepsilon(x) - \widetilde{\varepsilon}_r) +$$

$$\frac{1}{2}\frac{\partial^2 W}{\partial \varepsilon \partial \varepsilon}(\widetilde{\varepsilon}_r)::[(\varepsilon(x) - \widetilde{\varepsilon}_r) \otimes (\varepsilon(x) - \widetilde{\varepsilon}_r)], \forall x \in \omega \tag{1.77}$$

定义每个相位中均匀的参考应力和刚度值：

$$\langle W_r(\varepsilon(x))\rangle_{\omega_r} \approx W_r(\widetilde{\varepsilon}_r) + \widetilde{\sigma}_r:(\langle\varepsilon(x)\rangle_{\omega_r} - \widetilde{\varepsilon}_r) \tag{1.78}$$

根据应变能函数的每相体积平均值，有：

$$\langle W_r(\varepsilon(x))\rangle_{\omega_r} \approx W_r(\widetilde{\varepsilon}_r) + \widetilde{\sigma}_r:(\langle\varepsilon(x)\rangle_{\omega_r} - \widetilde{\varepsilon}_r) + \frac{1}{2}\widetilde{C}_r::\langle(\varepsilon(x) - \widetilde{\varepsilon}_r) \otimes (\varepsilon(x) - \widetilde{\varepsilon}_r)\rangle_{\omega_r}$$

$$\tag{1.79}$$

所有相的平均值（经体积分数加权）给出了复合材料 RVE 的有效（或宏观）应变能：

$$\bar{W}(E) = \sum_r \nu_r \langle W_r(\varepsilon(x))\rangle_{\omega_r}. \tag{1.80}$$

就参考应变而言，最简单的选择是取每个相位中的平均值。复合材料响应取决于每个相位应变场的方差，与第二统计矩相关，具体如下：

$$\langle(\varepsilon(x) - \langle\varepsilon(x)_{\omega_r}\rangle) \otimes (\varepsilon(x) - \langle\varepsilon(x)_{\omega_r}\rangle)\rangle_{\omega_r} = \langle\varepsilon(x) \otimes \varepsilon(x)\rangle_{\omega_r} - \langle\varepsilon(x)\rangle_{\omega_r} \otimes \langle\varepsilon(x)\rangle_{\omega_r}$$

$$\tag{1.81}$$

上述概念已扩展至弹塑性复合材料的增量公式，该复合材料的相行为由 J2-塑性模型（具有等向硬化）进行说明。就一阶公式而言，当满足三个条件时，二阶理论会带来明显改进：（a）纤维增强；（b）纤维与基质之间的高刚度对比；（c）弹塑性基质显示出很小的硬化。否则，一阶与二阶均匀化预测之间不会观察到明显差异。

d. 各向同性化

对于采用坚硬弹性夹杂相加固的弹塑性基质的一般情况，基于前述均匀化计算材料的宏观应力-应变响应结果比有限元计算结果（FE）更坚硬。由于增量法采用基于各向异性的基质比较切线算子，如果能够适当使用该切线算子的各向同性部分，则可以获得更好的预测（图 1.18）。

对于具有 J_2 流动理论和等向硬化的弹塑性而言，连续切线算子相关的应力和应变率具有以下表达式：

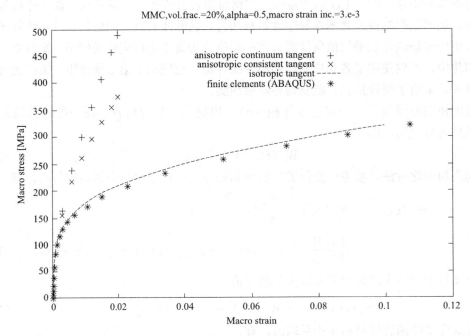

图 1.18　分别采用切线算子的增量法和 FE 预测金属基质复合材料的应力-应变响应结果对比

$$\boldsymbol{C}^{\mathrm{ep}} = \boldsymbol{C}^{el} + \frac{(2G)}{h}\boldsymbol{N} \otimes \boldsymbol{N},\ \boldsymbol{N} = \frac{\partial f}{\partial \sigma} = \frac{3}{2}\frac{\mathrm{dev}(\sigma)}{\sigma_{\mathrm{eq}}},\ h = 3G + \frac{\mathrm{d}R}{\mathrm{d}p} \tag{1.82}$$

其中，$\boldsymbol{C}^{el}$ 为 Hooke 的弹性算子（各向同性条件下为 $\boldsymbol{C}^{el} = 3K\boldsymbol{I}^{\mathrm{vol}} + 2G\boldsymbol{I}^{\mathrm{dev}}$，$\boldsymbol{I}^{\mathrm{vol}}$ 为球形算子，$\boldsymbol{I}^{\mathrm{dev}}$ 为偏离算子；$\boldsymbol{I}$ 为四阶对称等同向量 $\boldsymbol{I}_{ijkl} = \frac{1}{2}(\delta_{ij}\delta_{jl} + \delta_{il}\delta_{jk})$，$\delta_{ij}$ 是 Kronecker 算子）；p 为累积塑性应变；$R(p)$ 为硬化应力；$\mathbf{N}$ 为应力空间中屈服面的范数。可以看出，虽然材料模型是各向同性的，但是切线算子是各向异性的。

另一方面，从数值上而言，使用完全隐式的后向欧拉法在时间上离散速率方程。收敛返回映射算法后，将离散方程线性化，在时间步骤结尾写下所有变量。然后，通过关联时间步骤结尾应力和应变的总变化，定义算法（或一致）切线算子

$$\boldsymbol{C}^{\mathrm{alg}} = \boldsymbol{C}^{\mathrm{ep}} - (2G)^2 \Delta p \frac{\sigma_{\mathrm{ep}}}{\sigma_{\mathrm{eq}}^{\mathrm{tr}}}\frac{\partial \boldsymbol{N}}{\partial \sigma},\ \frac{\partial \boldsymbol{N}}{\partial \sigma} = \frac{1}{\sigma_{\mathrm{ep}}}\left(\frac{3}{2}\boldsymbol{I}^{\mathrm{dev}} - \boldsymbol{N} \otimes \boldsymbol{N}\right) \tag{1.83}$$

同样可以看出，尽管材料模型具有各向同性，但该切线算子具有各向异性。通过指定 Δp 为时间步骤内的塑性乘数增量，可以发现

$$\boldsymbol{C}^{\mathrm{alg}} \rightarrow \boldsymbol{C}^{\mathrm{ep}}(\Delta p \rightarrow 0) \tag{1.84}$$

可采用频谱方法和常规方法对 J_2 塑性切线算子进行各向同性：

● 谱各向同性法

谱各向同性法由 Ponte-Castañeda 提出，可根据下列形式写入切线算子：

$$\boldsymbol{C}^{\mathrm{ani}} = 3k_1\boldsymbol{C}^{(1)} + 2k_2\boldsymbol{C}^{(2)} + 2k_3\boldsymbol{C}^{(3)} \tag{1.85}$$

其中：

$$\boldsymbol{C}^{(1)} = \boldsymbol{I}^{\mathrm{vol}},\ \boldsymbol{C}^{(3)} = \frac{2}{3}\boldsymbol{N} \otimes \boldsymbol{N},\ \boldsymbol{C}^{(2)} = \boldsymbol{I}^{\mathrm{dev}} - \boldsymbol{C}^{(3)} \tag{1.86}$$

这些向量满足以下条件：

$$\boldsymbol{C}^{(1)} + \boldsymbol{C}^{(2)} + \boldsymbol{C}^{(3)} = \boldsymbol{I}, \boldsymbol{C}^{(i)} + \boldsymbol{C}^{(j)} = \delta_{ij} \boldsymbol{C}^{(i)} \qquad (1.87)$$

对于 J_2-塑性模型而言，连续和算法切线算子都可根据谱分解格式写入。各向同性投影由体积和剪切两个切线模量定义，在进行一些代数运算后，其表达式：

$$K_t = K_e \qquad (1.88)$$

$$G_t = G_e \left(1 - \frac{3G_e}{h}\right) \qquad (1.89)$$

这些表达式对于切线算子、连续统一体和算法都是通用的。物理上而言，谱分解法与垂直于 N 方向上的连续切线的刚度削减相对应。

● 常规方法

常规各向同性化方法适用于任何各向异性切线算子。当以下符号用于四阶向量 A 和 B 时：

$$\boldsymbol{A} \vdots \boldsymbol{B} \equiv A_{ijkl} B_{lkji} \qquad (1.90)$$

任何对称和各向同性的四阶向量 $\boldsymbol{C}^{\text{iso}}$ 可写成如下形式：

$$\boldsymbol{C}^{\text{iso}} = (\boldsymbol{I}^{\text{vol}} \vdots \boldsymbol{C}^{\text{iso}}) \boldsymbol{I}^{\text{vol}} + \frac{1}{5} (\boldsymbol{I}^{\text{dev}} \vdots \boldsymbol{C}^{\text{iso}}) \boldsymbol{I}^{\text{dev}} \qquad (1.91)$$

常规方法使用类似定义，以便定义任何各向异性四阶向量 $\boldsymbol{C}^{\text{ani}}$ 的各向同性投影，具体如下

$$\boldsymbol{C}^{\text{iso}} = (\boldsymbol{I}^{\text{vol}} \vdots \boldsymbol{C}^{\text{ani}}) \boldsymbol{I}^{\text{vol}} + \frac{1}{5} (\boldsymbol{I}^{\text{dev}} \vdots \boldsymbol{C}^{\text{ani}}) \boldsymbol{I}^{\text{dev}} \qquad (1.92)$$

当应用于 J_2-塑性模型时，使用常规各向同性化方法可得出适用于切线体积和剪切模量的以下表达式

$$K_{\text{tan}} = K, G_{\text{tan}} = G - \frac{3}{5} G^2 \left[\frac{1}{h} + 4 \frac{\Delta p}{\sigma_{\text{eq}}^{\text{tr}}}\right] \qquad (1.93)$$

该切线剪切模量不同于使用谱各向同性化方法获得的切向剪切模量。

Pierard 和 Doghri（2006a）[54] 对各向同性化问题进行了广泛的研究，当谱方法应用于 J_2-塑性模型时，使用该模型并采用基质比较切线算子的谱各向同性投影来计算 Hill 向量，采用每个相位的各向异性比较切线算子进行剩余计算。然而，当谱方法不使用具有非线性各向同性和随动硬化组合的 Chaboche 的模型、Lemaitre-Chaboche 的韧性损伤模型或 Drucker-Prager 的压力相关模型的算法切线算子时，则使用常规各向同性化方法，并应使用该方法计算 Eshelby 向量。

如上所述，Eshelby 向量（用 $\zeta(\boldsymbol{I}, \boldsymbol{C}_0)$ 来表示）取决于夹杂相的几何形状（即夹杂相的取向和纵横比），以及取决于时间增量中的基质比较切线模量 $\boldsymbol{C}_0$。可利用 Eshelby 向量引入 Hill 向量或极化向量：

$$\boldsymbol{P}(\boldsymbol{I}, \boldsymbol{C}_0) \equiv \zeta : (\boldsymbol{C}_0)^{-1} \qquad (1.94)$$

许多结果表明，上述建议能导致宏观和微观层面上获得良好的 MFH 预测。然而，有些情况下，宏观预测会偏离参考结果（FE 或实验结果）。典型示例是短纤维增强热塑性聚合物。在这些情况下，二阶 MFH 通常会导致一阶预测出现明显改进。然而，对于玻璃纤维热塑性塑料而言，改进通常不足以弥补与参考结果之间的差距。目前，仍无全面预测

性理论解决方法解决该难题。在本书第 2 部分多尺度平均场均匀化中使用了一种实用的解决方案，称之为"修改版谱方法"。该想法旨在以启发的方式修改谱各向同性化方法给出的切线剪切模量的表达式，并通过对复合层次结果进行拟合的方式，修改该方法引入的参数，并可通过实验获得该参数。

⑥与速率相关的非弹性复合材料

对于非线性非弹性材料模型，其响应随应变率（或加载率）不同而变化。常用的模型由两种：一是 J_2-黏塑性模型（EVP），其将经典的 J_2-塑性模型扩展到与速率相关的黏塑性流型；另一种是将线性黏弹性与 J_2-黏塑性耦合的完全耦合的黏弹性-黏塑性模型（VE-VP）。换言之，VE-VP 模型中的线性黏弹性响应代替了 EVP 模型中的线性弹性响应。有关这些材料模型的更多详情可参见本书第 2 部分中第 5 章相关内容。

严格意义上而言，增量法并不适用与速率相关的模型，因为与速率有关的非弹性中不存在与应力和应变率相关的连续切线算子 C^{in}，即：

$$\dot{\sigma}^{\text{in}}(t) \neq C^{\text{in}}(t) : \dot{\varepsilon}^{\text{in}}(t) \tag{1.95}$$

Doghri 等（2010 年）[55] 提出了一种称为增量式仿射线性化方法的适当理论，应力和应变增量通过以下关系式互相相关：

$$\Delta\sigma = C^{\text{alg}}(t_{n+1}) : (\Delta\varepsilon - \Delta\varepsilon^{\text{af}}) \tag{1.96}$$

其中：$\Delta\varepsilon^{\text{af}}$ 为仿射应变增量，$C^{\text{alg}}(t_{n+1})$ 是时间 t_{n+1} 下的确切算法切线算子，定义如下

$$C^{\text{alg}}(t_{n+1}) = \frac{\partial\sigma}{\partial\varepsilon}(t_{n+1}) \tag{1.97}$$

对于 J_2-黏塑性模型而言，Doghri 等（2010 年）[55] 给出了完整的表达式；就耦合的 VE-VP 模型而言，Miled 等（2011 年）[56] 对增量仿射线性化方法进行了扩展，从而使应力增量与应变增量之间的关系与 EVP 模型相似。由于增量应力/应变关系具有与线性热弹性相同的格式，因此，线性热弹性 MFH 模型可适用于每个时间步骤和每次迭代。线性热弹性的各向异性比较切线算子的比较材料、一阶均匀化和各向同性的解决方法同样适用于速率相关的复合材料。

如前所述，增量法并不能完全适用计算速率相关材料，但有些情况下，使用增量法反而会得出比增量仿射公式更好的预测。对于这一问题，仍需要进一步研究。

⑦交互作用定律

Mercier 和 Molinari（2002，2009）[57,58] 基于 Eshelby 问题的精确解答提出了当夹杂相嵌入有限参考介质，且夹杂相和参考材料均具有弹性黏塑性行为的均质模型。模型中包含以下相互作用定律：

$$\dot{\varepsilon}_I - \dot{\varepsilon}^* = (a_0^{\text{tg}} - (P_0^{\text{tg}})^{-1})^{-1} : (\sigma_I - \sigma^*) + (a_0^{\text{e}} - (P_0^{\text{e}})^{-1})^{-1} : (\dot{\sigma}_I - \dot{\sigma}^*) \tag{1.98}$$

其中，$\dot{\varepsilon}^*$ 表示无限状态下参考介质的规定远程载荷；$\dot{\varepsilon}_I$ 表示夹杂相中的应变率；a_0^{tg} 是切线黏塑性刚度向量；a_0^{e} 是参考介质的弹性刚度向量；P_0^{tg}、P_0^{e} 分别为与 a_0^{tg}、a_0^{e} 有关的 Hill 向量；σ^* 表示参考介质的远端边界处的 Cauchy 应力向量；σ_I 表示夹杂相中的 Cauchy 应力向量。

考虑使用一个由具有非线性弹性黏塑性行为的不同相制成，并以无序方式分布的非均

匀介质。每个相位的总应变率 $\dot{\varepsilon}$ 分为一个弹性部分 $\dot{\varepsilon}^{e}$ 和一个黏塑性部分 $\dot{\varepsilon}^{vp}$：

$$\dot{\varepsilon}=\dot{\varepsilon}^{e}+\dot{\varepsilon}^{vp} \tag{1.99}$$

总应变率的弹性部分通过增量弹性定律与 Cauchy 应力向量有关：

$$\dot{\varepsilon}^{e}=(a^{e})^{-1}:\dot{\sigma} \tag{1.100}$$

假定总应变率的黏塑性部分为体积保持部分，并与 Cauchy 应力向量的偏差部分有关：

$$\dot{\varepsilon}^{vp}=\frac{\partial f}{\partial s}或 s=\frac{\partial g}{\partial \dot{\varepsilon}}(\dot{\varepsilon}^{vp}) \tag{1.101}$$

切线黏塑性刚度向量定义如下：

$$a^{tg}=\frac{\partial^{2}g}{\partial \dot{\varepsilon}\partial \dot{\varepsilon}}(\dot{\varepsilon}^{vp}) \tag{1.102}$$

就 Mori-Tanaka 方法而言，应用于参考介质边界的应变率是基质相的应变率。根据该定义，其遵循夹杂相中应变率与基质相中应变率之间的关系式：

$$\dot{\varepsilon}_{I}-\dot{\varepsilon}_{M}=(a_{M}^{tg}-(P_{M}^{tg})^{-1})^{-1}:(\sigma_{I}-\sigma_{M})+(a_{M}^{e}-(P_{M}^{e})^{-1})^{-1}:(\dot{\sigma}_{I}-\dot{\sigma}_{M}) \tag{1.103}$$

假设采用以下应变分解法，则上述公式可扩展至热黏塑性分析：

$$\dot{\varepsilon}=\dot{\varepsilon}^{e}+\dot{\varepsilon}^{th}+\dot{\varepsilon}^{vp} \tag{1.104}$$

其中，热应变 ε^{th} 定义如下：

$$\varepsilon^{th}=\alpha(T)[T-T_{ref}]-\alpha(T_{ini})[T_{ini}-T_{ref}] \tag{1.105}$$

总应变率的热弹性部分通过增量热弹性定律与 Cauchy 应力向量的时间导数相关：

$$\dot{\sigma}=a^{e}:\dot{\varepsilon}^{the}+a^{e}:\dot{\varepsilon}^{the}+\dot{\beta}\left(\begin{cases}\dot{\varepsilon}^{the}=\dot{\varepsilon}^{e}+\dot{\varepsilon}^{th}\\ \beta=-a^{e}:\varepsilon^{th}\end{cases}\right) \tag{1.106}$$

就离散仿射公式而言，当满足以下三个条件时，交互作用定律方案会带来显著改进：a. 蠕变预测；b. 循环和单调加载；c. 非弹性夹杂相。

⑧有限变换下的均匀化

有限或大变换（即有限应变、旋转和位移）下复合材料（如橡胶基质复合材料）的均匀化，需要借助固体力学空间变换概念，具体推导过程可参阅相关教材[29]，本书中直接引用结果。

本节中需要用到固体力学中第一 Piola-Kirchhoff（P-K）应力 P（名义应力 $P^{n}=P^{T}$）、第二 P-K 应力 S、Cauchy（实际）应力 σ、Kirchhoff 应力 τ 等不同应力张量。其中应力 S，σ 和 τ 张量是对称的。它们之间的转换关系如下：

$$P=F\cdot S,\tau=J\sigma=P\cdot F^{T}=F\cdot P^{T}=F\cdot S\cdot F^{T} \tag{1.107}$$

每个相位的材料都遵守一个满足实质客观条件涉及 Ω_{0} 的由应变能函数定义的超弹性本构模型：

$$W(X,F)=W(X,Q\cdot F)=\hat{W}(X,C) \tag{1.108}$$

其中，Q 是一个叠加在 ω_{t} 上的任意刚性旋转，$C=F^{T}\cdot F$ 是右 Cauchy-Green 应变。

应力 P^{n} 和 S 根据以下应力/应变关系式获得：

$$\boldsymbol{P}^{\mathrm{n}} = \frac{\partial W}{\partial \boldsymbol{F}}, \boldsymbol{S} = 2\frac{\partial \hat{W}}{\partial \boldsymbol{C}} \tag{1.109}$$

应力 τ 和 σ 可根据公式（1.107）计算获得，据此，可以定义不同的切线算子：

a. 材料切线算子 $\boldsymbol{\Gamma}$：

$$\dot{\boldsymbol{S}} = \boldsymbol{\Gamma} : \frac{\dot{\boldsymbol{C}}}{2}; \Gamma = 4\frac{\partial^2 \hat{W}}{\partial \boldsymbol{C} \partial \boldsymbol{C}}; \boldsymbol{\Gamma}_{ABCD} = \Gamma_{BACD} = \Gamma_{ABDC} = \Gamma_{CDAB} \tag{1.110}$$

b. 空间弹性向量 γ：

$$\dot{\tau} - \mathbf{1} \cdot \tau - \tau \cdot \mathbf{1}^{\mathrm{T}} = \gamma : d; \gamma_{ijkl} = \gamma_{jikl} = \gamma_{ijlk} = \gamma_{klij} \tag{1.111}$$

c. 名义切线算子 $\boldsymbol{\Lambda}$：

$$\boldsymbol{P}^{\mathrm{n}} = \boldsymbol{\Lambda} : \dot{\boldsymbol{F}}; \boldsymbol{\Lambda} = \frac{\partial^2 W}{\partial \boldsymbol{F} \partial \boldsymbol{F}}; \Lambda_{AiBj} = \Lambda_{BjAi} \tag{1.112}$$

在上面的符号中，一个重叠的点为速度梯度，d 是其对称部分。

重要的一点是，定义 $\boldsymbol{\Lambda}$ 时涉及 Ω_0，γ 和 ω_{t}，且两者具有次要和主要（对角）对称性，但 $\boldsymbol{\Lambda}$ 具有涉及 Ω_0 和 ω_{t} 的指数，仅具有对角对称性。

考虑复合材料，文献 [51] 提出的一阶增量公式基于以下三个基本想法：首先，对参考配置实施体积平均化；其次，使用变形梯度 F、名义应力 P^{n} 及其比率；第三，采用名义格式下的速率本构方程，即采用名义切线算子。

考虑线性边界位移和速度的情况：

$$x = \boldsymbol{F}^0 \cdot \boldsymbol{X}; \dot{x} = \dot{\boldsymbol{F}}^0 \cdot \boldsymbol{X} \tag{1.113}$$

采用 F^0 及其关于 $\partial\Omega_0$ 的均匀时间导数，体积平均结果如下：

$$\langle \boldsymbol{F} \rangle_{\Omega_0} = \boldsymbol{F}^0; \langle \dot{\boldsymbol{F}} \rangle_{\Omega_0} = \dot{\boldsymbol{F}}^0 \tag{1.114}$$

考虑均匀应力和应力率的情况：

$$\boldsymbol{T} = \boldsymbol{P}^0 \cdot \boldsymbol{N}; \dot{\boldsymbol{T}} = \dot{\boldsymbol{P}}^0 \cdot \boldsymbol{N} \quad \text{on} \quad \partial\Omega_0 \tag{1.115}$$

现在采用 P^0 及其关于 $\partial\Omega_0$ 的均匀时间导数，应力平均结果如下：

$$\langle \boldsymbol{P}^{\mathrm{n}} \rangle_{\Omega_0} = (\boldsymbol{P}^0)^{\mathrm{T}}; \langle \dot{\boldsymbol{P}}^{\mathrm{n}} \rangle_{\Omega_0} = (\dot{\boldsymbol{P}}^0)^{\mathrm{T}} \tag{1.116}$$

平均结果表明，增量公式中的主要均匀化问题是将名义应力速率的平均值与变形梯度的时间导数在参考配置上的平均值（即微观场的 RVE 上的体积平均值）相关联。可以通过找到一个宏观名义切线算子 Λ_{mac} 的合适表达式来实现，例如：

$$\langle \dot{\boldsymbol{P}}^n(\boldsymbol{X}, t) \rangle_{\Omega_0} = \Lambda_{\mathrm{mac}}(t) : \langle \dot{\boldsymbol{P}}^n(\boldsymbol{X}, t) \rangle_{\Omega_0}, \text{i. e. }, \langle \dot{\boldsymbol{P}}^n_{Ai} \rangle_{\Omega_0} = (\Lambda_{mac})_{AjBj} \langle \dot{\boldsymbol{F}}_{jB} \rangle$$

$$\tag{1.117}$$

将每个相位中切线算子均匀的虚拟比较介质联合起来。根据此概念，可将 Eshelby 的结果及平均场均匀化模型推广到与有限应变率无关的非弹性中 [51]。

1.6 参考文献

[1] A. Bensoussan, J.-L. Lions, and G. Papanicolau, Asymptotic Analysis for Periodic Structures [M].

North- Holland，Amsterdam，New York，1978.

［2］　E. Sanchez-Palencia. Non-homogeneous Media and Vibration Theory ［M］. Spring，1980.

［3］　Toledano，A. & Murakami，Hidenori. A Composite Plate Theory for Arbitrary Laminate Configurations ［J］. Journal of Applied Mechanics，1987，54（1）：181-189.

［4］　Guedes M，Kikuchi N. Preprocessing and postprocessing for materials based on the homogenization method with adaptive finite element methods ［J］. Computer Methods in Applied Mechanics and Engineering，1990，83（2）：143-198.

［5］　Devries F，Dumontet H，Duvaut G，Lene F. Homogenization and damage for composite structures ［J］. Int. J. Numer. Meth. Engrg. 1989，27：285-298.

［6］　郑晓霞，郑锡涛，缑林虎. 多尺度方法在复合材料力学分析中的研究进展 ［J］. 力学进展，2010（01）：43-58.

［7］　张洒龙，郭小明. 多尺度模拟与计算研究进展 ［J］. 计算力学学报，2011，28（S1）：1-5.

［8］　沈观林，胡更开，刘彬. 复合材料力学 ［M］. 北京：清华大学出版社，2013.

［9］　陈玉丽，马勇，潘飞，等. 多尺度复合材料力学研究进展 ［J］. 固体力学学报，2018，039（001）：1-68.

［10］　秦庆华，杨庆生. 非均匀材料多场耦合行为的宏细观理论 ［M］. 北京：高等教育出版社，2006.

［11］　Kroner E. Bounds for effective elastic moduli of disordered materials ［J］. Journal of the Mechanics and Physics of Solids，1977，25（2）：137-155.

［12］　Walpole L J. On bounds for the overall elastic moduli of inhomogeneous systems-I ［J］. Journal of the Mechanics and Physics of Solids，1966，14（3）：151-162.

［13］　Voigt W. Ueber die Beziehung Zwischen den beiden Elastizitatsconstanten isotroper Korper ［J］. Annalen der Physik und Chemie，1989，38.

［14］　Reuss A. Berechnung der Fließgrenze von Mischkristallen auf Grund der Plastizitätsbedingung für Einkristalle ［J］. Z. angew. Math. Mech，1929，9：49-58.

［15］　Hill，R. The Elastic Behaviour of a Crystalline Aggregate ［J］. Proceedings of the Physical Society. Section A，1952，65（5）：349-354.

［16］　Hashin Z，Shtrikman S. On some variational principles in anisotropic and nonhomogeneous elasticity ［J］. Journal of the Mechanics and Physics of Solids，1962，10（4）：335-342.

［17］　Hashin Z，Shtrikman S. A Variational Approach to the Theory of the Effective Magnetic Permeability of Multiphase Materials ［J］. Journal of Applied Physics，1962，33（10）：343-352.

［18］　Dederichs P H ，Zeller R Z. Variational treatment of the elastic constants of disordered materials ［J］. Zeitschrift für Physik A Hadrons and Nuclei，1973，259（2）：103-116.

［19］　Nadeau，J. C. and Ferrari，M. On optimal zeroth-order bounds with application to Hashin-Shtrikman bounds and anisotropy parameters ［J］. International Journal of Solids and Structures，2001，38（44）：7945-7965.

［20］　Lobos M，Yuzbasioglu T，Bohlke T. Homogenization and Materials Design of Anisotropic Multiphase Linear Elastic Materials Using Central Model Functions ［J］. Journal of Elasticity，2017，128（1）：17-60.

［21］　J. D. Eshelby. The determination of the elastic field of an ellipsoidal inclusion，and related problems ［C］. Proceedings of the Royal Society，1957，A241：376-396.

［22］　Budiansky B. On the elastic moduli of some heterogeneous materials ［J］. Journal of the Mechanics & Physics of Solids，1965，13（4）：223-227.

［23］　Hill R. A self-consistent mechanics of composite materials ［J］. Journal of the Mechanics & Physics of Solids，1965，13（4）：213-222.

[24] Chou，T.-W.，Nomura，S.，&Taya，M. A Self-Consistent Approach to the Elastic Stiffness of Short-Fiber Composites [J]. Journal of Composite Materials，1980，14（3），178-188.

[25] Christensen R M. A critical evaluation for a class of micro-mechanics models [J]. Journal of the Mechanics and Physics of Solids，1990，38（3）：379-404.

[26] Mori，T. and Tanaka，K. Average Stress in Matrix and Average Elastic Energy of Materials with Misfitting Inclusions [J]. Acta Metallurgica，1973，21：571-574.

[27] Weng G J. Some elastic properties of reinforced solids，with special reference to isotropic ones containing spherical inclusions [J]. International Journal of Engineering Science，1984，22（7）：845-856.

[28] Benveniste Y. A new approach to the application of Mori-Tanaka's theory in composite materials [J]. Mechanics of Materials，1987，6（2）：147-157.

[29] 黄克智，黄永刚. 固体本构关系 [M]. 北京：清华大学出版社，1999.

[30] Qu，Jianmin. Fundamentals of micromechanics of solids [M]. Fundamentals of Micromechanics of Solids，John Wiley&Sons，inc，2007.

[31] Christensen R，Lo K. Solutions for effective shear properties in three phase sphere and cylinder models [J]. Journal of the Mechanics and Physics of Solids，1979，27（4）：315-330.

[32] Huang Y，Hu K X. A Generalized Self-Consistent Mechanics Method for Solids Containing Elliptical Inclusions [J]. Journal of Applied Mechanics，1995，62（3）：566.

[33] Huang Y，Hu K X，Wei X，et al. A generalized self-consistent mechanics method for composite materials with multiphase inclusions [J]. Journal of the Mechanics and Physics of Solids，1994，42（3）：491-504.

[34] Zheng Q S，Du D X. An explicit and universally applicable estimate for the effective properties of multiphase composites which accounts for inclusion distribution [J]. Journal of the Mechanics and Physics of Solids，2001，49（11）：2765-2788.

[35] Du D X，Zheng Q S. A further exploration of the interaction direct derivative（IDD）estimate for the effective properties of multiphase composites taking into account inclusion distribution [J]. Acta Mechanica，2002，157（1-4）：61-80.

[36] Castaneda P P. The effective mechanical properties of nonlinear isotropic composites [J]. Journal of the Mechanics and Physics of Solids，1991，39（1）：45-71.

[37] Castaneda P P. New variational principles in plasticity and their application to composite materials [J]. Journal of the Mechanics and Physics of Solids，1992，40（8）：1757-1788.

[38] Suquet P M. Overall potentials and extremal surfaces of power law or ideally plastic composites [J]. Journal of the Mechanics and Physics of Solids，1993，41（6）：981-1002.

[39] Olson T. Improvements on Taylor's upper bound for rigid-plastic composites [J]. Materials Science & Engineering A，1994，175（1-2）：15-20.

[40] Rosen B W. Tensile failure of fibrous composites [J]. AIAA Journal，1964，2（11）：1985-1991.

[41] D. E. Gücer，Gurland J. Comparison of the statistics of two fracture modes [J]. Journal of the Mechanics and Physics of Solids，1962，10（4）：365-373.

[42] Zweben C. Tensile failure of fiber composites. [J]. AIAA Journal，1968，6（12）：2325-2331.

[43] 张飞飞，陈劼实，陈军，等. 各向异性屈服准则的发展及实验验证综述 [J]. 力学进展，2012，42（1）：68-80.

[44] Banabic D . Anisotropy of Sheet Metal [M] // Formability of Metallic Materials. Springer Berlin

Heidelberg，2000.

［45］　伍章健. 复合材料界面和界面力学 ［J］. 应用基础与工程科学学报，1995，（03）：85-97.

［46］　Timoshenko，S. P. and Woinowsky-Krieger，S. Theory of Plates and Shell ［M］. 2nd Edition，McGraw-Hill Book Co，Inc.，New York，1959.

［47］　黄克智，等. 板壳理论 ［M］. 北京：清华大学出版社，1987.

［48］　吴连元. 板壳理论 ［M］. 上海：上海交通大学出版社，1989.

［49］　O. A. Oleinik，A. S. Shamaev，G. A. Yosifian. Mathematical Problems in Elasticity and Homogenization ［M］. North-Holland，Amsterdan，1992.

［50］　Digmat User's Manual ［M］. MSC Software Company，2016.

［51］　S. Nemat-Nasser and M. Hori. Micromechanics：overall properties of heterogeneous solids ［M］. Elsevier Science，1993.

［52］　G. Lielens. Micro-macro Modeling of Structured Materials ［D］. Université catholique de Louvain，1999.

［53］　R. A. Schapery. Approximate methods of transform inversion for viscoelastic stress analysis. In Proc. 4th USNat'l Cong. Appl. Mech，1962.

［54］　O. Pierard，C. Friebel，and I. Doghri. Mean-field homogenization of multi-phase thermo-elastic composites：a general framework and its validation ［J］. Composite Science and Technology，2004，64 （10-11）：1587-1603.

［55］　Doghri，L. Adam，and N. Bilger. Mean-field homogenization of elasto-viscoplastic composites based on a general incrementally affine linearization method ［J］. International Journal of Plasticity，2010，26：219-238.

［56］　B. Miled，I. Doghri，and L. Delannay. Coupled viscoelastic-viscoplastic modeling of isotropic polymers：mumerical algorithm and analytical solutions ［J］. Computational Methods in Applied Mechanical Engineering，2011，200：3381-3394.

［57］　A. Molinari. Averaging models for heterogeneous viscoplastic and elasto-viscoplastic materials ［J］. J. Eng. Mater. Technol.，2002，124：62-70.

［58］　S. Mercier and A. Molinari. Homogenization of elastic-viscoplastic heterogeneous materials：Self-consistent and mori-tanaka schemes ［J］. International Journal of Plasticity，2009，25：1024-1048.

第 2 章　DIGIMAT 非线性复合材料多尺度模拟平台

2.1　DIGIMAT 平台简介

DIGIMAT 是比利时 e-Xstream 工程公司于 2003 年推出的专注于多尺度复合材料非线性材料本构预测和材料建模的商用软件包。DIGIMAT 能够预测多相材料的宏观性能，支持的材料范围涉及包含连续纤维、长纤维、短纤维、纤维编织、晶须、颗粒、片层等所有增强相和包括树脂基、金属基和陶瓷基在内的多类基体材料。广泛的软件接口可以为几乎所有的主流有限元程序提供材料模型或进行多尺度的耦合分析。多尺度的分析结果使得对材料和结构的失效预测更加准确。2012 年 9 月，e-Xstream 工程公司成为 MSC 软件公司的一员。DIGIMAT 的加入极大地丰富和完善了 MSC 的复合材料解决方案，能够从更深的层次了解复合材料，并通过耦合分析更准确地获得复合材料结构的力学性能和失效情况。

2.2　DIGIMAT 平台构成及功能

DIGIMAT 针对材料开发人员和结构分析人员提供了 8 个主要模块，涵盖多相材料的性能预报、材料微观结构建模与分析、材料数据管理、材料模型的实验数据校对、工艺分析结果的读取与映射、工艺仿真软件和结构有限元软件的接口，蜂窝或泡沫夹芯结构的虚拟设计和虚拟实验以及针对复合材料结构设计的试样许用值虚拟实验平台等。

2.2.1　Digimat-MF

Digimat-MF 是基于 Eshelby 夹杂理论，采用平均场均匀化方法的多相材料非线性材料性能预测工具。作为一种半解析方法，Digimat-MF 可以对所有增强相为椭圆形拓扑的多相材料进行快速准确的性能预测，获得刚度矩阵和工程常数，并可通过定义失效准则和虚拟实验的加载条件，给出虚拟实验曲线。

在 Digimat-MF 中，只需要输入每一相材料的材料本构，通过定义复合材料的微结构信息，如增强材料的形状、增强材料的体积含量、增强材料的方向分布、铺层信息等就可以快速获得均化后的材料本构。

1）Digimat-MF 中的均匀化算法

（1）Mori-Tanaka 法

（2）双夹杂法

（3）一阶和二阶均匀化

（4）多级多步均匀化

2）Digimat-MF 支持的单相材料本构模型

（1）力学/热力学本构

　线弹性、热线弹性：

　　各向同性、横观各向同性、正交各向异性、各向异性

　线黏弹性

　弹塑性、热弹塑性：

　　J_2-塑性模型（各向同性硬化、动力硬化）

　　Drucker-Prager 塑性模型（与压力相关的弹塑性模型）

　考虑 Lemaitre-Chaboche 损伤的弹塑性

　弹黏塑性、热弹黏塑性：

　　Norton、Power、Prandtl 模型

　黏弹黏塑性

　超弹性（有限应变）：

　　Neo-Hookean、Mooney-Rivlin、Ogden

　　Swanson、Storakers（可压缩泡沫）模型

　弹黏塑性（有限应变）：Leonov-EGP 模型

　固化模型：

　　基于 Johnstonn-Hubert UD 模型；

　　定义与固化度相关的热弹性或热黏弹基体本构；

　　热膨胀系数描述为关于玻璃态转变的阶跃函数；

　　拉压不等线弹性各向同性模型。

（2）热学模型

　傅立叶定律

（3）电学模型

　欧姆定律

3）Digimat-MF 支持的微观结构

（1）多增强相夹杂

（2）多层结构

（3）椭球拓扑增强相（球状、片层状、短纤维、连续纤维）

（4）编织复合材料：2D 机织/编织、2.5D 机织

（5）孔隙夹杂

（6）增强相长径比分布概率定义

（7）增强相方向定义（统一方向、随机方向、二阶分布矢量）

（8）纤维聚集与界面相定义

（9）刚体、准刚体、变形体增强相

4）Digimat-MF 支持的虚拟实验加载

（1）单调加载、循环加载、自定义历程加载

（2）多向应力应变载荷

（3）力学载荷、热力学载荷

（4）预测热传导和导电性能

5）Digimat-MF 支持的失效模式

（1）FPGF 模型（First Pseudo-Grain Failure 模型），用于短纤维增强材料的渐进失效

（2）失效准则可建立在宏观和单相（纤维、基体等）等不同尺度上

（3）常用失效模型：最大应力、最大应变、Tsai-Hill 2D ＆3D、Azzi-Tsai-Hill 2D、Tsai-Wu 2D ＆ 3D、Hashin-Rotem 2D、Hashin 2D ＆ 3D 等

（4）失效强度与应变率相关

（5）高周疲劳失效模型

（6）应变不变量准则（SIFT）

（7）基于 Hashin 准则的 MLT 宏观渐进损伤模型

（8）自定义失效准则

作为 Digimat 的核心模块，Digimat-MF 可以帮助用户快速建立非线性的复合材料模型，预报不同材料、不同微结构特征下的材料性能变化，Digimat-MF 所建立的材料模型可用于材料数据库的输入/保存/管理以及在与有限元软件耦合计算中的调用。

2.2.2　Digimat-FE

Digimat-FE 是通过建立反映材料微观结构特征的代表性体积单元（RVE），并通过有限元分析获取材料均化性能和微观尺度上局部应力应变情况的模块。通过定义单相材料的本构模型，微结构的几何特征即可采用随机算法生成材料微观结构特征单元的几何模型，并通过调用内部或外部商用有限元程序计算材料微观结构上的应力应变分布情况，并可在后处理中分析应力应变的分布概率以及材料的平均性能。相比 MF 方法，FE 能够模拟的增强相几何形状更为广泛，软件提供了多种用于描述增强相的基本几何拓扑，并可通过几何的重叠干涉获得更为复杂的增强相几何，此外还可以导入自定义的增强相几何文件。

1）Digimat-FE 支持的微结构

（1）连续纤维、短纤维、编织材料、发泡材料

（2）不连续纤维复合材料（DLC）

（3）微结构几何定义

● 纤维体积含量

● 纤维形状

● 增强相方向定义（统一方向、随机方向、二阶分布张量）

（4）增强相尺寸分布概率定义

（5）涂层或界面定义

（6）增强相的聚集定义

（7）纤维树脂之间的脱粘

（8）铺层结构

（9）周期性几何

2）Digimat-FE 内部有限元求解器

（1）网格自动划分：低阶/高阶四面体单元、voxel 单元

（2）有限元隐式非线性计算：支持多核并行

（3）有限元结果后处理

3）Digimat-FE 支持的外部求解器

（1）MARC：2013.1

（2）ANSYS workbench：15.0

（3）ABAQUS/ CAE：6.14

对 RVE 有限元分析的结果需要进行统计处理。Digimat-FE 的后处理能够读取有限元计算结果，计算组分单元上或者所有单元上的应力应变等结果的平均值，并能对结果的分布概率进行统计，这有助于在了解应力应变结果的概率分布的同时剔除因个别单元畸变导致的错误数据。Digimat-FE 还可以通过分别对 RVE 在 6 个基本载荷下的响应进行计算，直接得到 RVE 的等效刚度矩阵。

2.2.3　Digimat-CAE

Digimat-CAE 是 Digimat 与其他 CAE 程序的接口，工艺仿真软件能够通过 Digimat-CAE 与结构仿真软件连接起来，从而实现考虑工艺影响的，多尺度耦合的结构有限元仿真。在耦合分析每个增量步的求解中，各积分点上的材料刚度都会根据该位置的微观结构特征由 Digimat 通过场均匀化分别计算得出。在耦合分析中，Digimat 以用户子程序形式参与耦合迭代，不受有限元软件本身的材料模型限制。

1）可以考虑的工艺结果

（1）模流注塑工艺

● 短纤维增强塑料

● 长纤维增强塑料

● Mucell 材料

（2）铺叠工艺

● 连续纤维织物

（3）模压工艺

● 连续纤维织物

（4）铸造工艺

● 金属材料

2）Digimat-CAE 支持的 FEA 软件

（1）Nastran Sol400

（2）Nastran Sol700

（3）MSC. Marc

（4）ABAQUS/CAE，Standard & Explicit

（5）ANSYS Mechanical

（6）LS-DYNA，Implicit & Explicit

（7）Optistruct

（8）PAM-CRASH

（9）RADIOSS

（10）SAMCEF-Mecano

3）Digimat-CAE 支持的疲劳软件

（1）Virtual. Lab Durability

（2）nCode Design Life

通过多尺度的耦合分析，可以准确预报工艺过程和材料微观结构对结构整体性能的影响。通过多尺度的耦合方法即可以获得宏观尺度上的结果，也可以基于纤维和树脂强度判断失效。

第2部分　多尺度平均场均匀化-MF

　　Digimat-MF 是 Digimat 软件包的平均场均匀化模块。其使用基于 Eshelby 的半解析平均场均匀化方法和材料的解析描述，以计算作为其微观结构形态函数的复合材料的热-力学或热-电学性能，即夹杂形状、取向、体积/质量分数和微观（即每相）材料行为。

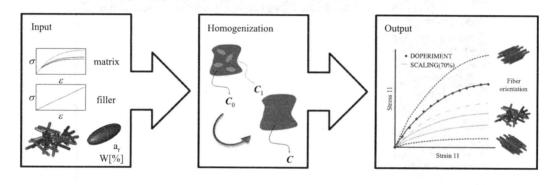

第 3 章　图形界面操作

3.1　图形工作界面

Digimat-MF 的图形界面提供了在 RVE 上计算复合材料力学性能的操作流程，不仅需要选择单项材料的本构模型，还需要确定 RVE 微观结构以及施加在 RVE 边界上的荷载。整个过程涵盖从复合材料的设置到结果的后处理。Digimat-MF 的图形界面分为工具栏、目录树和主视窗三个部分（图 3.1）。

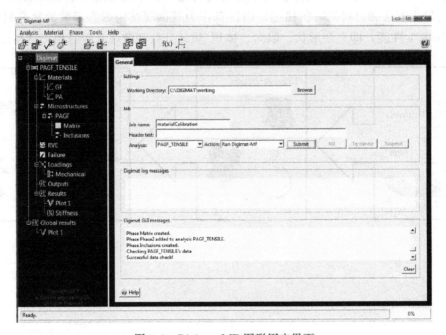

图 3.1　Digimat MF 图形用户界面

3.1.1　工具

图 3.2 列出了图形用户界面顶部工具栏中的所有可用图标，每种图标功能如下：

①加载分析文件（.daf 或 .mat）；

②保存分析文件；

③执行数据检查；

④运行当前分析；

⑤加载材料设置；

⑥保存材料设置；

⑦加载阶段设置；

⑧保存加载阶段设置；

⑨自定义函数；

⑩设置新的坐标轴。

图 3.2　工具栏图标

3.1.2　分析设置

Digimat-MF 分析的定义需要完成几个步骤，突出显示在目录树中，可通过两种不同的方式自上而下完成：

（1）右键单击目录树显示下拉菜单，从中可执行被选中的操作；

（2）单击顶部工具栏中的图标执行相应操作。

为简化分析验证，当正确创建相应的项时，不同目录树项前面的符号将变亮。暗色代表操作无效或未经验证，在数据检查或作业提交时会导致错误消息。

3.1.3　前处理

1）Digimat

Digimat 项是目录树中的第一项，单击可打开 General 选项卡，可进行以下操作：

（1）指定工作路径：默认情况下，此路径是 Digimat 的工作路径，存储所有结果文件。

（2）指定工作名称：与分析名称一起用于生成的结果文件的全名。

（3）添加工作信息。

（4）选择要执行的操作：

①运行 Digimat-MF 开始计算；

②检查数据验证分析设置是否正确；

③保存分析定义文件（.mat）；

④查看文件工作路径，选择要编辑的文件。

任意操作选择完成后，点击 Submit 提交作业（也可点击工具栏中相应图标）。运行中的作业也可以被中断、暂停或终止。分析结果文件默认名称为 DefaultJobName_Analysis1。日志（Digimat log messages）区域显示在计算过程中不断更新的输出信息，操作信息区域（Digimat GUI messages）显示在 GUI 中执行的所有操作。

2）分析 1

Analysis1 是一个通用名称，指示目录树中分析设置从何处开始。默认情况下，名称 Analysis1 将递增为 Analysis2、Analysis3……。右键单击 Digimat 可在目录树中添加新的分析，点击常规参数选项卡（General parameters）中的名称（name）按钮可修改 Analysis1 的名称。单击 Analysis1 可打开常规参数选项卡和积分参数选项卡（Integration parameter）。

（1）常规参数选项卡由三个主要区域组成，允许自定义常规选项（图 3.3）：

①平均场均匀化（MFH）：在均质材料 RVE 上进行材料力学行为计算；关闭时，计算中只考虑基体相；打开时，将预测 RVE 的平均场均匀化力学行为；

②分析类型（Analysis type）：可执行力学、热力学、热和电（复合材料的热导率或电导率）四种分析类型，分析类型的选择决定了在分析设置期间采用的材料模型；

③几何非线性（Geometrical nonlinearities）：超弹性材料模型和 Leonov-EGP 模型使用有限变换时以及其他模型在小应变条件时，须打开此选项。

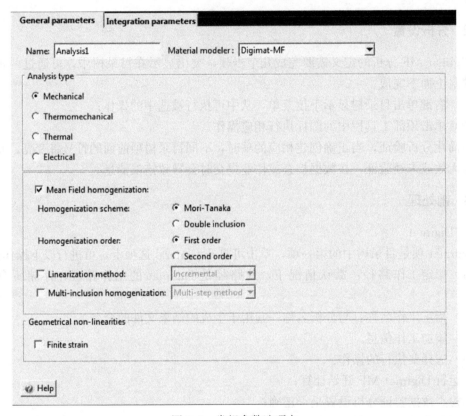

图 3.3 常规参数选项卡

（2）积分参数选项卡包含以下参数控制（图 3.4）：

①分析的时间步长；

②均匀化方法误差控制；

③加载方式误差控制；

④积分方法的级别；

⑤取向张量离散化。

3）材料

材料项是复合材料中所有相的父项。右键单击材料（Material）或利用菜单栏 Material→New 添加材料。材料的通用名称是 Material1（可修改），多个新材料按递增编号。材料添加完成后，GUI 的主视窗显示模型（Model）和参数（Parameters）两个选项卡，

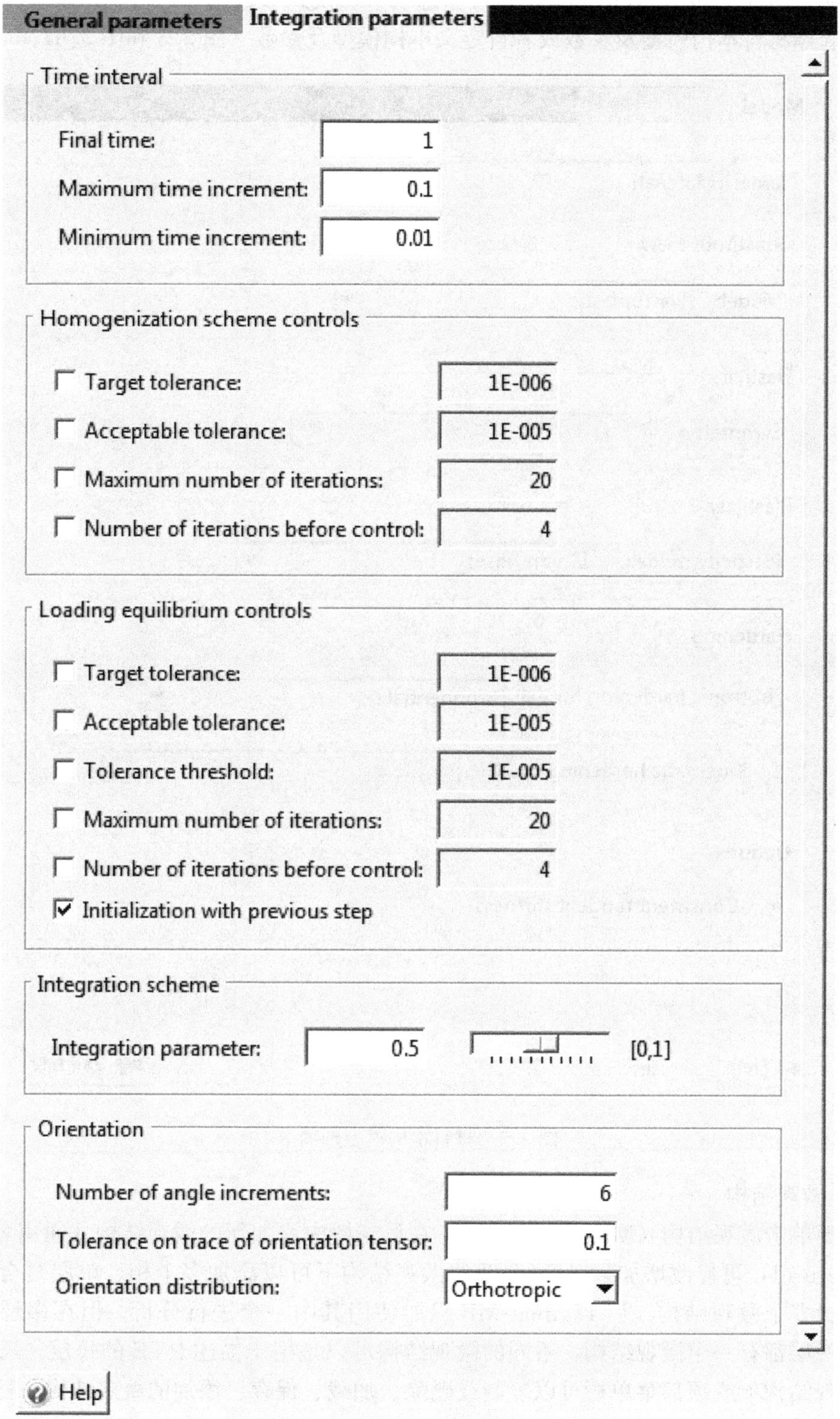

General parameters　**Integration parameters**

┌─ Time interval ──────────────────────────────────┐

　　Final time:　　　　　　　　　　　　1

　　Maximum time increment:　　　0.1

　　Minimum time increment:　　　0.01

└──┘

┌─ Homogenization scheme controls ─────────────────┐

　　□ Target tolerance:　　　　　　　　1E-006

　　□ Acceptable tolerance:　　　　　1E-005

　　□ Maximum number of iterations:　　20

　　□ Number of iterations before control:　　4

└──┘

┌─ Loading equilibrium controls ───────────────────┐

　　□ Target tolerance:　　　　　　　　1E-006

　　□ Acceptable tolerance:　　　　　1E-005

　　□ Tolerance threshold:　　　　　　1E-005

　　□ Maximum number of iterations:　　20

　　□ Number of iterations before control:　　4

　　☑ Initialization with previous step

└──┘

┌─ Integration scheme ─────────────────────────────┐

　　Integration parameter:　　0.5　　　　　　　[0,1]

└──┘

┌─ Orientation ────────────────────────────────────┐

　　Number of angle increments:　　　　6

　　Tolerance on trace of orientation tensor:　　0.1

　　Orientation distribution:　　Orthotropic ▼

└──┘

◉ Help

图 3.4　积分参数选项卡

点击验证按钮（Validate button）可从模型选项卡切换到参数选项卡。利用模型和参数选项卡可选择材料本构模型及参数或者自定义本构模型及参数（图 3.5 和图 3.6）。

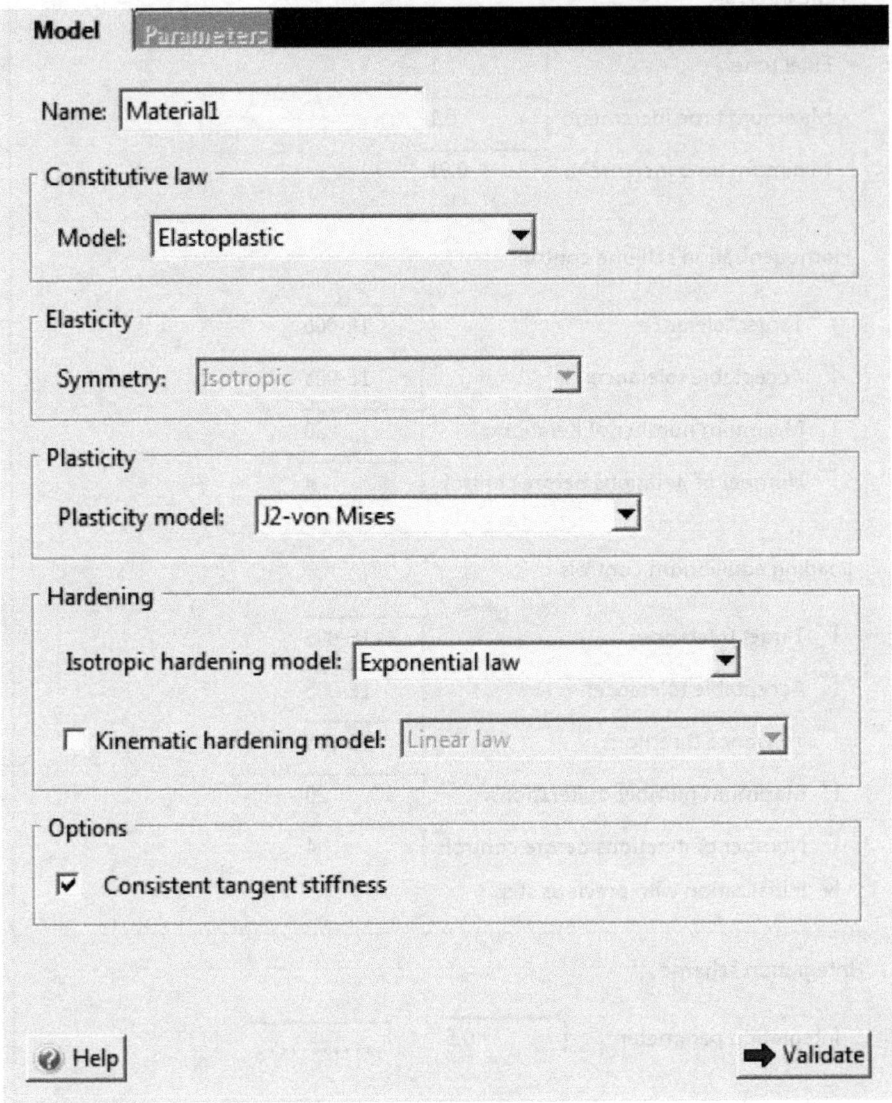

图 3.5　材料本构模型选项卡

4）微观结构

右键单击微观结构（Microstructure），在目录树中添加新的微观结构（通用名称 Microstructure1，可修改增加），且每个新的微观结构下可以添加多个相。单层复合分析中可以设置多个微观结构，但 Digimat-MF 只能使用其中一个进行分析；但在多层复合材料，每一层都有一个微观结构，不同的微观结构可以是用于描述 RVE 的每层。通过右键单击微观结构项或顶部菜单栏可以复制或删除、加载、保存已添加的微观结构。材料的微观结构类型分为基体相、夹杂相和孔隙相三种。在单一微观结构中必须至少定义一个基体相。

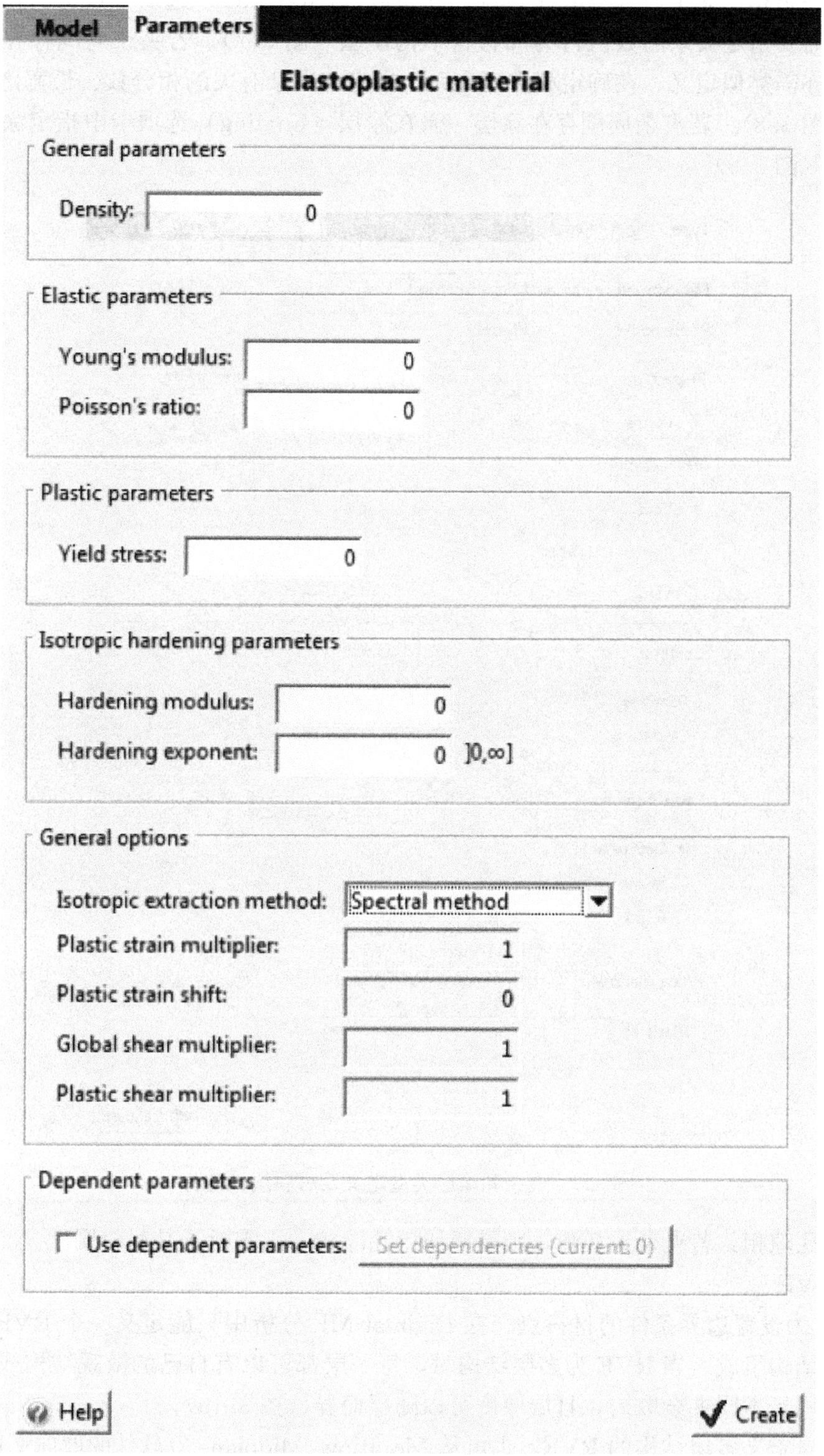

图 3.6　本构模型参数选项卡

（1）基体相：一种基体只能赋予一种材料。

（2）夹杂相：夹杂通过类型（Type）和参数（Parameter）选项卡定义。在相类型选项卡中，需要指定夹杂的数值行为和材料本构模型（图 3.7）。若夹杂周围存在涂层，涂层相类型亦需类似定义。在确定相类型之后，指定与夹杂有关的相分数、长宽比及其取向等参数（图 3.8）。若夹杂周围存在涂层，需在涂层（Coating）选项卡中指定涂层材料和涂层分数（图 3.9）。

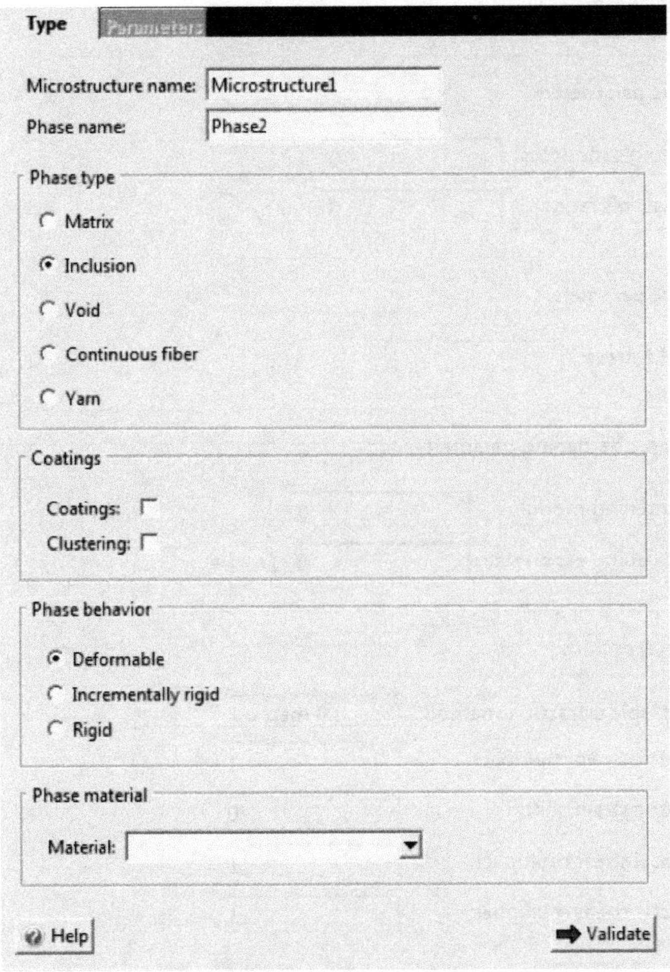

图 3.7　夹杂和涂层类型定义及材料属性选择

（3）孔隙相：若夹杂为孔隙，则需要使用孔隙相，无需赋予其材料属性。

5）RVE

RVE 为设置边界条件的材料点。在 Digimat-MF 分析中只能定义一个 RVE，可由一层或多层结构组成。当 RVE 为多层结构时，每一层都可以有自己的微观结构或者相同的微观结构用于不同夹杂取向，且层厚度可以随层而异（图 3.10）。

可以自定义多层结构的 RVE，也可从 Moldflow/Midplane 等软件的取向文件中导入，以便精确地描述夹杂在复合材料微观结构厚度（从上到下）中取向的演变，提高 Digimat-MF 对材料力学性能的预测精度。

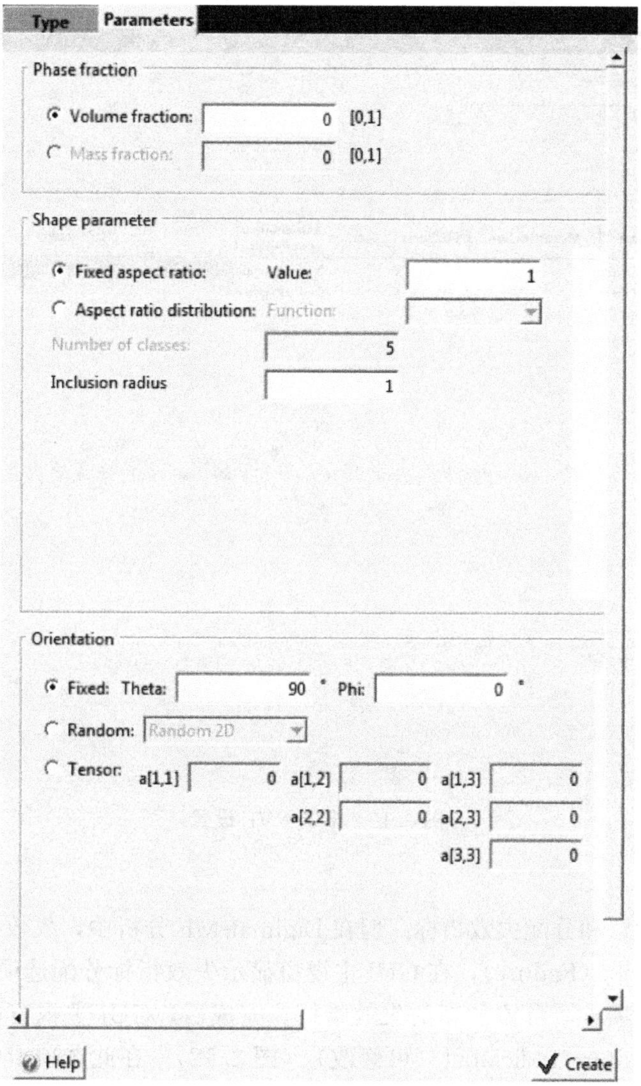

图 3.8 设置夹杂参数

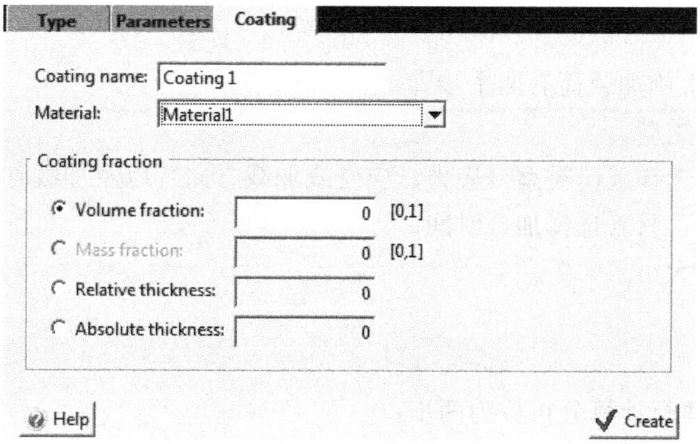

图 3.9 涂层设置

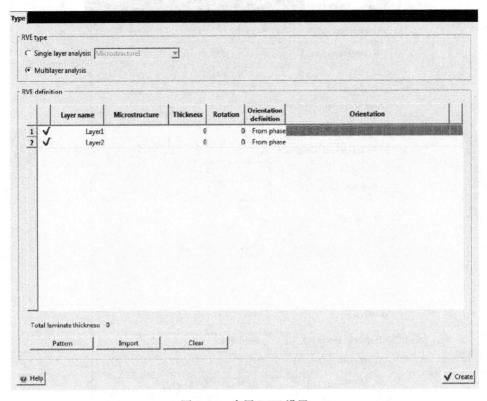

图 3.10　多层 RVE 设置

6）失效

失效项用于设置和分配失效指标。但在 Digimat-MF 分析中，失效指标不是必须设置的。单击失效选项卡（Failure），在 GUI 主视窗显示失效指标分配选项卡（图 3.11）。右击目录树中失效选项卡，可添加新的失效指标。完成后，GUI 主视窗显示一个新的选项卡，默认名称为 Failure Indicator1（可修改）（图 3.12）。在此选项卡中可选择失效指标模型及参数，若选择应变率相关性模型，则打开如图 3.13 所示选项卡，选择相应的模型及参数。

7）加载

在 RVE 边界上施加载荷有两个步骤：

（1）选择加载类型。

①机械加载：选择载荷类型（应力、应变或加载方向）以及加载时间；

②热和电载荷：只需选择加载时间。

（2）指定载荷大小。

3.1.4　计算分析

Digimat-MF 执行计算分析分为两步：

（1）选择要执行的分析：单击目录树中分析标题或从常规参数选项卡可用列表中选择。

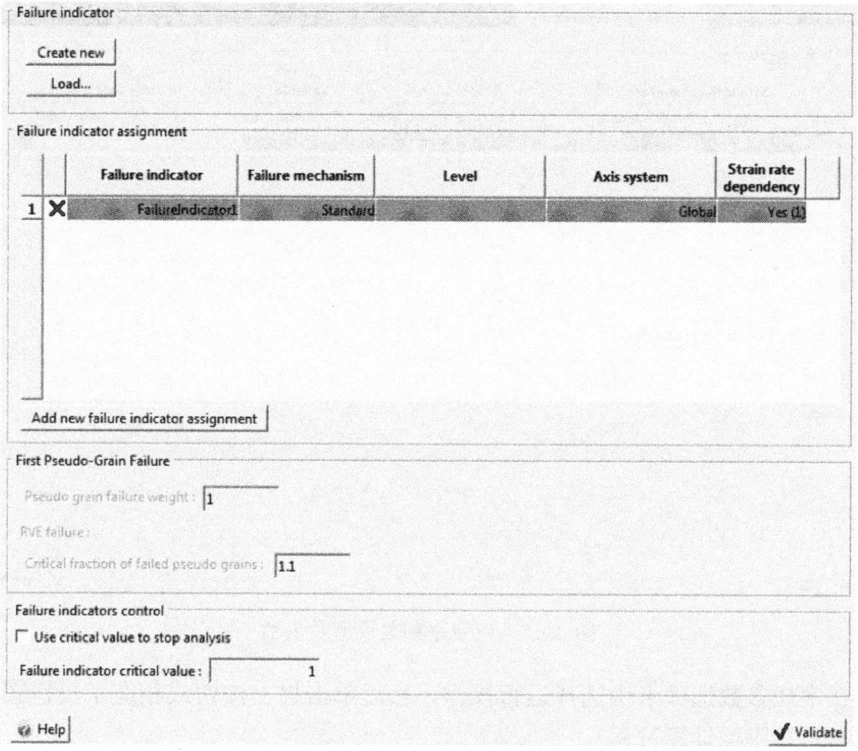

图 3.11　指定失效指标

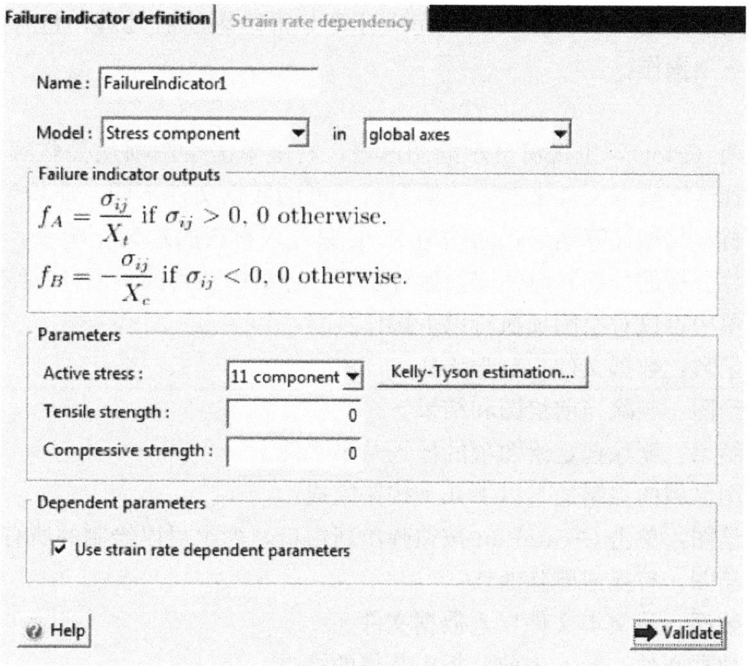

图 3.12　失效指标模型及参数

49

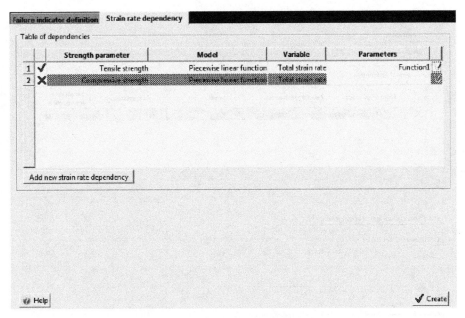

图 3.13　应变率相关模型及参数

（2）在常规参数选项卡中选择运行操作，然后单击提交按钮或相应工具栏图标。日志信息区域显示并跟踪计算过程。

3.1.5　后处理

点击目录树中的结果项（Results）完成计算分析结果的后处理，包含绘图、获取刚度和电导率值三项操作。

1）绘图

单击绘图项（Plot），主视窗显示绘图区域。右键单击绘图项从关联菜单中选择导入结果，然后选择绘图数据文件来源。不同分析类型的数据文件不同：非均匀 RVE 的数据文件包含复合材料每相计算结果；而均匀 RVE 只导入材料的均匀化响应。另外，数据文件还包含有计算分析的日期和时间以便区分从同一分析中获得的不同计算结果。

从关联菜单中可以对绘图项执行以下操作：

（1）导入函数：数据文件为数学函数。

（2）清除绘图：删除当前绘图和结果。

（3）清除结果：删除选定绘图项的导入结果文件。

主视窗绘图区域的控制通过以下几个按钮完成：

（1）创建绘图：单击 CreatePlot 按钮弹出新窗口，列出可以绘制的所有结果。

（2）编辑绘图：替换或删除曲线。

（3）导入数据：从文本文件导入数据文件。

（4）导入数据文件：导入先前分析中获得的结果。

（5）编辑属性：自定义曲线颜色、更改图例等。

（6）范围：调整 X 轴和 Y 轴。

（7）图例：位置和大小。

（8）常用：控制绘图 X 轴的厚度、符号大小和类型等。

（9）轴标题：自定义绘图区域的标题、沿 X 和 Y 轴标记名称和数量。

（10）导出打印：保存为图片（BMP、JPEG、TIFF、PNG、EPS、PS）或 ASCII 文件（TXT）。

2）刚度和导电率绘制

刚度和导电率选项卡非常相似，在主视窗绘图区域须先导入数据源文件，然后才可访问。同样，数据源文件是与当前选定的分析直接相关，一般存储在工作目录中的 .eng 文件中。

3.2　批处理模式

GUI 和 Digimat-MF 求解器都可以运行命令调用批处理模式，也可以使用脚本。

（1）在 GUI 中导入 Digimat 分析文件，输入命令：

$$\text{digimatGUI. exe input} = \text{Analysis. daf}$$

（2）运行 Digimat-MF 计算分析，输入命令：

$$\text{digimat. exe input} = \text{Analysis. mat}$$

3.3　相关性设置

可以在 Digimat 中为以下类型的参数设置相关项：

（1）温度相关的材料力学行为和失效；

（2）应变率相关的材料力学行为和失效；

（3）自定义加载历史；

（4）与自定义变量相关的材料力学行为和失效。

相关性可以通过定义分段线性函数设置或选择一个可用的预定义的相关性模型。

3.3.1　温度相关材料力学行为

在 Digimat 中进行热力学分析时，材料力学性能与温度变化相关。因此，当温度变化较大时，需要设定与温度相关的材料力学参数。参数的选择需预先确定温度相关的数学模型用于标度初始参数，如下式所述：

$$\Lambda(T) = \Lambda_0 f(T) \tag{3.1}$$

式中，Λ 为标度参数，下标 0 表示初始状态；T 为温度。

设置对材料模量的温度相关性（例如在材料参数选项卡中）：首先选择要标度的参数、自变量和要使用的函数，然后单击添加（Add）按钮。单击其他相应按钮，可以启用、禁用和删除相关项（图 3.14）。

设置失效参数的温度相关性（例如在失效指标选项卡中）：首先选中失效指标选项卡中的使用相关参数选项框，然后单击创建（Creat）按钮打开相关性选项卡，允许指定一个或多个相关性参数（图 3.15）。

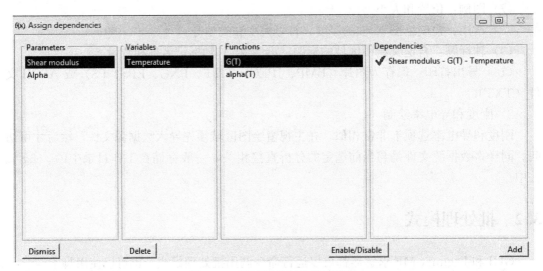

图 3.14　温度相关材料模量设置

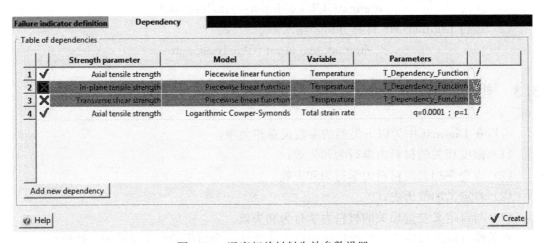

图 3.15　温度相关材料失效参数设置

3.3.2　应变率相关材料力学参数

可设置两种类型应变率相关材料力学参数，两者过程相同：

（1）黏弹黏塑性材料的屈服应力参数；

（2）失效准则的强度参数。

可采用三种模型建立材料力学参数的应变率相关性：

（1）Couper-Symonds 标度律；

（2）对数 Couper-Symonds 标度律；

（3）自定义线性分段函数。

两类 Couper-Symonds 标度律如下：

$$\Lambda(\dot{\varepsilon})=\Lambda_0\left[1+\left(\frac{\dot{\varepsilon}}{\dot{\varepsilon}_{\text{ref}}}\right)^{1/p}\right],\quad \Lambda(\dot{\varepsilon})=\Lambda_0\left[1+\left(\log\frac{\dot{\varepsilon}}{\dot{\varepsilon}_{\text{ref}}}\right)^{1/p}\right] \tag{3.2}$$

线性分段函数标度律如下：

$$\Lambda(\dot{\varepsilon})=\Lambda_0 f(\dot{\varepsilon}) \tag{3.3}$$

Cowper-Symonds 标度参数包括指数函数和参考应变率，而 0 表示标度力学参数 Λ 的初始值。应变率是（总或塑性）应变张量速率的范数，如下式所示：

$$\dot{\varepsilon}=\sqrt{\frac{2}{3}\dot{\varepsilon}:\dot{\varepsilon}} \tag{3.4}$$

设置材料模量应变率相关性（例如在材料参数选项卡中）：首先选择要标度的参数、自变量、标度模型，指定所需的参数或适当的标度函数，然后单击添加按钮。单击其他相应的按钮可禁用或删除（图 3.16）。

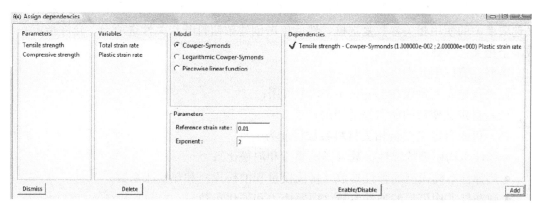

图 3.16　应变率相关材料模量设置

设置失效参数的应变率相关性（例如在失效指标选项卡中）：首先选中失效指标定义选项卡中的使用相关参数复选框，然后单击创建按钮打开相关性选项卡，允许指定一个或多个相关性参数。对每个失效参数的相关性均可采用三种标度模型。需要注意的是，函数不是在其定义范围之外外推的，而是假定为常数，DIGIMAT 将使用定义域中最接近的值。

3.3.3　时间相关加载历史

使用 DIGIMAT 的自定义加载功能指定复杂的加载，线性分段函数标度律可指定任意所加荷载的峰值，其设置过程与温度相关材料力学参数标度类似。

3.3.4　与材料力学参数相关的自定义参变量

在 Digimat-MF 中使用（热）弹性、（热）弹塑性或（热）弹黏塑性材料本构模型时，模型中某些参数可以指定与自定义参变量相关，与物理量（如应变、应力或温度）无关。当定义参数相关关系（图 3.14）时，自定义变量将出现在变量列中，参数随自定义变量变化，且独立于其他变量。对于每种与自定义变量相关的材料参数，将在分析中加载相关关系模型，自定义变量可随分析时间变化。设置应变率相关材料模量的工作流程（例如在材料参数选项卡中）与温度相关材料力学参数相同：首先选择要标度的参数、自定义变量和要使用的相关关系模型，单击添加按钮完成操作，也可单击其他相应的按钮启用、禁用或删除。

对于每个自定义变量相关的参数，须定义两个函数。第一个函数定义所选参数（例如 Λ）与自定义变量（X_1）的相关性 f_A

$$\Lambda(X_1) = \Lambda_0 f_A(X_1) \tag{3.5}$$

第二个函数 f_B 与分析加载相关，描述每次时间 t 时的 X_1 值：

$$X_1(t) = X_1^{\mathrm{ref}} f_B(t) \tag{3.6}$$

对于每个自定义变量随时间演化可以使用参考值（X_1^{ref}）或绝对值（X_1^{ref} 设置为 1）。可为单个材料参数组合不同的自定义相关变量及温度相关变量，例如：

$$\Lambda(X_1, X_2, T) = \Lambda_0 f_A(X_1) f_C(X_2) f_D(T) \tag{3.7}$$

失效参数与自定义变量相关设置（例如在失效指标选项卡中）：首先选中失效指标定义选项卡中的使用相关参数复选框，然后单击创建按钮打开相关性选项卡，允许指定一个或多个相关性参数。

需要注意以下几点：

（1）自定义变量仅在 Digimat-MF 中可用；

（2）自定义变量的命名是通用的；

（3）可由自定义变量相关材料参数目前为：

● 弹性本构模型的弹性参数（杨氏模量和泊松比）；

● 热弹性本构模型的弹性参数（杨氏模量和泊松比）和热膨胀系数；

● 弹塑性本构模型的塑性参数（屈服应力和硬化参数）；

● 热弹塑性本构模型的塑性参数（屈服应力和硬化参数）和热膨胀系数；

● 弹黏塑性本构模型参数（屈服应力、硬化和黏度参数）；

● 热弹黏塑性扩展本构模型的塑性参数（屈服应力、硬化和黏度参数）和热系数；失效准则中所有强度参数。

第 4 章　计算分析

4.1　概述

在 Digimat-MF 操作窗口中可定义多个分析，且每个分析都是唯一的。在每个分析下可定义常规参数、执行分析类型及积分参数，且大多数参数为默认设置，可以满足计算需求。

4.2　常规参数

图 4.1 给出了常规参数选项卡的一般概述。不同的窗口编号有助于追踪每个参数区域的描述。

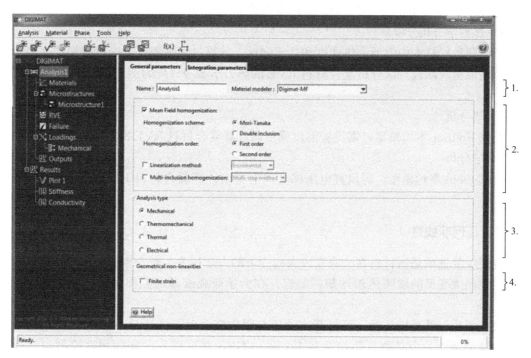

图 4.1　常规参数选项卡

4.2.1　分析名称及材料模型

每个分析都必须具有唯一的名称，默认情况下，DIGIMAT 将分析名称设置为

"Analysis i"（i 编号确保名称唯一）。在 DIGIMAT 中可使用两种材料建模工具：Digimat-MF 和 Digimat-FE。默认情况下，选择 Digimat-MF，也可将分析转移到 Digimat-FE 中，以便使用细观力学有限元方法对 RVE 进行处理（除了分析参数外，所有材料、相位和加载信息均自动导入）。

4.2.2　平均场均匀化

平均场均匀化选项列出了不同均匀化方法，一般采用默认设置。平均场均匀化选项下有两个复选框："线性方法（Linearization method）"和"多层夹杂均匀化方法（Multi-inclusion homogenization）"。若材料微观结构中包含多相（复合材料），应进行检查；如果只计算基体响应（即单相材料），则应勾选此复选框。如果没有打开上述选项框，Digimat 将根据材料模型和微观结构选项使用默认分析方法。

4.2.3　分析类型

Digimat-MF 计算分析有四种类型：力学分析、热力学分析、热分析和电分析。

1）力学分析

可采用的材料本构模型：弹性、黏弹性、超弹性、弹塑性（有、无损伤）、弹黏塑性、黏弹黏塑性、Leonov-EGP。计算过程中需要施加荷载（单轴应变、多轴应变……）以便分析复合材料 RVE 的力学响应（应力-应变曲线和刚度等）。

2）热力学分析

提供两种材料本构模型：热弹性和热超弹性。计算过程中需要考虑机械加载（多轴应变）与热负荷（回火）以分析复合材料 RVE 的热力学响应（应力-应变曲线、刚度和热膨胀）。

3）热分析

提供 Fourier 本构模型，需设置温度梯度以计算复合材料 RVE 的热流和导热系数。

4）电分析

提供 Ohm 本构模型，需设置电压梯度或电场以计算复合材料 RVE 的电流密度和电导率。

4.2.4　几何非线性

有限应变选项是指材料在小应变或大应变下的力学行为。对于橡胶、泡沫塑料以及高温下表现出大变形的增强热塑性塑料而言，在力学荷载或者高温作用下会观察到较大的应变。

根据所执行的分析类型，可打开或关闭有限应变选项。打开时，RVE 微观结构中材料本构模型至少一个必须是超弹性或 Leonov-EGP，亦可用各向同性弹性模型与超弹性混合。

4.3　积分参数

图 4.2 为积分参数选项卡，不同的窗口区域被编号以便分类描述相关参数。

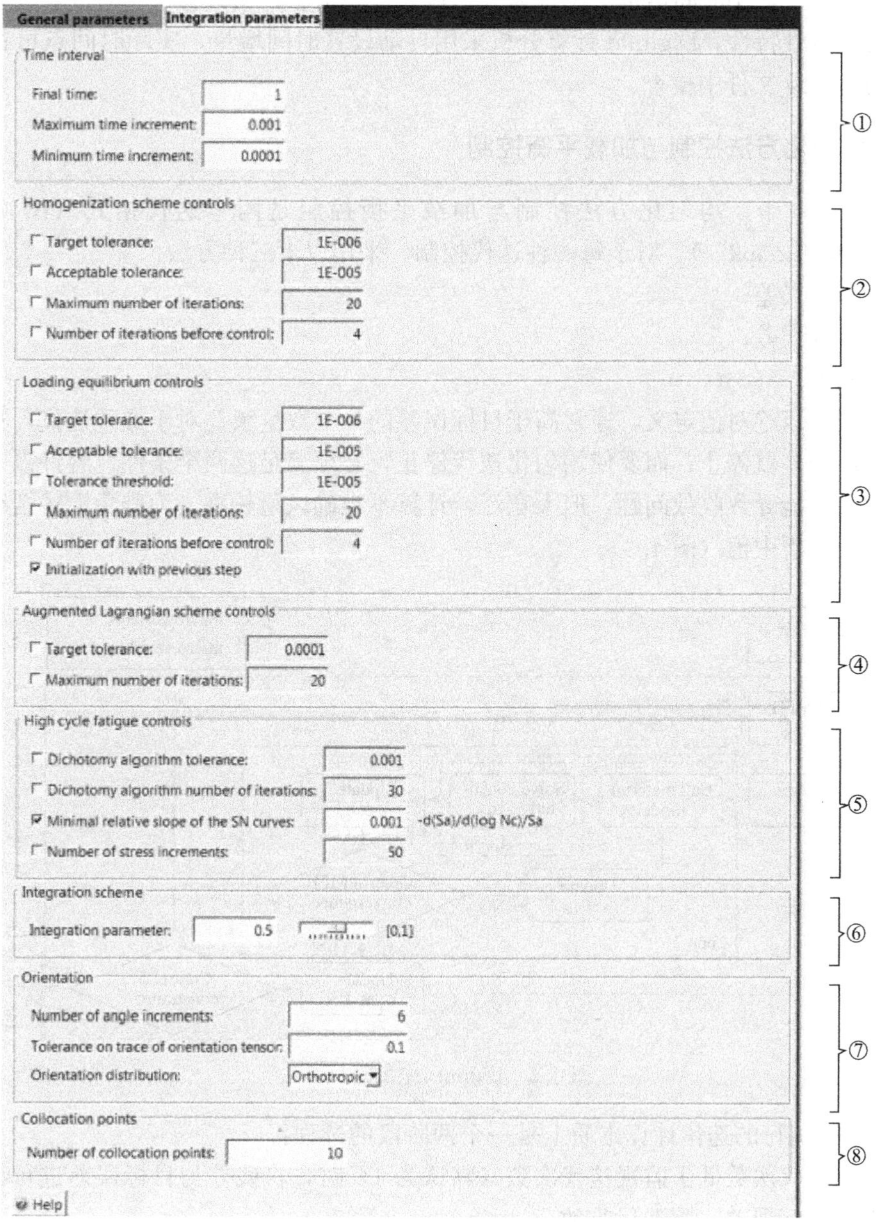

图 4.2　积分参数选项卡

4.3.1　时间间隔

　　时间间隔是处理应变率相关材料（即黏弹性、弹黏塑性等）和自定义加载时需要调整的重要参数。时间概念非常重要，即使采用默认参数也不能保证分析正常运行。终止时间指的是 Digimat 分析的总时间，默认值为 1s。对于与时间无关的材料模型，最终数值并不重要。采用自定义加载时，必须更新终止时间，以便该值与自定义加载函数的结束时间相同。

　　最小和最大时间增量用于设置 Digimat 的自动时间增量的下限和上界。两者设置需低于终止时间，且最小时间增量须设置为低于最大时间增量。当设置不当时或者仅基于分析中材料的非线性特性，Digimat 计算分析采用自动设置时间增量，实际时间点可在分析期间生成的 *.log 文件中检查。

4.3.2 均匀化方法控制与加载平衡控制

在 Digimat 中，均匀化方法控制与加载平衡控制是两个迭代格式（图 4.3 中的"Loop1"和"Loop2"）。对于每一种迭代控制，采用以下三种方法：

（1）目标误差；

（2）容许误差；

（3）残差。

容许误差以绝对值定义，通常高于目标误差的一个数量级。对于加载迭代，只要达到目标或容许误差就停止；而要使均匀化迭代停止，必须满足这两个条件。容许误差太低且限制性太强可能导致收敛问题，但太宽泛，计算不准确风险较高。为避免上述情况，需要采用最佳误差折中值（图 4.3）。

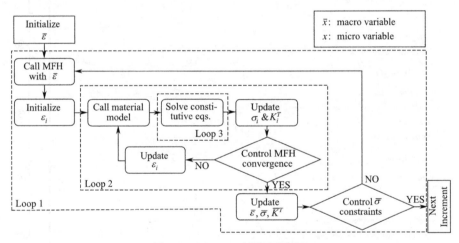

图 4.3　Digimat 中的迭代算法

Digimat 执行的迭代计算本质上是一个两阶段的过程：

（1）当迭代次数低于监视迭代次数（默认为 4）时，将残差与目标误差进行比较。如果残差小于目标误差，则迭代收敛。

（2）当迭代次数高于监控迭代次数时，将残差与容许误差进行比较。如果预测的迭代次数直到收敛仍大于 *MAT 文件中指定的迭代次数，则使用另一数值方法加速收敛。

（3）默认的迭代次数通常易于收敛，只需要在某些特定的情况下进行修改。

除 Digimat-MF 计算外，加载控制误差设置仅用于模拟壳体单元，不适用实体单元。

4.3.3 增广拉格朗日算法控制

超弹性材料增广拉格朗日算法控制采用目标误差量化最大平均体积变化以保证迭代收敛。最大迭代次数控制增广拉格朗日算法中允许的最大迭代次数。若计算期间满足收敛要求的迭代次数超过最大迭代次数，Digimat 将缩小时间步长。目标误差和最大迭代次数存在默认值，在某些情况下，根据分析中涉及的参数，可修改以获得更好的结果或避免无效的计算。

4.3.4　高周疲劳控制

高周疲劳控制仅适用于疲劳分析，即指定疲劳失效指标并将其分配给复合材料。Digimat-MF 中采用的疲劳失效模型参考第 8 章。

当疲劳荷载的应力幅值在一定范围内变化时，伪晶粒疲劳模型使用二分法误差（Dichotomy algorithm tolerance）和二分法迭代次数控制（Dichotomy algorithm number of iterations）。第一个用平均失效指标代替目标误差，第二个采用最大迭代次数算法。

S-N 曲线的最小相对斜率（Minimum relative slope of the S-N curves）是所有疲劳模型的默认参数，由 Digimat-MF 自动测试。当临界循环次数增加时，强制减小应力振幅。上述计算测试根据材料的物理力学特性，可通过定义负最小相对斜率禁用。

应力增量参数的数量（Number of stress increments）用于设置基体损伤疲劳模型中循环程序，给出了用于评估量 S-N 曲线的应力增量的数。这个参数越大，结果就越精确，但 CPU 计算时间也越长。

4.3.5　积分选项

积分参数仅在打开平均场均匀化设置时才启用，与时间积分参数 α 密切相关。积分参数值须大于零且小于或等于 1。隐式计算分析默认为 0.5，显式计算通常使用 1。当从 Digimat CAE 生成接口文件时，Digimat 会自动调整此参数，具体取决于是隐式计算还是显式计算。但对于 Digimat-MF，由于计算求解是隐式的，所以该参数默认为 0.5。

4.3.6　取向

角度增量数（Number of angle increments）：如果定义的非线性复合材料中的夹杂具有非固定方向（即取向张量或随机 2D/3D），须对取向空间进行离散。为了可视化这个离散化步骤，可以用一个球体来表示角度空间。球体利用水平线和垂直线分成许多等角长的部分，类似于地球的子午线和经纬线。从这些线在角空间球体中的位置来看，所有线段都是角空间中唯一的单独区域。

角度增量参数给出了用于离散化的 θ 角度增量的数量，须在 $[6, 36]$ 范围。考虑计算精度和计算时间均随角度增量的增加而增加，数量默认值 6、12 为最佳折中值。对于 FPGF 失效指标，伪晶粒的数量取决于角度增量的数量，建议值为 12 以提供更好的失效预测精度。

取向张量矩阵迹的误差（Tolerance on trace of orientation tensor）：指使用取向文件时计算的取向张量矩阵迹的误差。取向张量的一个不变量规定张量矩阵的迹须等于 1。如果不等于 1，但在指定的误差范围内（默认值设置为 0.1），DIGIMAT 将自动更正取向张量并强制矩阵迹等于 1。如果迹被计算为超出误差范围，则 DIGIMAT 将拒绝方向张量，并停止计算。

$$a = \begin{bmatrix} a_{11} & a_{12} & a_{13} \\ a_{21} & a_{22} & a_{23} \\ a_{31} & a_{32} & a_{33} \end{bmatrix} \tag{4.1}$$

如果取向张量 a 的迹 1，则需要修正得到以下 a' 张量：

$$a' = \begin{bmatrix} \dfrac{a_{11}}{\text{trace}(a)} & a_{12} & a_{13} \\ a_{21} & \dfrac{a_{22}}{\text{trace}(a)} & a_{23} \\ a_{31} & a_{32} & \dfrac{a_{33}}{\text{trace}(a)} \end{bmatrix} \tag{4.2}$$

取向分布（Orientation distribution）：存在正交异性拟合和混合两种控制取向分布。默认参数称为混合方法，适用 Digimat-MF 和 Digimat-FE；正交异性拟合闭合法适用于某些特殊情况。

配置点数量（Number of Collocation points）：如果复合材料的某一相为黏弹性材料，则须指定配置点的数量。这个参数规定了 Laplace-Carson 变换数值反演所需点的总数，须大于黏弹性材料的松弛时间常数的总数，其余常数将由 Digimat 自动计算，默认值 10。

4.4　各向同性提取方法

在均匀化过程中，需要用 Eshelby 张量计算应变集中张量 B^{ε}。只有当 Eshelby 张量的非线性行为不是由各向异性模量张量而是由切线模量矩阵的各向同性部分来计算时，才能得到良好的预测结果。Digimat 提供了三种方法（一般方法、谱方法和修正谱方法）从各向异性模量张量中提取各向同性部分。

应变集中张量 B^{ε}：

$$\begin{aligned} B^{\varepsilon} &= \{I + \zeta : C_0^{-1} : [C_1 - C_0]\}^{-1} \\ &= \{I + P : [C_1 - C_0]\}^{-1} \end{aligned} \tag{4.3}$$

式中，I 为四阶单位张量；ζ 为 Eshelby 张量；P 为 Hill 张量；C_0 和 C_1 为基体刚度矩阵和等效夹杂刚度矩阵。

Eshelby 张量取决于夹杂的形状、取向以及基体的刚度。对于旋转椭球形夹杂和各向同性刚度矩阵，Eshelby 张量只取决于夹杂长宽比和方向以及泊松比矩阵。对于弹（黏）塑性矩阵，切线泊松比 ν_t 由切线体积和剪切模量 K_t 和 G_t 计算得出：

$$\nu_t = \frac{3K_t - 2G_t}{2(3K_t + G_t)} \tag{4.4}$$

如果矩阵是弹（黏）塑性的，则可以证明其切线模量张量是各向异性的，即使矩阵材料模型是各向同性的。基于切线体积和剪切模量的计算，矩阵切线算子的各向同性部分定义如下：

$$C^{\text{iso}} = 3K_t I^{\text{vol}} + 2G_t I^{\text{dev}} \tag{4.5}$$

式中，C^{iso} 是各向异性模量张量的各向同性部分；I^{vol} 和 I^{dev} 分别是球面投影算子和偏投影算子。

4.4.1　一般方法

该方法可以应用于任何材料模型，包括各向异性模量的投影各向同性张量的子空间上的张量 C^{ani}，可获得如下关系式：

$$10G_{\mathrm{t}} = \boldsymbol{I}^{\mathrm{dev}} :: \boldsymbol{C}^{\mathrm{ani}} ; 3K_{\mathrm{t}} = \boldsymbol{I}^{\mathrm{vol}} :: \boldsymbol{C}^{\mathrm{ani}} \tag{4.6}$$

4.4.2　谱方法

对于某些材料模型，如 J_2-（黏）塑性模型，矩阵各向异性切线算子由 Ponte Castañeda 谱分解计算，公式如下：

$$K_{\mathrm{t}} = K_{\mathrm{e}} ; \quad G_{\mathrm{t}} = G_{\mathrm{e}} \left(1 - \frac{3G_{\mathrm{e}}}{3G_{\mathrm{e}} + \dfrac{\mathrm{d}R}{\mathrm{d}p}(p)} \right) \tag{4.7}$$

式中，K_{e} 和 G_{e} 表示弹性体积和剪切模量；R 和 p 分别为各向同性硬化应力和累积塑性应变。

4.4.3　修正谱方法

修正谱方法是谱方法的一种启发式推广：

$$K_{\mathrm{t}} = K_{\mathrm{e}} ; \quad G_{\mathrm{t}} = K_{\mathrm{G}} G_{\mathrm{e}} \left(1 - \frac{3G_{\mathrm{e}}}{3G_{\mathrm{e}} + \dfrac{\mathrm{d}R}{\mathrm{d}p}(K_{\mathrm{p}} p + K_{\mathrm{s}})} \right) \tag{4.8}$$

式中，K_{G}，K_{t}，K_{s} 和 K_{p} 分别为整体剪切乘数、塑性剪切乘数、塑性应变位移和塑性应变乘数。

第5章　单相材料本构模型

5.1　线（热）弹性模型

在小应变条件下弹性材料的应力-应变关系满足广义胡克定律，如：

$$\boldsymbol{\sigma}=\mathbf{C}:\boldsymbol{\varepsilon} \text{ 或 } \sigma_{ij}=C_{ijkl}\varepsilon_{kl} \tag{5.1}$$

式中，$\boldsymbol{C}$ 为胡克算子，为四阶张量，考虑对称性，一般具有 21 个独立变量，因此，公式（5.1）也可写成：

$$
\left\{
\begin{array}{c}
\sigma_{11} \\
\sigma_{22} \\
\sigma_{33} \\
\sigma_{12} \\
\sigma_{23} \\
\sigma_{13}
\end{array}
\right\}
=
\left[
\begin{array}{cccccc}
C_{11}^{el} & C_{12}^{el} & C_{13}^{el} & C_{14}^{el} & C_{15}^{el} & C_{16}^{el} \\
 & C_{22}^{el} & C_{23}^{el} & C_{24}^{el} & C_{25}^{el} & C_{26}^{el} \\
 & & C_{33}^{el} & C_{34}^{el} & C_{35}^{el} & C_{36}^{el} \\
 & sym & & C_{44}^{el} & C_{45}^{el} & C_{46}^{el} \\
 & & & & C_{55}^{el} & C_{56}^{el} \\
 & & & & & C_{66}^{el}
\end{array}
\right]
\left\{
\begin{array}{c}
\varepsilon_{11} \\
\varepsilon_{22} \\
\varepsilon_{33} \\
2\varepsilon_{12} \\
2\varepsilon_{23} \\
2\varepsilon_{13}
\end{array}
\right\}
\tag{5.2}
$$

利用正定性，可以证明式（5.2）是可逆的，因此，考虑已知应力场，可以得到应变场，如式（5.3）所示。

$$
\left\{
\begin{array}{c}
\varepsilon_{11} \\
\varepsilon_{22} \\
\varepsilon_{33} \\
2\varepsilon_{12} \\
2\varepsilon_{23} \\
2\varepsilon_{13}
\end{array}
\right\}
=
\left[
\begin{array}{cccccc}
S_{11}^{el} & S_{12}^{el} & S_{13}^{el} & S_{14}^{el} & S_{15}^{el} & S_{16}^{el} \\
 & S_{22}^{el} & S_{23}^{el} & S_{24}^{el} & S_{25}^{el} & S_{26}^{el} \\
 & & S_{33}^{el} & S_{34}^{el} & S_{35}^{el} & S_{36}^{el} \\
 & sym & & S_{44}^{el} & S_{45}^{el} & S_{46}^{el} \\
 & & & & S_{55}^{el} & S_{56}^{el} \\
 & & & & & S_{66}^{el}
\end{array}
\right]
\left\{
\begin{array}{c}
\sigma_{11} \\
\sigma_{22} \\
\sigma_{33} \\
\sigma_{12} \\
\sigma_{23} \\
\sigma_{13}
\end{array}
\right\}
\tag{5.3}
$$

根据材料所表现出的对称性，刚度矩阵和柔度矩阵退化为更简单的形式，从而减少了描述材料线弹性行为所需的独立分量的数量。

5.1.1　各向同性材料

对于各向同性材料，胡克算子由材料弹性模量 E 和泊松比 ν 构成，柔度矩阵如下所示：

$$S^{el} = \frac{1}{E}\begin{bmatrix} 1 & -\nu & -\nu & 0 & 0 & 0 \\ & 1 & -\nu & 0 & 0 & 0 \\ & & 1 & 0 & 0 & 0 \\ & sym & & 2(1+\nu) & 0 & 0 \\ & & & & 2(1+\nu) & 0 \\ & & & & & 2(1+\nu) \end{bmatrix} \tag{5.4}$$

剪切模量 G 和体积模量 K：

$$G = \frac{1}{2(1+\nu)}, \quad K = \frac{E}{3(1-2\nu)} \tag{5.5}$$

5.1.2　正交各向异性材料

正交各向异性材料的柔度矩阵如下所示：

$$S^{el} = \begin{bmatrix} \dfrac{1}{E_1} & -\dfrac{\nu_{21}}{E_2} & -\dfrac{\nu_{31}}{E_3} & 0 & 0 & 0 \\[2mm] -\dfrac{\nu_{12}}{E_1} & \dfrac{1}{E_2} & -\dfrac{\nu_{32}}{E_3} & 0 & 0 & 0 \\[2mm] -\dfrac{\nu_{13}}{E_1} & -\dfrac{\nu_{23}}{E_2} & \dfrac{1}{E_3} & 0 & 0 & 0 \\[2mm] & sym & & \dfrac{1}{G_{12}} & 0 & 0 \\[2mm] & & & & \dfrac{1}{G_{23}} & 0 \\[2mm] & & & & & \dfrac{1}{G_{13}} \end{bmatrix} \tag{5.6}$$

考虑正定性，柔度矩阵或刚度矩阵要求其中的元素需要满足以下限制条件：

(1) E_1，E_2，E_3，G_{12}，G_{13}，$G_{23} > 0$；

(2) $|\nu_{12}| < (E_1/E_2)^{1/2}$；$|\nu_{13}| < (E_1/E_3)^{1/2}$；$|\nu_{23}| < (E_2/E_3)^{1/2}$；

(3) $1 - \nu_{12}\nu_{21} - \nu_{13}\nu_{31} - \nu_{23}\nu_{32} - 2\nu_{21}\nu_{32}\nu_{13} > 0$。

5.1.3　横观各向同性材料

横观各向同性材料是一类特殊的正交异性材料，具有均匀的材料特性。一个平面［如 (2, 3) -平面］的特性和垂直于该平面方向的不同（如 1 轴）。为了描述这种材料，需要五个独立的参数。默认情况下，对称平面为 (2, 3) 平面，而横向对应于 1 轴。因此，符合性矩阵的形式如下：

$$S^{el} = \begin{bmatrix} \dfrac{1}{E_t} & -\dfrac{\nu_{pt}}{E_p} & -\dfrac{\nu_{pt}}{E_p} & 0 & 0 & 0 \\[2mm] -\dfrac{\nu_{tp}}{E_p} & \dfrac{1}{E_p} & -\dfrac{\nu_p}{E_p} & 0 & 0 & 0 \\[2mm] -\dfrac{\nu_{tp}}{E_p} & -\dfrac{\nu_p}{E_p} & \dfrac{1}{E_p} & 0 & 0 & 0 \\[2mm] & sym & & \dfrac{1}{G_{tp}} & 0 & 0 \\[2mm] & & & & \dfrac{2(1+\nu_p)}{E_p} & 0 \\[2mm] & & & & & \dfrac{1}{G_{tp}} \end{bmatrix} \qquad (5.7)$$

考虑正定性，柔度矩阵或刚度矩阵要求其中的元素需要满足以下限制条件：

(1) E_p，E_t，$G_{tp} > 0$；

(2) $|\nu_p| < 1$；$|\nu_{pt}| < (E_p/E_t)^{1/2}$；$|\nu_{tp}| < (E_t/E_p)^{1/2}$；

(3) $1 - \nu_p^2 - 2\nu_{tp}\nu_{pt} - 2\nu_p\nu_{tp}\nu_{pt} > 0$。

5.1.4 各向异性材料

对于各向异性弹性材料，需要定义刚度矩阵或者柔度矩阵中全部 21 个独立参数。

5.1.5 硬化规律

对于各向同性材料，可采用硬化模型。热弹性模型的特殊性在于它需要一个位移函数来计算等效位移，根据固化度 x 使用材料特性的温度：

$$T' = T_2 + \cfrac{1}{\cfrac{1}{T - T_z} - \left(\cfrac{1}{T_g(X) - T_z} - \cfrac{1}{T_g(X_{ref}) - T_z} \right)} \qquad (5.8)$$

式中，T_z 为所用温标中的绝对零度；X_{ref} 为参考固化度；T_g 的玻璃化转变温度。默认情况下，T_z 等于 0℃。这意味着必须在 X_{ref} 处输入材料特性，该值通常等于 1。

相对于热黏弹性材料，热弹性材料的优点在于不需要识别 Prony 级数，缺点是未考虑黏性效应。

5.2 线性热弹性本构模型

上述章节中的线弹性理论对等温问题是有效的，即：考虑单一力学载荷，不考虑温度对应变场的影响。当考虑非等温问题时，温度场对材料的影响不可忽视。理论上可以将应变分解为机械加载应变和热应变两个部分：

$$\varepsilon = \varepsilon^{mec} + \varepsilon^{th} \qquad (5.9)$$

线性弹性模型可以改写如下：

$$\varepsilon = C^{-1} : \sigma + \varepsilon^{th} \text{ 或者 } \sigma = C : (\varepsilon - \varepsilon^{th}) \qquad (5.10)$$

热弹性应变如下：

$$\varepsilon^{\text{th}}=\alpha(T)(T-T_{\text{ref}})-\alpha(T_{\text{init}})(T_{\text{init}}-T_{\text{ref}}) \tag{5.11}$$

式中，α 热膨胀系数；T，T_{init}，T_{ref} 分别为现状、初始和参考温度，参考温度是热应变为零时的温度。

α 是对称张量，在不同的本构模型中具有不同的形式（表 5.1）。

基于对称性热膨胀系数刚度矩阵 表 5.1

材料对称性	参数个数	矩阵形式
各向同性	1	$\begin{pmatrix} \alpha & 0 & 0 \\ & \alpha & 0 \\ sym & & \alpha \end{pmatrix}$
横观各向同性	2	$\begin{pmatrix} \alpha_{\text{t}} & 0 & 0 \\ & \alpha_{\text{p}} & 0 \\ sym & & \alpha_{\text{p}} \end{pmatrix}$
正交各向异性	3	$\begin{pmatrix} \alpha_1 & 0 & 0 \\ & \alpha_2 & 0 \\ sym & & \alpha_3 \end{pmatrix}$
各向异性	6	$\begin{pmatrix} \alpha_{11} & \alpha_{12} & \alpha_{13} \\ & \alpha_{22} & \alpha_{23} \\ sym & & \alpha_{33} \end{pmatrix}$

5.3 J_2-塑性模型

图 5.1 显示了聚合物在 X 轴方向单轴拉伸下的应力-应变响应。可以看出，当应力超过屈服应力 σ_{y} 时，材料表现出非线性行为，且试样在 A-B 方向的任何点处卸载，可观察到永久变形 ε_{p} 或塑性变形。如果应力-应变响应与应变率无关，则材料可以用弹塑性理论建模。如果应力-应变响应与应变率相关，需要使用基于弹黏塑性或黏弹黏塑性理论的模型。

Digimat 中用的弹塑性本构模型是 J_2-塑性模型。这个模型是基于 Von mises 等效屈服应力 σ_{eq}。

$$\sigma_{\text{eq}}=\sqrt{J_2(\sigma)}=(\frac{3}{2}\boldsymbol{S}:\boldsymbol{S})^{1/2} \tag{5.12}$$

式中，$J_2(\sigma)$ 为偏应力张量 S 的第二不变量，具有如下形式：

$$J_2(\sigma)=(\frac{3}{2}\boldsymbol{S}:\boldsymbol{S})=\frac{3}{2}\left[\sigma-\frac{1}{3}\text{Tr}(\sigma)\boldsymbol{I}\right]:\left[\sigma-\frac{1}{3}Tr(\sigma)\boldsymbol{I}\right]$$

$$=\frac{1}{2}\left[(\sigma_{11}-\sigma_{22})^2+(\sigma_{22}-\sigma_{33})^2+(\sigma_{33}-\sigma_{11})^2\right]+3\left[\sigma_{12}{}^2+\sigma_{23}{}^2+\sigma_{31}{}^2\right] \tag{5.13}$$

本构模型中，当加载点位于屈服面以内时，材料变形表现为弹性。

$$\sigma_{\text{eq}}<\sigma_{\text{Y}} \tag{5.14}$$

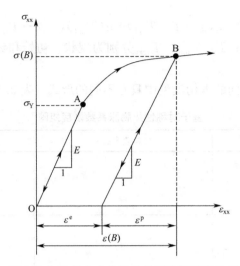

图 5.1 聚合物在 X 轴方向单轴拉伸下的理想应力/应变响应

式中，σ_Y 为初始屈服应力。

假设材料观察到的总应变是塑性应变和弹性应变之和，即：

$$\varepsilon = \varepsilon^e + \varepsilon^p \tag{5.15}$$

Cauchy 应力和弹性应变之间满足：

$$\sigma = \boldsymbol{C} : \varepsilon^e \tag{5.16}$$

当等效应力超过初始屈服应力时，材料进入塑性变形阶段，应力-应变关系呈非线性。此时，Cauchy 应力由式（5.17）给出：

$$\sigma_{eq} = \sigma_Y + R(p) \tag{5.17}$$

其中，$R(p)$ 为硬化应力；p 为累积塑性应变，可由

$$p(t) = \int_0^t \dot{p}(\tau)\mathrm{d}\tau \tag{5.18}$$

式中，$\dot{p} = \dfrac{2}{3}\sqrt{J_2(\dot{\varepsilon}^p)} = \sqrt{\dfrac{2}{3}\dot{\varepsilon}^p : \dot{\varepsilon}^p}$

屈服函数 $f(\sigma, R)$：

$$f(\sigma, R) = \sigma_{eq} - \sigma_Y - R(p) \leqslant 0 \tag{5.19}$$

$f(\sigma, R) < 0$，材料变形呈弹性，否则呈塑性。塑性应变张量 ε_p 的演化由正交规则给出：

$$\dot{\varepsilon}_p = \dot{p}\,\frac{\partial f}{\partial \sigma} \tag{5.20}$$

5.3.1 各向同性硬化模型

硬化应力规律有以下三种：

（1）幂

$$R(p) = kp^m \tag{5.21}$$

（2）指数

$$R(p) = R_\infty \left[1 - \exp(-mp)\right] \tag{5.22}$$

（3）指数和线性叠加

$$R(p) = kp + R_\infty \left[1 - \exp(-mp)\right] \tag{5.23}$$

若材料的拉伸应力-应变曲线呈线性，采用指数型硬化规律；当应变水平不变，应力水平缓慢增加时，采用指数和线性叠加。

5.3.2　随动硬化模型

随动硬化模型主要用于描述材料在循环荷载下的力学行为。在如图 5.2 所示的应变循环加载的条件下，材料理想的应力-应变如图 5.3 所示。

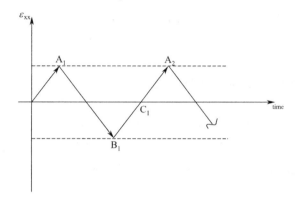

图 5.2　循环荷载下材料的应变历史

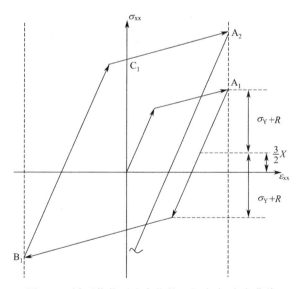

图 5.3　循环荷载下聚合物的理想应力-应变曲线

在这种情况下，屈服尺寸等于 $2(\sigma_Y + R)$，但其中心不再位于 X 轴上。另外，压缩和拉伸的屈服应力不再相等，且压缩屈服应力绝对值小于拉伸屈服应力，这种现象称为 Baushinger 效应。单靠各向同性硬化模型无法预测这种效应，需要使用运动硬化模型。在

DIGIMAT 中主要采用 Armstrong-Frederick-Chaboche 模型和非线性各向同性随动硬化。因此，弹塑性模型由式（5.24）表示。

$$\sigma = \boldsymbol{C} : (\varepsilon - \varepsilon_p) \tag{5.24}$$

$$f = \sqrt{J_2(\sigma - \boldsymbol{X})} - R(p) - \sigma_Y \tag{5.25}$$

硬化模型有两种：

（1）线性模型

$$\dot{\boldsymbol{X}} = a\dot{\varepsilon}_p \tag{5.26}$$

（2）线性回归模型

$$\dot{\boldsymbol{X}} = a\dot{\varepsilon}_p - b\boldsymbol{X}\dot{p} \tag{5.27}$$

式中，变量 X 为背应力，表征屈服面中心的平移；a，b 为运动硬化模型的线性硬化模量和回归参数。

5.4 广义 Drucker-Prager 塑性模型

广义 D-P 塑性模型是 Drucker-Prager 原模型扩展。这种塑性模型与经典的 J_2-塑性模型相反，是压力相关性的。通常用来描述压力相关材料的行为，如聚合物和岩石。广义 D-P 模型由屈服面和流动势定义，流动势相关于 Von Mises 屈服应力和静水压力。屈服面如下：

$$\Phi(\sigma_{eq}, \sigma_m, p) = M_\Phi \left(\frac{\sigma_{eq}}{\sigma_y} \right)^q - H_\Phi \sigma_m - \sigma_t(p) \tag{5.28}$$

式中，M_Φ、$q > 0$，$0 \leqslant H_\Phi \leqslant 1$ 分别是屈服应力系数、屈服应力指数和屈服压力系数，均与塑性变形无关。与 Digimat-MF 中实施的其他塑性模型相反，该屈服面同时使用了静水压力和等效 Von mises：

$$\sigma_m = \frac{1}{3} I_1(\sigma) = -\frac{1}{3}(\sigma_{11} + \sigma_{22} + \sigma_{33}) \tag{5.29}$$

$$\sigma_{eq} = \sqrt{J_2(\sigma)} = \left(\frac{1}{2} \left[(\sigma_{11} - \sigma_{22})^2 + (\sigma_{22} - \sigma_{33})^2 + (\sigma_{33} - \sigma_{11})^2 \right] + 3 \left[\sigma_{12}^2 + \sigma_{23}^2 + \sigma_{31}^2 \right] \right)^{1/2}$$
$$\tag{5.30}$$

硬化函数 $\sigma_t(p)$ 与验证模型采用的试验类型有关。在 Digimat-MF 中计算过程将一直使用一种硬化函数。即：

$$\overline{\sigma}(p) = \sigma_y + R(p) \tag{5.31}$$

式中，σ_y 和 $R(p)$ 分别为初始屈服应力和各向同性硬化。

拉伸试验：

$$\sigma_t(p) = M_\Phi \left(\frac{\overline{\sigma}(p)}{\sigma_y} \right)^q + H_\Phi \frac{\overline{\sigma}(p)}{3} \tag{5.32}$$

压缩试验：

$$\sigma_t(p) = M_\Phi \left(\frac{\overline{\sigma}(p)}{\sigma_y} \right)^q - H_\Phi \frac{\overline{\sigma}(p)}{3} \tag{5.33}$$

剪切试验：

$$\sigma_t(p) = M_\Phi \left(\frac{\overline{\sigma}(p)}{\sigma_y/\sqrt{3}} \right)^q \tag{5.34}$$

图 5.4 给出了 (σ_{eq}, σ_m)-平面中屈服面的示意图, 屈服面与 σ_m 和 σ_{eq} 轴相交于 B 点和 A 点处, 从而有:

$$B = \left(\sigma_m = -\frac{\sigma_t(p)}{H_\Phi}, \sigma_{eq} = 0 \right) \text{ 和 } A = \left(\sigma_m = 0, \sigma_{eq} = \sigma_y \left[\frac{\sigma_t(p)}{H_\Phi} \right]^{1/q} \right) \tag{5.35}$$

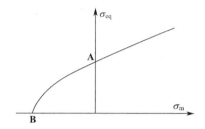

图 5.4 (σ_{eq}, σ_m) 平面中屈服面示意图

流动势:

$$G(\sigma_{eq}, \sigma_m) = \sqrt{(\xi \sigma_y \tan\phi)^2 + \sigma_{eq}^2} - \sigma_m \tan\phi \tag{5.36}$$

式中, $\xi > 0$ 为偏心率; σ_y, ϕ 表示材料的初始屈服应力和剪胀角。

流动势也可通过 Cauchy 应力张量中两个不变量 σ_m 和 σ_{eq} 之间的非线性关系来定义。如果偏心率趋于零, 此关系将变为线性且与剪胀角无关。偏心率对材料的响应影响不大, 但提高了塑性算法的稳定性, 默认值为 0.1。

塑性流动与流动势垂直 (图 5.5), 塑性应变的演化受塑性流动法则的控制:

$$\dot{\varepsilon}^p = \lambda \frac{\partial G}{\partial \sigma}(\sigma_{ep}, \sigma_m) \tag{5.37}$$

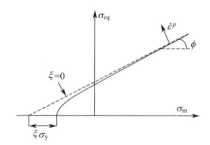

图 5.5 (σ_{eq}, σ_m) 平面中流动势示意图

假定累积塑性应变率随等效塑性功的变化而变化:

$$\overline{\sigma}(p)\dot{p} = \sigma : \dot{\varepsilon}^p \tag{5.38}$$

当 $M' = 1$, $q = 1$, $H' = 0$, $\phi = 0$ 时, 模型退化为 J_2-塑性模型。

5.5　弹塑性损伤模型

图 5.6 显示了聚合物在单轴拉伸 (X 方向) 上呈现出渐进损伤的理想应力-应变响应。

这种损伤导致材料的刚度降低。可用以下公式评估损伤程度：

$$D = 1 - \frac{E_D}{E} \tag{5.39}$$

式中，E 和 E_D 是正常和受损材料的杨氏模量；D 范围在 0 到 1 之间。

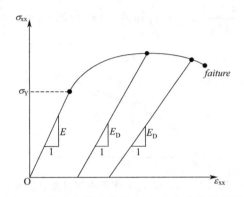

图 5.6　聚合物单向拉伸应力-应变曲线示意图

弹塑性材料通常表现出单调的应力-应变响应，应变增量与应力增量一一对应。当发生损伤时，材料刚度降低，应力-应变曲线斜率发生变化，即正应变增量可导致负应力增量。

DIGIMAT 中损伤模型为 Lemaitre-Chaboche 模型（假定材料各向同性，且发生延性损伤），耦合各向同性硬化 J_2-塑性模型，即为弹塑性损伤模型。在小应变弹塑性中，总应变分解为弹塑性分量

$$\varepsilon = \varepsilon^e + \varepsilon^p \tag{5.40}$$

Lemaitre-Chaboche 模型认为损伤只发生在塑性区，即 p 为正时，损伤的演化受热力学方程控制。引入以下变量：σ（应力张量）；R（各向同性硬化应力）；$-Y$（损伤应力）；ε^p（塑性应变张量）；r（各向同性硬化的变量）；D（损伤因子）。

力和内部变量通过比自由能连接在一起：

$$\rho \psi(\varepsilon^e, r, D) = \frac{1}{2} \varepsilon^e : (1-D) E_0 : \varepsilon^e + \int_0^r R(\zeta) \, \mathrm{d}\zeta \tag{5.41}$$

式中，E_0 是胡克算子。

状态方程：

$$\sigma = \rho \frac{\partial \phi}{\partial \varepsilon^e}, A = \rho \frac{\partial \phi}{\partial V} \tag{5.42}$$

式中，$V = (r, D)$ 是一组内变量，$A = A(r, -Y)$ 是一组共轭（对偶）力。

利用比自由能和上述状态方程，可以导出下列关系：

$$\sigma = (1-D) E_0 : (\varepsilon - \varepsilon^p), R = R(r), Y = \frac{1}{2} \varepsilon^e : E_0 : \varepsilon^e \tag{5.43}$$

考虑损伤，J_2-塑性屈服面可表示为：

$$f(\sigma, R, D) = \bar{\sigma}_{eq} - \sigma_Y - R(r) \leqslant 0 \tag{5.44}$$

式中，$\bar{\sigma} = \dfrac{\sigma}{1-D}$ 为考虑各向同性硬化有效应力。

考虑 X 方向拉力 F 作用下的 RVE（图 5.7）。总横截面积 A 为损伤面积 A_D 和净面积 $\overline{A}$ 之和：

$$A = A_D + \overline{A} \tag{5.45}$$

损伤变量 D 定义为：

$$D = \frac{A_D}{A} \tag{5.46}$$

正常材料的 D 为 0，完全破碎的材料 D 为 1。净横截面积为

$$\overline{A} = (1-D)A \tag{5.47}$$

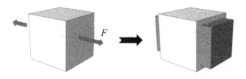

图 5.7　施加在 RVE 上的拉力定义

根据 Cauchy 应力 σ_{xx} 的定义，总力 F 为：

$$F = \sigma_{xx}A \tag{5.48}$$

有效应力的定义如下：

$$\overline{F} = \overline{\sigma}_{xx}\overline{A} \tag{5.49}$$

结合公式（5.48），导出：

$$\overline{\sigma}_{xx} = \frac{\sigma_{xx}}{(1-D)} \tag{5.50}$$

总荷载 F 实际上受面积的有效截面的支撑。推广到多轴应力状态，在正常 $\boldsymbol{n}^* = (n_i)$ 的任何材料平面上，使用类似的符号写入以前的单轴情况：

$$F_i = (\sigma_{ji}n_j)\mathrm{d}A = (\overline{\sigma}_{ji}n_j)\mathrm{d}\overline{A} \tag{5.51}$$

若法向为 $\boldsymbol{n}^*$ 平面的损伤因子为 $D(\boldsymbol{n}^*)$，可得到：

$$D(\boldsymbol{n}^*) = \frac{\mathrm{d}A - \mathrm{d}\overline{A}}{\mathrm{d}A}, \mathrm{d}\overline{A} = (1-D(\boldsymbol{n}^*))\mathrm{d}A, \overline{\sigma}_{ij} = \frac{\sigma_{ij}}{(1-D(\boldsymbol{n}^*))} \tag{5.52}$$

损伤因子 $D(\boldsymbol{n}^*)$ 相关于平面法向 $\boldsymbol{n}^*$，是各向异性的。在模型中，假定各向同性损伤并由标量 D 表示，它与方向 $\boldsymbol{n}^*$ 无关。当损伤发生时，p 和 r 之间存在以下关系：

$$\dot{r} = (1-D)\dot{p} \tag{5.53}$$

损伤演化由下式给出：

$$\dot{D} = \dot{r}\frac{\partial F_D}{\partial Y} \tag{5.54}$$

在 Lemaitre-Chaboche 模型中，F_D 为：

$$F_D(Y,D) = \frac{Y^2}{2S_0}\frac{1}{1-D} \tag{5.55}$$

式中，$1/S_0$ 为损伤率因子或 DRF。

损伤率因子是恒定的，D 的演化可以重写为：

71

$$\dot{D} = \frac{Y}{S_0}\dot{p} \tag{5.56}$$

为控制材料的损坏，引入了两个附加参数：

（1）D_c-临界损伤：材料在 D 到达 D_c 后立即失效，DIGIMAT 计算终止。D_c 可以设置为小于 1，默认值为 1。

（2）P_D-损伤阈值：控制材料开始损伤时须产生的最小累积塑性应变 ε^p。P_D 的默认值为 0。

Digimat 中提出了扩展 Lemaitre-Chaboche 损伤模型，其中 D 为

$$\dot{D} = \frac{\sigma_Y}{S_0}\left(\frac{Y(\bar{\sigma})}{\sigma_Y}\right)^n \dot{p} \tag{5.57}$$

式中，n 为 $d(p)$ 凸性控制的损伤指数，Y 为应变能释放率，表达式如下：

$$Y = \frac{1}{E_0}\left[\frac{\sigma_{eq}}{1-D}\right]^2 R_\nu, \quad R_\nu = \frac{2}{3}(1+\nu)+3(1-2\nu)\left[\frac{\sigma_H}{\sigma_{eq}}\right]^2 \tag{5.58}$$

式中，$\sigma_H = -\frac{1}{3}\mathrm{Tr}(\sigma)$ 为静水应力，$\sigma_{eq} = \sqrt{J_2(\sigma)}$ 为 Von Mises 等效应力。

在 Lemaitre-Chaboche 模型中，延性损伤：

（1）直接影响材料弹性刚度，可通过卸载和重新加载试验进行试验测量；

（2）与场函数（f）耦合，但后者仍为形 J_2 式，静水压力（σ_H）对场没有影响。

这两种特性不具有普适性，只适用于某些特殊的材料。在典型无损伤的 J2-塑性模型中，有效应力等于等效应力，屈服面表示为：

$$f(\sigma, R) = \sigma_{eq} - \sigma_Y - R(p) \tag{5.59}$$

5.6 热弹塑性模型

当应力超过屈服应力 σ_Y 时，热弹塑性材料的应力-应变响应表现出非线性。弹性和塑性应力-应变响应都可与温度相关。如果材料与应变率无关，可使用弹塑性理论对该材料进行建模，否则，应使用基于热弹黏塑性的材料本构模型。

Digimat 中可用的热弹黏塑性本构模型是从 J_2-塑性模型导出的，其中每个弹性、塑性和热参数都与温度有关。该模型基于 Von Mises 等效应力 σ_{eq}，具有如下表达形式：

$$\sigma_{eq} = \sqrt{J_2(\sigma)} = \left(\frac{1}{2}\left[(\sigma_{11}-\sigma_{22})^2+(\sigma_{22}-\sigma_{33})^2+(\sigma_{33}-\sigma_{11})^2\right]+3\left[\sigma_{12}^2+\sigma_{23}^2+\sigma_{31}^2\right]\right)^{1/2} \tag{5.60}$$

在本构模型中，只要满足以下条件，应力-应变响应即假定为线性弹性：

$$\sigma_{eq} \leqslant \sigma_Y(T) \tag{5.61}$$

式中，$\sigma_Y(T)$ 为与温度有关的材料初始屈服应力。

总应变假定为弹性应变、塑性应变和热应变之和：

$$\varepsilon = \varepsilon^e + \varepsilon^p + \varepsilon^{th} \tag{5.62}$$

Cauchy 应力、总应变、热应变和塑性应变之间满足下式：

$$\sigma = \boldsymbol{C}(T):(\varepsilon-\varepsilon^p)+\beta(T), \quad \beta(T)=-C(T):\varepsilon^{th}(T) \tag{5.63}$$

式中，C 是胡克算子，由与温度相关的杨氏模量和泊松比导出。

热应变是各向同性的，为实际温度 T 的函数，参考温度 T_{ref} 和初始温度 T_{ini} 为：

$$\varepsilon^{th}(T)=\{\alpha(T)[T-T_{ref}]-\alpha(T_{ini})[T_{ini}-T_{ref}]\}\mathbf{1} \tag{5.64}$$

式中，$\alpha(T)$ 为热膨胀系数，与温度有关；参考温度 T_{ref} 为热应变为零的温度。

当 σ_{eq} 超过初始屈服应力时，应力-应变响应变为非线性，出现塑性变形。屈服函数 $f(\sigma,R,T)$ 为：

$$f(\sigma,R,T)=\sigma_{eq}+\sigma_Y(Y)-R(p,T)\leqslant0 \tag{5.65}$$

式中，$R(p,T)$ 为硬化应力，与温度有关；p 是累积塑性应变。

当 $f(\sigma,R,T)<0$ 时，材料在弹性域内演化，Cauchy 应力的 Von Mises 范数：

$$\sigma_{eq}=\sigma_Y(T)+R(p,T) \tag{5.66}$$

作为等温弹塑性本构模型，塑性应变张量 ε_p 的演化由正交规则给出：

$$\dot{\varepsilon}^p=\dot{p}\frac{\partial f}{\partial\sigma} \tag{5.67}$$

1）各向同性硬化模型

硬化应力规律有以下三种：

（1）幂

$$R(p,T)=k(T)p^{m(T)} \tag{5.68}$$

（2）指数

$$R(p,T)=R_\infty(T)\{1-\exp[-m(T)p]\} \tag{5.69}$$

（3）指数和线性叠加

$$R(p,T)=k(T)p+R_\infty(T)\{1-\exp[-m(T)p]\} \tag{5.70}$$

硬化应力的所有参数都与温度有关。如果材料的拉伸应力-应变曲线水平，则应采用指数硬化规律；当应变接近水平但应力水平缓慢增加时，采用指数和线性叠加硬化规律。

2）各向同性实现方法

在热弹塑性材料均匀化过程中，须提取切线刚度张量的各向同性部分。Digimat 中有三种不同的方法，可参见 4.4 章节。

5.7　弹黏塑性模型

在塑料和复合材料研究领域，加载速率对材料的力学行为（刚度）有一定影响，一般将其应归因于材料的黏性效应，具体分解为黏弹性和黏塑性效应。

在同一材料中，黏弹性和黏塑性效应的强度水平可以相对不同。换言之，当材料对塑性区的应变率敏感时，黏弹性行为可以忽略。在此情况下，可以认为材料是弹黏塑性（EVP），弹性响应与加载速率无关。另外，在其他领域（如冲击问题、碰撞问题及高转速问题等）时，研究与加载率相关的材料力学行为也非常重要。

与弹塑性材料类似，EVP 材料的应力-应变曲线可划分为弹性区域和黏塑性区域两个部分。同样，对于 EVP 材料，考虑弹性和黏塑性完全耦合，屈服应力不会随应变率的变化而变化。尽管不考虑变形弹性域中的黏性效应，但如果施加的荷载超过屈服应力，材料也会进入塑性状态，且变形不可逆。因此，总应变 ε 由弹性部分 ε^e 与黏塑性部分 ε^p

构成：

$$\varepsilon = \varepsilon^{e} + \varepsilon^{p}, \quad \varepsilon_{ij} = \varepsilon_{ij}^{e} + \varepsilon_{ij}^{p} \tag{5.71}$$

对于弹性应变，假设各向同性弹性，且与加载率无关，利用材料的弹性模量和泊松比即可描述材料的弹性响应（具体参考 5.1 章节）。

对于黏塑性应变，其张量演化遵循以下流动法则：

$$\dot{\varepsilon}^{p} = \dot{p}\,\frac{\partial f}{\partial \sigma} \tag{5.72}$$

在 DIGIMAT 中根据模拟类型提供了以下几种模型：

（1）应变率模型：描述应变率材料塑性行为的影响

- 初始屈服牛顿模型
- 当前屈服牛顿模型
- 普朗特双曲线模型

（2）蠕变模型：描述材料行为与时间的关系

- 初始屈服牛顿模型
- 当前屈服牛顿模型
- 普朗特双曲线模型
- 幂函数模型
- 时间模型

1）初始屈服牛顿模型

$$\dot{p} = \frac{\sigma_{Y}}{\eta}\left(\frac{f}{\sigma_{Y}}\right)^{m} \tag{5.73}$$

式中，σ_{Y} 为材料的初始屈服应力；$R(p)$ 为硬化应力；f 为黏塑性应力（$f = \sigma_{eq} - \sigma_{Y} - R(p)$，$\sigma_{eq}$ 为 Von Mises 等效应力）；$\dot{p}$ 为塑性应变累积速率；η 为黏塑性系数；m 为黏塑性指数。

2）当前状态牛顿模型

$$\dot{p} = \frac{\sigma_{Y}}{\eta}\left(\frac{f}{\sigma_{Y} + R(p)}\right)^{m} \tag{5.74}$$

公式（5.73）和公式（5.74）非常相似：在初始屈服牛顿模型中，黏塑性应力 f 仅取决于累积塑性应变率和初始屈服应力；在当前状态牛顿模型中，f 取决于累积塑性应变率、屈服应力和硬化应力。表明黏塑性应力随着硬化应力的增加而更新。

3）普朗特双曲线模型

$$\dot{p} = \frac{\sigma_{Y}}{\eta}\left(\sinh\left(\frac{f}{\beta}\right)\right)^{m} \tag{5.75}$$

式中，β 为第二黏塑性系数，具有与黏塑性系数基本相同的效应，但灵敏度不同。

普朗特双曲线模型中黏塑性应力相关于屈服应力而不是硬化应力。与初始屈服牛顿模型不同，在高应变率下，曲线的形状与准静态加载的形状基本相同，而不是朝向线性力学响应。表明对于不同的应变率，曲线都具有相似的非线性形状，但是当达到不同的最大应力水平时，不同的曲线会叠加在一起。

4）幂函数模型

$$\dot{p}=\frac{\sigma_Y}{\eta}\left(\frac{\sigma_{eq}}{\sigma_Y+R(p)}\right)^m \tag{5.76}$$

该模型与当前状态牛顿模型有着非常相似的形式，区别在于累积的塑性应变率取决于 Von Mises 应力而不是黏塑性应力。

5）时间模型

$$\dot{p}=A\sigma_{eq}^m t^n \tag{5.77}$$

时间模型描述的其实是一个蠕变规律。与前述黏塑性模型相比，时间模型相关于时间和 Von Mises 应力，与屈服应力和硬化参数无关。三个参数 A、m 和 n 分别称为蠕变系数、蠕变指数和第二蠕变指数，取值：$A>0$、$m>0$ 和 $-1\leqslant n<0$。

上述黏塑性模型需满足以下两个条件：

- $f\leqslant 0$，$\dot{p}=0$；

- $f>0$，$\dot{p}>0$。

5.8　热弹黏塑性模型

与热弹塑性材料模型类似（5.5 节），热弹黏塑性材料的应力-应变曲线可分为热弹性和热黏塑性两个区域。不同之处在于前者只考虑温度场，后者同时考虑了应变率效应。同样，与弹黏塑性材料模型（5.6 节）对比可看出，热弹黏塑性模型在弹性与黏塑性区域均考虑了温度场。因此，综合前述两个模型，可推导出热弹黏塑性材料模型本构方程。

Cauchy 应力、总应变、热应变和塑性应变之间关系如下：

$$\sigma=\mathbf{C}(\mathbf{T}):(\varepsilon-\varepsilon^p)+\beta(T)，\quad \beta(T)=-\mathbf{C}(\mathbf{T}):\varepsilon^{th}(T) \tag{5.78}$$

式中，$\mathbf{C}(\mathbf{T})$ 是胡克算子，可通过与温度相关的杨氏模量和泊松比获得。

热应变是各向同性的，为实际温度 T 的函数，参考温度 T_{ref} 和初始温度 T_{ini} 的函数：

$$\varepsilon^{th}(T)=\{\alpha(T)[T-T_{ref}]-\alpha(T_{ini})[T_{ini}-T_{ref}]\}\mathbf{1} \tag{5.79}$$

式中，$\alpha(T)$ 为热膨胀系数 $\alpha(T)$，与温度有关；参考温度 T_{ref} 为热应变为零的温度。

对于热弹性应变：不考虑变形弹性域中的黏性效应，假设各向同性热弹性，参考热弹性模型，可由材料的弹性模量、泊松比和热膨胀系数获得热应变。

塑性应变演变受塑性流动法则控制：

$$\dot{\varepsilon}^p=\dot{p}\frac{\partial f}{\partial\sigma} \tag{5.80}$$

塑性变形速率 $\dot{p}=\dfrac{\mathrm{d}p}{\mathrm{d}t}$ 由以下条件确定：

$$\begin{aligned} f\leqslant 0，\quad &\dot{p}=0 \\ f>0，\quad &\dot{p}=g_v(f)>0 \end{aligned} \tag{5.81}$$

式中，$g_v(f)$ 表示黏塑性定律，$f(\sigma,R,T)$ 为屈服函数：

$$f(\sigma,R,T)=\sigma_{eq}-\sigma_Y(T)-R(p,T)\leqslant 0 \tag{5.82}$$

式中，$R(p,T)$ 为硬化应力，与温度有关；σ_Y 为材料的初始屈服应力；σ_{eq} 为 Von

Mises 等效应力；p 是累积塑性应变。

对于热弹黏塑性材料模型，黏塑性区域除了与应变率相关外，所有参数均受温度影响。参照 5.6 节，可以得到以下黏塑性模型和时间模型：

1) 初始屈服牛顿模型

$$\dot{p} = \frac{\sigma_Y(T)}{\eta(T)} \left(\frac{f}{\sigma_Y(T)} \right)^{m(T)} \tag{5.83}$$

2) 当前状态牛顿模型

$$\dot{p} = \frac{\sigma_Y(T)}{\eta(T)} \left(\frac{f}{\sigma_Y(T) + R(p,T)} \right)^{m(T)} \tag{5.84}$$

3) 普朗特双曲线模型

$$\dot{p} = \frac{\sigma_Y(T)}{\eta(T)} \left[\sinh\left(\frac{f}{\beta(T)} \right) \right]^{m(T)} \tag{5.85}$$

4) 幂函数模型

$$\dot{p} = \frac{\sigma_Y(T)}{\eta(T)} \left[\frac{\sigma_{eq}}{\sigma_Y(T) + R(p,T)} \right]^{m(T)} \tag{5.86}$$

5) 时间模型

$$\dot{p} = A(T)\sigma_{eq}^{n(T)} t^{m(T)} \tag{5.87}$$

上述模型参数的意义参见公式(5.73)~公式(5.77)。

5.9 黏弹性模型

黏弹性模型对于捕捉加载速率相关的材料弹性响应具有重要意义。此类模型通常用于模拟材料在振动荷载和循环荷载下的力学行为。与弹性应变卸载后瞬时恢复不同，黏弹性应变部分是瞬时的，部分是延迟。延迟应变属于黏性行为，其恢复需要一定的时间。黏弹性应变可以部分是线性的，部分是非线性的，其规律取决于材料的应变率和松弛时间。

DIGIMAT 中提供了与线弹性应变率相关的黏弹性本构模型，模型的数学表达如下：

$$\sigma(t) = \mathbf{G(t)} : \boldsymbol{\varepsilon}(0) + \int \mathbf{G}(t-\tau) : \dot{\boldsymbol{\varepsilon}}^{(ve)}(\tau) \, \mathrm{d}\tau \tag{5.88}$$

$$\boldsymbol{\varepsilon}(0) = \lim_{\substack{t \to 0 \\ t > 0}} \varepsilon(t), \quad \mathbf{G}(t) = 2G_R(t)\boldsymbol{I}^{\mathbf{dev}} + K_R(t)\mathbf{1} \otimes \mathbf{1} \tag{5.89}$$

式中，积分方程隐含记忆效应，表明 $t > 0$ 时的应力 $\sigma(t)$ 取决于该时间之前的所有应变历史，即 $\sigma(t)$ 取决于 $\varepsilon(s), s \leqslant t$；$\mathbf{G}(t)$ 为松弛模量，在各向同性情况下，分别由时变剪切模量和体积模量 $G_R(t)$ 和 $K_R(t)$ 表示。在 Digimat 中引入各向同性黏弹性作为剪切模量 $\mathbf{G}(t)$ 和体积模量 $\mathbf{K}(t)$ 的 Prony 级数来表达这两个参数：

$$G_R(t) = G_0 \left[1 - \sum_{i=1}^{n} w_i (1 - e^{-t/\tau_i}) \right], G_0 = G(t=0) \tag{5.90}$$

$$K_R(t) = K_0 \left[1 - \sum_{i=1}^{n'} w_i^* (1 - e^{-t/\tau_i^*}) \right], K_0 = K(t=0) \tag{5.91}$$

式中，G_0 为初始剪切模量，表示剪切力松弛试验 $t=0$ 时材料的模量；K_0 为初始体积模量，表示松弛试验 $t=0$ 时材料的压缩模量；τ_i 和 τ_i^* 为材料的松弛时间；w_i 和 w_i^* 为给定松弛时间的权重指数。各参数的取值范围如表 5-2 所示。

Prony 级数参数取值范围

表 5-2

相关参数	剪切模量的 Prony 级数	体积模量的 Prony 级数
剪切/体积模量	$G_0>0$	$K_0>0$
剪切/体积松弛时间	$\tau_i>0$	$\tau_i^*>0$
剪切/体积权重	$0 \leqslant w_i < 1$	$0 \leqslant w_i^* < 1$

剪切模量 $G(t)$ 和体积模量 $K(t)$ 必须为正，即。

$$\sum_{i=1}^{n} \omega_i < 1 , \quad \sum_{i=1}^{n'} \omega_i^* < 1 \tag{5.92}$$

每个权重系数是材料定应变率敏感性的度量。随着权重值的增加，材料对应变率的敏感性不断增加。对于非常大（无限）的时间，与时间相关的剪切和体积模量趋向于经典的线性弹性模量。

$$G_\infty(t) = G_0 \left(1 - \sum_{i=1}^{n} \omega_i\right), K_\infty(t) = K_0 \left(1 - \sum_{i=1}^{n'} \omega_i^*\right) \tag{5.93}$$

在 DIGIMAT 中，黏弹性材料本构模型的输入包括：

（1）密度；

（2）松弛时间 $t=0$ 时的剪力和体积模量；

（3）剪切模量 Prony 级数参数；

（4）体积模量 Prony 级数参数。

另外，黏弹性材料也可以由储能模量（Storage moduli）和损耗模量（Loss moduli）函数进行描述，然后进行函数拟合，确定剪切模量和体积模量的瞬时模量和 Prony 级数表。启用此选项，需要在选择黏弹性材料模型后，从材料模型选项卡中选择储能模量和损耗模量输入方法。与输入黏弹性参数方法相比，材料参数选项卡中出现了两个附加区域（图 5.8 或图 5.9）。

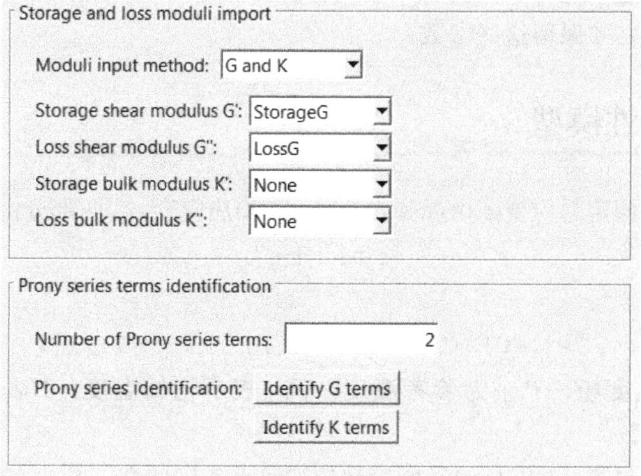

图 5.8　体积模量和剪切模量输入方法

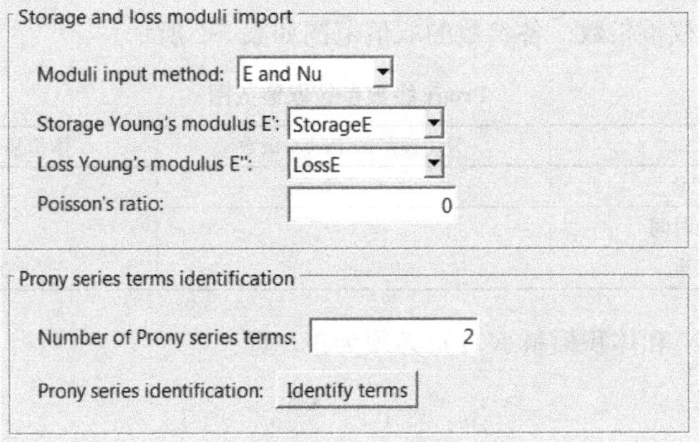

图 5.9　弹性模量和泊松比输入方法

　　储能和损耗模量的输入方法有两种：G-K 法和 E-N_u 法。G-K 法（图 5.8）需要确定剪切和体积瞬时模量以及 Prony 级数前序列项，且需要为每个模量选择储能和损耗模量函数；E-N_u（图 5.9）方法中，剪切和体积瞬时模量和 Prony 级数项同时从所选的储能和损耗杨氏模量函数和泊松比中确定。上述方法须在管理菜单（工具→管理）中选择，其中储能选项是必需的，而损耗选项是可选的。

　　Prony 级数拟合选项：此区域控制 Prony 级数参数的数量，用于校准和启动拟合程序。可以输入的最小 Prony 级数项为 2，最大值为 10。在 G-K 方法法中，点击 Identify G terms 或 Identify K terms 按钮分别执行剪切函数和体函数的拟合过程；在 E-Nu 方法中，点击 Identify terms 按钮执行全局和局部优化，根据函数定义的 Prony 级数项数进行拟合。

　　由于 Prony 级数项拟合是一个复杂的过程，优化可能导致局部最优而不是全局最优。对优化参数进行调整，使得在大多数情况下都能达到全局最优。然而，对于特定的模量函数，可能很难达到全局最优。在这种情况下，可能需要多次校准才能达到全局最优。为了简化在同一数据上连续进行校准的程序，只有新获得的 Prony 参数比先前获得的参数得到更好的解决方法时，才保留这些参数。

5.10　热黏弹性模型

　　热黏弹性模型假定总应变 ε 由黏弹性应变 ε^{ve} 和热应变 ε^{th} 两部分组成，即：

$$\varepsilon = \varepsilon^{ve} + \varepsilon^{th} \tag{5.94}$$

其中，热应变 ε^{th}：

$$\varepsilon^{th} = [\alpha(T)(T - T_{ref}) - \alpha(T_{ini})(T_{ini} - T_{ref})]\mathbf{1} \tag{5.95}$$

　　式中，T 为温度场；T_{ref} 为参考温度；T_{ini} 表示初始温度；$\mathbf{1}$ 表示二阶恒等张量；$\alpha(T)$ 为热膨胀系数。

　　对于热黏弹性材料，DIGIMAT 假定热应变具有各向同性，利用 Boltzmann 遗传积分算法（遵循线性黏弹性理论）建立 Cauchy 应力与黏弹性应变历史之间的联系：

$$\sigma(t)=\int_{-\infty}^{t} E(\tau-\tau',T):\frac{\partial \varepsilon^{ve}}{\partial t'}\mathrm{d}t' \tag{5.96}$$

式中，τ 为缩减时间；$E(t,T)$ 为松弛张量。

假定 $E(t,T)$ 各向同性，用时变剪切模量和体积模量 $G_R(t,T)$ 和 $K_R(t,T)$ 表示：

$$E(t,T)=3K_R J+2G_R(t,T)K \tag{5.97}$$

式中，J 和 K 是两个正交投影张量，分别将任何对称的二阶张量投影到其球面部分和偏轴部分：

$$\begin{cases} J_{ijkl}=\dfrac{1}{3}\boldsymbol{1}_{ij}\boldsymbol{1}_{kl} \\ I_{ijkl}=J_{ijkl}+K_{ijkl} \\ J_{ijkl}:K_{ijkl}=0 \end{cases} \tag{5.98}$$

利用 Prony 级数变换，可获得时变剪切模量和体积模量 $G_R(t,T)$ 和 $K_R(t,T)$ 的表达式如下：

$$G_R(t,T)=G_0(T)\Big[1-\sum_{i=1}^{n}\omega_i(1-\exp(-t/\tau_i))\Big], \quad G_0(T)=G(t=0,T) \tag{5.99}$$

$$K_R(t,T)=K_0(T)\Big[1-\sum_{i=1}^{n'}\omega_i^*(1-\exp(-t/\tau_i^*))\Big], \quad K_0(T)=K(t=0,T) \tag{5.100}$$

两式中参数含义和确定方法具体参见 5.9 节黏弹性模型。

如前所述，在 Cauchy 应力定义中，$\tau(t)$ 为缩减时间，可通过积分微分方程与实际时间相关：

$$\tau(t)=\int_{o}^{t}\frac{\mathrm{d}t'}{A_T(T(t'))}\Rightarrow\frac{\mathrm{d}\tau}{\mathrm{d}t}=\frac{1}{A_T(T(t))} \tag{5.101}$$

式中，A_T 为移位函数。

假设 $h(T)$ 具有如下线性变化：

$$-\ln A_T(T(t))=h(T)=a+bt \tag{5.102}$$

根据时间增量 $[t_n,t_{n+1}]$ 上定义的缩减时间 $\tau(t)$ 的微分表达式：

$$\Delta\tau=\int_{n}^{t_{n+1}}\exp(a+bt)\mathrm{d}t \tag{5.103}$$

式中的 a 和 b 是下列方程组的解：

$$\begin{cases} h(T_n)=a+bt_n \\ h(T_{n+1})=a+bt_{n+1} \end{cases} \tag{5.104}$$

因此，可获得 $\Delta\tau$ 的解析表达式：

$$\Delta\tau=\frac{A_T^{-1}(T_{n+1})-A_T^{-1}(T_n)}{h(T_{n+1})-h(T_n)}\Delta t \tag{5.105}$$

对于位移函数 A_T，Digimat 中提供了四种不同的方法进行计算：

（1）Williams-Landell-Ferry 方法

$$-\log A_{\mathrm{T}}(T) = -\frac{\ln A_{\mathrm{T}}(T)}{\ln 10} = h(T) = \frac{C_1^{\mathrm{g}}(T - T_{\mathrm{g}})}{C_2^{\mathrm{g}} + (T - T_{\mathrm{g}})} \tag{5.106}$$

式中，T_{g} 为参考温度；C_1^{g} 和 C_2^{g} 为常数；如果 $T = T_{\mathrm{g}} - C_2^{\mathrm{g}}$，则假定黏度为无穷大，即材料行为变为纯弹性。

（2）Arrhenius 方法

$$\ln A_{\mathrm{T}}(T) = \frac{\Delta U}{R}\left(\frac{1}{T - T_z} - \frac{1}{T_0 - T_z}\right) \tag{5.107}$$

式中，ΔU 为激活能量；R 为恒定气体常数（8.314472J·K^{-1}·mol^{-1}）；T_z 是所用温度标度中的绝对零（0℃）；T_0 是参考温度。

（3）固化方法

固化位移函数为包含固化度 X 的 Arrhenius 位移函数：

$$\ln A_{\mathrm{T}}(T) = \frac{\Delta U}{R}\left(\left(\frac{1}{T - T_z} - \frac{1}{T_0 - T_z}\right) - \left(\frac{1}{T_{\mathrm{g}}(X) - T_z} - \frac{1}{T_{\mathrm{g}}(X_{\mathrm{ref}}) - T_z}\right)\right) \tag{5.108}$$

式中，ΔU 为激活能量；R 为恒定气体常数（8.314472J·K^{-1}·mol^{-1}）；T_z 是所用温度标度中的绝对零（0℃）；T_0 是参考温度；X_{ref} 固化度，T_{g} 玻璃化温度。

（4）自定义

根据实验数据自定义位移函数。

5.11　黏弹-黏塑性模型

黏弹性-黏塑性模型本质是黏弹性模型和黏塑性的耦合。参照 5.6 节和 5.8 节内容，假定黏弹性-黏塑性的总应变为黏弹性应变和黏塑性应变之和。按照上述两个章节相关内容分别求解黏弹性应变和黏塑性应变。值得注意的是，在 DIGIMAT 中可以考虑黏弹性域和黏塑性域之间界面屈服应力的应变率相关性。

屈服应力函数：

$$\sigma_{\mathrm{Y}} = \Upsilon(\dot{\varepsilon}) \tag{5.109}$$

DIGIMAT 中提供了三种不同的模型描述屈服应力的应变率相关性：

（1）分段线性函数：屈服应力的演化规律由函数描述。

（2）Cowper-Symonds 模型：屈服应力通过 Cowper-Symonds 定律与应变率相关。

$$\sigma_{\mathrm{Y}}(\dot{\varepsilon}) = \sigma_{\mathrm{y},0}\left[1 + \left(\frac{\dot{\varepsilon}_{\mathrm{eq}}}{\dot{\varepsilon}_0}\right)^{1/q}\right] \tag{5.110}$$

（3）Cowper-Symonds 对数模型：屈服应力与应变率的对数有关。

$$\sigma_{\mathrm{Y}}(\dot{\varepsilon}) = \sigma_{\mathrm{y},0}\left[1 + \left(\log\frac{\dot{\varepsilon}_{\mathrm{eq}}}{\dot{\varepsilon}_0}\right)^{1/q}\right] \tag{5.111}$$

式中，$\sigma_{\mathrm{y},0}$ 为准静态条件下的屈服应力；$\dot{\varepsilon}_{\mathrm{eq}}$ 总应变率；$\dot{\varepsilon}_0$ 初始应变率。

总应变率是一个标量，为总应变张量速率的范数：

$$\dot{\varepsilon}_{\mathrm{eq}} = \sqrt{\frac{2}{3}\dot{\varepsilon} : \dot{\varepsilon}} \tag{5.112}$$

5.12　（热）超弹性

超弹性材料是指在卸载后能够承受非常高的变形而不表现出永久变形的材料。这些材料具有不可压缩或（准）不可压缩的特性，在工业上有着广泛的应用，如轮胎、密封件、防振系统等。超弹性模型已经被发展用来模拟上述材料非线性应力-应变关系。

5.12.1　有限应变连续介质力学理论

考虑材料粒子在 $t=0$ 时位于域 Ω_0 内（原始位置），在 $t>0$ 时，材料粒子另一个域 Ω_t（当前位置）（图 5.10）。

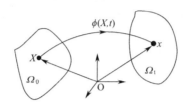

图 5.10　材料粒子运动

材料粒子运动变换：

$$x = \phi(X, t) \tag{5.113}$$

式中，x 和 X 是当前和原始位置材料粒子的位置向量。

变形梯度 F

$$F = \frac{\partial \phi}{\partial X} \tag{5.114}$$

从原始位置到当前位置的转换是由原始位置矢量和位移场之和给出的，因此，变形梯度可转化为：

$$F = 1 + \frac{\partial u}{\partial X} \tag{5.115}$$

式中，1 表示二阶恒等张量。

当前位置 $\mathrm{d}v$ 和原始位置 $\mathrm{d}V$ 之间的基本体积比率为 J，表达式如下：

$$J = \det F = \frac{\mathrm{d}v}{\mathrm{d}V}, \quad J > 0 \tag{5.116}$$

从数学的角度来看，J 也称变形梯度 F 的决定因素，对于不可压缩材料，$J=1$。

右和左 Cauchy-Green 应变张量分别由变形梯度定义为：

$$C = F^{\mathrm{T}} \cdot F, \quad b = F \cdot F^{\mathrm{T}} \tag{5.117}$$

式中，F^{T} 为 F 的转置矩阵。

右 Cauchy-Green 应变张量的三个不变量为：

$$I_1 = \mathrm{Tr}(C), \quad I_2 = \frac{1}{2}\left[I_1^2 - \mathrm{Tr}(C^2)\right], \quad I_3 = J^2 \tag{5.118}$$

Cauchy-Green 应变张量的特征值为 λ_i^2（$i=1, 2, 3$），主拉伸为 λ_i^2 的平方根。

Green-Lagrange 应变张量由右 Cauchy Green 应变张量导出：

$$E = \frac{1}{2}(C - 1) \tag{5.119}$$

当名义应变张量由变形梯度 $F = V \cdot R$（R 为旋转张量）的极分解给出时：

$$E^n = V - 1 \tag{5.120}$$

假设超弹性材料的应变能函数 $W(F)$ 存在名义应力张量，Piola-Kirchoff 应力张量 P 为：

$$P^n = \frac{\partial W(F)}{\partial F} \tag{5.121}$$

名义应力张量通过变形梯度的倒数与 Cauchy 应力张量 σ 有关，且与 Cauchy 应力张量相反是非对称的。

$$P^n = JF^{-1} \cdot \sigma \tag{5.122}$$

利用名义应力张量的时间导数，可以定义均匀化过程中使用的切线算子

$$\dot{P} = A : \dot{F} , \quad A = \frac{\partial}{\partial F}\left(\frac{\partial W(F)}{\partial F}\right) \tag{5.123}$$

式中，切线算子 A 是一个四阶张量，主对称（对角对称）而不是次对称。

5.12.2 Digimat-MF 中超弹性模型

在 Digimat-MF 中实现的每个超弹性模型的应变能函数 $W(F)$ 是右 Cauchy-Green 应变张量或主拉伸的主不变量的函数。对于类橡胶的各向同性材料模型，这些模型通常将变形梯度分解为体积和等容两部分后进行缩放。

$$F = F^{vol} \cdot \widetilde{F} , \quad F^{vol} = J^{1/3}\mathbf{1} , \quad \widetilde{F} = J^{-1/3}F \tag{5.124}$$

通过构造有：

$$\det\widetilde{F} = 1 , \quad \det F^{vol} = J = \det F \tag{5.125}$$

左右 Cauchy-Green 应变张量的等时部分为：

$$\widetilde{C} = \widetilde{F}^{\mathrm{T}} \cdot \widetilde{F} \text{ 和 } b = \widetilde{F} \cdot \widetilde{F}^{\mathrm{T}} \tag{5.126}$$

上述张量的不变量表示如下：

$$\widetilde{I}_1, \widetilde{I}_2, \widetilde{I}_3 = 1 \tag{5.127}$$

特征值为

$$\widetilde{\lambda}_i^2 (i = 1, 2, 3), \quad \widetilde{\lambda}_1 \widetilde{\lambda}_2 \widetilde{\lambda}_3 = 1 \tag{5.128}$$

根据定义，总主不变量与等容主不变量、拉伸主变量之间的关系如下：

$$\widetilde{I}_1 = J^{-2/3}I_1, \widetilde{I}_2 = J^{-4/3}I_2, \widetilde{\lambda}_i = J^{-1/3}\lambda_i \tag{5.129}$$

Digimat-MF 中提供的超弹性模型如下：

（1）Neo Hookean 模型

$$W(F) = \frac{G}{2}(\widetilde{I}_1 - 3) + \frac{K}{2}(J - 1)^2 \tag{5.130}$$

式中，G，K 分别为剪切模量和体积模量。

（2）Mooney-Rivlin 模型

$$W(\boldsymbol{F}) = C_{10}(\widetilde{I}_1 - 3) + C_{01}(\widetilde{I}_2 - 3) + \frac{\alpha}{2}(J - 1)^2 \tag{5.131}$$

式中，C_{10} 和 C_{01} 分别为第一和第二模量，$G = 2(C_{10} + C_{01}) > 0$。

（3）Swanson 模型

$$W(\boldsymbol{F}) = \frac{3}{2}\frac{A_1}{P_1 + 1}\left(\frac{\widetilde{I}_1}{3} - 1\right)^{P_1 + 1} + \frac{3}{2}\frac{B_1}{Q_1 + 1}\left(\frac{\widetilde{I}_2}{3} - 1\right)^{Q_1 + 1} + \frac{3}{2}\frac{C_1}{R_1 + 1}\left(\frac{\widetilde{I}_1}{3} - 1\right)^{R_1 + 1} + \frac{\alpha}{2}(J - 1)^2 \tag{5.132}$$

式中，A_1、B_1、$C_1 > 0$ 分别为第一、第二和第三模量；P_1、Q_1、$R_1 \leqslant 0$ 为第一、第二和第三指数。

（4）Ogden 模型

$$W(\boldsymbol{F}) = \sum_{i=1}^{N} \frac{2\mu_i}{m_i^2}\left[\widetilde{\lambda}_1^{m_i} + \widetilde{\lambda}_2^{m_i} + \widetilde{\lambda}_3^{m_i} - 3\right] + \frac{\alpha}{2}(J - 1)^2 \tag{5.133}$$

式中，μ_i 为模量，m_i 为指数，$1 \leqslant N \leqslant 3$ 表示（μ_i，m_i）的数量。

（5）Störakers 模型

$$W(\boldsymbol{F}) = \sum_{i=1}^{N} \frac{2\mu_i}{m_i^2}\left[\lambda_1^{m_i} + \lambda_2^{m_i} + \lambda_3^{m_i} - 3 + \frac{1}{\beta_i}(J^{-m_i\beta_i} - 1)\right] \tag{5.134}$$

式中，μ_i 为模量；m_i 为第一指数；β_i 为第二指数；$1 \leqslant N \leqslant 3$ 表示（μ_i，m_i，β_i）的数量。β_i 表征材料的压缩程度，与泊松比有关。

$$\beta_i = \frac{\nu_i}{1 - 2\nu_i} \tag{5.135}$$

除 STörakers 模型外，参数 α 确定材料的压缩度，取决于材料的剪切模量 G、罚因子 α_p 和参数 α_d，由下式获得：

$$\alpha = 1000G\alpha_p\alpha_d \tag{5.136}$$

式中，α_p 须为正，默认值为 1.0；α_d 值取决于材料的压缩程度，按以下方式确定。

①材料均匀

- 可压缩材料：$\alpha_d = 0.002$
- 准可压缩和不可压缩：$\alpha_d = 1.0$

②材料为复合材料 RVE 中的一个相：

- 可压缩相：$\alpha_d = 0.002$
- 准可压缩和不可压缩：$\alpha_d = 0.1$

5.12.3　不可压缩方法

为了同时考虑超弹性材料的压缩性和（准）不可压缩性，Simo 和 Taylor 提出了一个混合公式。这个公式使用四个独立的场：运动场 $\varphi(X, t)$、体积场 $\theta(X, t)$、压力场 $p(X, t)$ 和拉格朗日乘子 $\lambda(X, t)$ 来实施不可压缩约束。四场能量泛函对应于增广的拉格朗日公式：

$$L(\phi, \theta, p, \lambda) = \int_{\Omega_0} \left[W(\overline{\boldsymbol{F}}) + p(J - \theta) + \lambda(\theta - 1)\right] \mathrm{d}V - \prod_{\text{ext}}(\phi) \tag{5.137}$$

式中，$\overline{\boldsymbol{F}}(\phi, \theta) \equiv \left[\frac{\theta}{J}\right]^{1/3}\boldsymbol{F}$，$\det\overline{\boldsymbol{F}} = \theta$（$J$ 为 $\boldsymbol{F}$ 的行列式）。

Digimat-MF 中有两种方法可用于处理超弹性材料的（准）不可压缩性：

（1）惩罚法（默认方法）：拉格朗日乘数设置为零。通过增加罚因子 α_p 来增加参数 α 的值，从而增强材料的不可压缩性。如果罚因子 $\alpha_p=1$，则当考虑均质材料时，对应的泊松比等于 0.4995，或在复合材料的相应阶段，对应的泊松比等于 0.495。

（2）增广拉格朗日法：该方法用于强制材料的不可压缩约束时，引入拉格朗日乘子。当 $|\theta-1|\leqslant 10^{-4}$（默认值），即可满足不可压缩条件。

5.12.4 切线算子 A 的参数

切线算子 A 将变形梯度的变化与名义应力张量的变化联系起来，由上述四个场能函数导出，包含以下几个参数：

（1）几何刚度：几何刚度对复合材料的响应没有强烈影响，但在耦合分析过程中影响有限元程序的收敛性。

（2）切线算子（混合公式）参数的计算：指体积变化参数，仅与均匀化过程中切线算子 A 的计算以及材料相（准）不可压缩时相关。体积变化参数为：

$$\eta=\frac{\dot{\theta}}{\dot{J}} \tag{5.138}$$

式中，θ 测量相位的体积变化，有以下显式、增量和隐式三种计算方法。

$$\rightarrow \eta=\frac{\theta(t_n)}{J(t_n)}$$

$$\rightarrow \eta=\frac{\theta(t_{n+1})-\theta(t_n)}{J(t_{n+1})-J(t_n)} \tag{5.139}$$

$$\rightarrow \eta=\frac{\theta(t_{n+1})}{J(t_{n+1})}$$

在均匀化过程中，这些参数对分析的收敛性有影响，特别是对于（准）不可压缩材料。

5.12.5 热超弹性模型

为了考虑热效应，对弹性体和热部分的变形梯度进行乘法分解：

$$F=F^e F^{th},F^{th}=(1+\alpha^{th}\Delta T)\mathbf{1} \tag{5.140}$$

式中，α^{th} 为各向同性材料的热膨胀系数；ΔT 为实际温度 T 和参考温度 T_0 之间的差，即材料热应变为零的温度。通过弹性部分推导应变能函数，其所有参数都可与温度有关。

5.13 Leonov-EGP 模型

Leonov-EGP 材料模型是一个包含温度、应变率和压力相关的有限应变弹黏塑性模型。能够描述聚碳酸酯（PC）、聚对苯二甲酸乙二醇酯（PET）、聚丙烯（PP）等高分子材料的大应变行为。通常，这些聚合物表现出应力软化，然后应力硬化（图 5.11）。

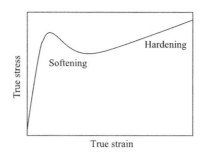

图 5.11　Leonov-EGP 材料应力-应变关系曲线

DIGIMAT 中 Leonov-EGP 是基于变形梯度 F 乘性分解为弹性和塑性两部分的有限应变弹黏塑性模型：

$$\boldsymbol{F}=\boldsymbol{F}_{\mathrm{e}} \cdot \boldsymbol{F}_{\mathrm{p}} \tag{5.141}$$

有限应变下，弹性左 Cauchy-Green 应变张量为：

$$\boldsymbol{b}_{\mathrm{e}}=\boldsymbol{F}_{\mathrm{e}} \cdot \boldsymbol{F}_{\mathrm{e}}^{\mathrm{T}} \tag{5.142}$$

塑性右 Cauchy 格林应变张量：

$$\boldsymbol{C}_{\mathrm{p}}=\boldsymbol{F}_{\mathrm{p}}^{\mathrm{T}} \boldsymbol{F}_{\mathrm{p}} \tag{5.143}$$

有限应变各向同性弹（黏）塑性材料的塑性流动法则：

$$-\frac{1}{2} b_{\mathrm{e}}^{\mathrm{L}} \cdot b_{\mathrm{e}}^{-1}=\dot{p} \frac{\partial f}{\partial \tau}=\dot{\varepsilon}^{\mathrm{p}}, \quad b_{\mathrm{e}}^{\mathrm{L}}=\boldsymbol{F} \cdot \frac{\mathrm{d}}{\mathrm{d} t}\left(\boldsymbol{C}_{\mathrm{p}}^{-1}\right) \cdot \boldsymbol{F}^{\mathrm{T}} \tag{5.144}$$

式中，顶标和 L 分别为时间导数和李导数，p 为累积塑性应变，f 为屈服函数，τ 为 Kirchhoff 应力，是由变形梯度决定的 Cauchy 应力，$\tau=J\sigma$。

5.13.1　柯西应力张量分解

在 Leonov-EGP 模型中，Cauchy 应力张量分解为硬化应力和驱动应力，即：

$$\sigma=\sigma_{\mathrm{r}}+\sigma_{\mathrm{s}} \tag{5.145}$$

硬化应力可以从 Digimat-MF 中两个不同的模型中导出（i）Eindhoven 模型和（ii）Neo-hookan 模型。

$$\sigma_{\mathrm{r}}=J^{-2/3} G_{\mathrm{r}} \boldsymbol{b}^{\mathrm{d}}, \quad \sigma_{\mathrm{r}}=J^{-5/3} G_{\mathrm{r}} \boldsymbol{b}^{\mathrm{d}} \tag{5.146}$$

式中，G_{r} 为硬化模量；$\boldsymbol{b}^{\mathrm{d}}$ 为左 Cauchy-Green 偏应变张量。

驱动应力分为静水压力和偏应力两部分：

$$\sigma_{\mathrm{s}}=\sigma_{\mathrm{s}}^{\mathrm{d}}+\sigma_{\mathrm{s}}^{\mathrm{h}} \tag{5.147}$$

式中，静水压力 $\sigma_{\mathrm{s}}^{\mathrm{h}}=K(J-1)1$（$K$ 体积模量，1 为二阶恒等张量）；偏应力 $\sigma_{\mathrm{s}}^{\mathrm{d}}=GJ^{-2/3} b_{\mathrm{e}}^{\mathrm{d}}$（$G$ 指剪切模量，$b_{\mathrm{e}}^{\mathrm{d}}$ 指弹性左 Cauchy-Green 偏应变张量）。

5.13.2　黏度函数

对于 Leonov-EGP 模型，塑性流动规则与 Cauchy 偏应力张量的 Von Mises 范数有关，如下所示：

$$(\sigma_{\mathrm{s}}^{\mathrm{d}})_{\mathrm{eq}}=3\eta(T, \sigma_{\mathrm{m}}, \sigma_{\mathrm{eq}}, S)\dot{p} \tag{5.148}$$

式中，Von Mises 应力 $\sigma_{eq} = \sqrt{\dfrac{1}{2}\sigma_s^d : \sigma_s^d}$。

黏度函数 η 取决于温度 T、静水压力 σ_m、累积塑性应变率 p 和状态参数 S：

$$
\begin{cases}
\eta(T, \sigma_m, \sigma_{eq}, S) = \eta_{0,r}(T) \exp\left[\dfrac{\mu\sigma_m}{\tau_0}\right] \dfrac{\sigma_{eq}/\tau_0}{\sinh(\sigma_{eq}/\tau_0)} \exp(S), \\[4mm]
S(t, T, \gamma_p) = S_a(t, T) R_p(\gamma_p),
\begin{cases}
R_p(\gamma_p) = \left[\dfrac{1 + (r_0 \exp(\gamma_p))^{r_1}}{1 + (r_0)^{r_1}}\right]^{\frac{r_2-1}{r_1}} \\[4mm]
S_a(t, T) = c_0 + c_1 \log\left(\dfrac{t_{eff} + t_a}{t_0}\right)
\end{cases}
\end{cases}
\tag{5.149}
$$

式中，$\eta_{0,r}(T)$ 为与温度有关的恢复黏性系数；τ_0 为特征应力；μ 为压力相关系数。在黏性函数的公式中，累积塑性应变为塑性应变率的函数，如下所示：

$$
\dot{p} = \sqrt{\dfrac{2}{3}\dot{\varepsilon}^p : \dot{\varepsilon}^p} = \dfrac{1}{\sqrt{3}}\dot{\gamma}^p
\tag{5.150}
$$

状态参数 $S(t, T, \gamma_p)$ 分为两个软化和老化动力分量：

（1）$R_p(\gamma_p)$ 为软化动力，是累积塑性应变 p 和三个材料系数 R_0、R_1 和 R_2 的函数。

（2）$S_a(t, T)$ 为时效动力，是四个材料参数的函数：c_0，c_1，初始时间 t_0 和参考时间 t_a 加有效时间 t_{eff}。t_{eff} 由下式计算：

$$
t_{eff} = \int_0^t \dfrac{d\xi}{a_T(T(\xi))a_\sigma(\sigma_{eq}(\xi))},
\begin{cases}
a_T(T) = \exp\left[\dfrac{\Delta U_a}{R}\left(\dfrac{1}{T} - \dfrac{1}{T_{ref}}\right)\right] \\[4mm]
a_\sigma(\sigma_{eq}) = \dfrac{\sigma_{eq}/\tau_a}{\sinh(\sigma_{eq}/\tau_a)}, \tau_a = \dfrac{RT}{\nu_a}
\end{cases}
\tag{5.151}
$$

式中，$R = 8.314472 \text{J} \cdot \text{K}^{-1} \cdot \text{mol}^{-1}$ 为常用气体常数；ΔU_a 为老化能；T_{ref} 为参考温度；T 为试验温度；ν_a 为老化体积。

在 Leonov-EGP 模型中，屈服应力与应变率和温度有关：

$$
\tau_y = \tau_0 \sinh^{-1}\left(\dfrac{\dot{\varepsilon}}{\dot{\varepsilon}_0^*}\right), \quad \dot{\varepsilon}_0^* = \dot{\varepsilon}_0 \exp\left[\dfrac{-\Delta U_a}{RT}\right]
\tag{5.152}
$$

式中，顶标为时间导数，0 下标为参考值。应变率由变形梯度和右 Cauchy-Green 应变张量的时间导数导出：

$$
\dot{\varepsilon} = \dfrac{1}{2}F^{-T} \cdot \dot{C} \cdot F^{-1}
\tag{5.153}
$$

只有当 $(\sigma_s^d)^{eq} > \tau_y$ 时才出现塑性。

5.14 Fourier 模型

根据热力学第一定律，封闭系统中能量守恒，即：

$$
\rho c \dfrac{dT}{dt} = -\text{div}(\boldsymbol{q}) + r
\tag{5.154}
$$

式中，ρ，c，T，$\boldsymbol{q}$，r 分别为密度、比热、温度、时间、热流和体积供热。

导热系数唯一，根据 Fourier 定律，热流为：

$$\boldsymbol{q} = -k^{\text{th}} \cdot \text{grad}(\boldsymbol{T}) \tag{5.155}$$

式中，k^{th} 为导热系数，具有以下三种矩阵形式。

（1）各向同性

$$k^{\text{th}} = k \begin{pmatrix} 1 & 0 & 0 \\ 0 & 1 & 0 \\ 0 & 0 & 1 \end{pmatrix} \tag{5.156}$$

（2）横观各向同性

$$k^{\text{th}} = \begin{pmatrix} k_l & 0 & 0 \\ 0 & k_t & 0 \\ 0 & 0 & k_t \end{pmatrix} \tag{5.157}$$

（3）各向异性

$$k^{\text{th}} = \begin{pmatrix} k_1 & 0 & 0 \\ 0 & k_2 & 0 \\ 0 & 0 & k_3 \end{pmatrix} \tag{5.158}$$

Fourier 模型建立了材料中热流与温度梯度之间的比例关系。对于各向异性复合材料，导热系数与复合材料的微观结构直接相关。由于各相之间的导热系数不同，采用张量来表征材料在空间方向上的导热系数。

在 Digimat-MF 中描述材料的热行为，需要输入密度、比热和导热系数矩阵 k^{th} 三个参数（稳态条件下只需要输入导热系数）。对于基体相，上述导热行为均可使用，但对于横观各向同性和正交各向异性的行为，各向异性全局坐标系须与局部坐标系一致，默认情况下，局部坐标系和 RVE 坐标系是相同的。对于夹杂，只支持各向同性和横观各向同性行为，且局部坐标系统与夹杂坐标轴系统是一致的。分析中所涉及材料的热导率和比热容可设置温度相关性（图 5.12），温度作用设置了成分材料在分析过程中暴露的温度范围（图 5.13），并导出每个时间增量对应的温度及其对应的材料特性值。

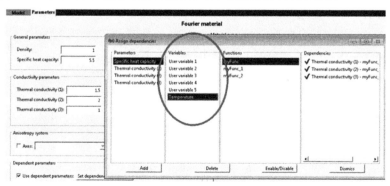

图 5.12　温度相关材料热传导参数

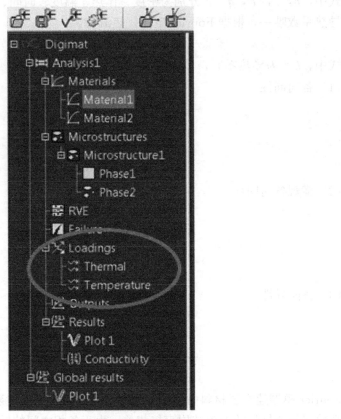

图 5.13　热分析中施加温度作用

5.15　Ohm 模型

与热传导 Fourier 定律类似，Ohm 定律将电势梯度与磁通量联系起来，电势 V 和电流密度 J 之间满足下式：

$$J = -k^{el} \cdot \mathrm{grad}(V) \qquad (5.159)$$

式中，k^{el} 是导电系数矩阵，有下述三种形式。

（1）各向同性

$$k^{el} = k \begin{pmatrix} 1 & 0 & 0 \\ 0 & 1 & 0 \\ 0 & 0 & 1 \end{pmatrix} \qquad (5.160)$$

（2）横观各向同性

$$k^{el} = \begin{pmatrix} k_l & 0 & 0 \\ 0 & k_t & 0 \\ 0 & 0 & k_t \end{pmatrix} \qquad (5.161)$$

（3）各向异性

$$k^{el} = \begin{pmatrix} k_1 & 0 & 0 \\ 0 & k_2 & 0 \\ 0 & 0 & k_3 \end{pmatrix} \tag{5.162}$$

对于各向异性复合材料，由于各相之间的导电性差异，导电性往往随复合材料的微观结构（即纤维取向分布）而变化。然后使用电导率张量而不是标量系数来表征材料在每个空间方向上的电导率。为了表征材料在 DIGIMAT-MF 中的电行为，需要两个输入密度和电导率 k^{el}。

第 6 章　微观结构

复合材料的相可以是具有不同分子结构的同一种材料，但大多数情况下是不同的材料。在用微观力学方法研究复合材料行为时，相的确定与单相材料模型的选择同等重要。微观结构设置主要是确定夹杂的含量、长宽比和取向等参数。

6.1　基体/夹杂/孔隙

对于单相材料，由于材料只有一个相（基体相），Digimat 中无需进行均匀化步骤来计算其在任意载荷下的力学响应。另外，基体相不需要输入任何参数，默认情况下，该相可变。

对于由多个相组成的复合材料，除了一个基体相外，其他所有相都被视为夹杂。微观结构表征中可添加孔隙相，可根据需要设置尽可能多的夹杂，但只能设置一个基体相。在任意荷载下的每个相力学响应都应均匀化（可选择多层次分析方法），然后计算相同载荷下复合材料的宏观力学响应。

1）基体相

Digimat 中基体相的设置比较简单，只需指定材料模型。基体相默认为可变形体，可通过基体类型选项卡修改微观结构和相名称。

2）夹杂

与基体相不同，夹杂的设置还需要输入相行为、相含量、几何结构及其性质、RVE 中的取向等参数。夹杂的设置中提供了三种不同行为，以计算 RVE 的力学响应：

（1）可变形体：为默认选项，适用所有类型的材料模型。

（2）增量刚性体：在弹性状态下，其工作方式与可变形体完全相同，但在塑性状态下，假定夹杂比基体相硬得多，宏观应变计算时忽略应变增量。

夹杂不施加应变，根据应变平均关系，基体的应变增量可直接与宏观应变相关，如下式所示：

$$\Delta \boldsymbol{\varepsilon}_0 = \frac{1}{\nu_0} \mathbf{E} \tag{6.1}$$

式中，ν_0 为基体相体积分数；$\mathbf{E}$ 和 $\boldsymbol{\varepsilon}_0$ 表示宏观和基体相应变张量。

尽管夹杂中没有应变增量，但仍然有助于计算 RVE 的力学行为。因此，需要知道夹杂的应力张量。夹杂的宏观 Cauchy 应力张量通过以下等式来实现：

$$\Sigma = \boldsymbol{C} : \dot{\boldsymbol{E}} \Leftrightarrow \Delta \Sigma = \boldsymbol{C} : \Delta \boldsymbol{E} \tag{6.2}$$

其中，$\boldsymbol{C}$ 表示宏观刚度，表达式如下：

$$\boldsymbol{C} = [\nu_1 \boldsymbol{C}_1 : \boldsymbol{B}^\varepsilon + (1-\nu_1)\boldsymbol{C}_0] : [\nu_1 \boldsymbol{B}^\varepsilon + (1-\nu_1)\boldsymbol{I}]^{-1}, \varepsilon_1 = \boldsymbol{B}^\varepsilon : \varepsilon_0 \tag{6.3}$$

式中，ν_1 为纤维体积分数；$\boldsymbol{B}^\varepsilon$ 为局部化张量，$\boldsymbol{I}$ 为单位矩阵。下标 1 和 0 分别表示夹杂和基体相，在假定纤维为无限刚性（即无限刚度）的情况下，刚度 $\boldsymbol{C}$ 的表达式可以简化为以下形式：

$$C = C_0 + (\frac{\nu_1}{1-\nu_1})P^{-1} \tag{6.4}$$

其中，P^{-1} 为极化矢量。通过分析基体相的刚度张量，最终可以计算出宏观刚度，根据该计算，还可用以下公式计算夹杂的应力张量：

$$\sigma_1 \doteq \frac{1}{\nu_1}[\Sigma - (1-\nu_i)\sigma_0] \tag{6.5}$$

当基体相材料的行为接近完全塑性时，使用该方法可减少计算时间。但增强刚性体仅限于嵌入弹塑性或弹黏塑性基体相中的弹性夹杂，不适用具有弹黏塑性基体相的多层 RVE。

（3）刚性体：假设夹杂是完全刚性的（即无限刚度），其对 RVE 弹性区和塑性区的宏观应变的贡献都被忽略，且不需要分配材料参数。需要注意的是，对于有限元计算，刚性体仅限于球形夹杂（即长宽比为 1）。

3）孔隙相

DIGIMAT 中模拟复合材料中空气夹杂。孔隙刚度假定为零，无需为其指定材料，需要设置内容、形状和方向。

4）连续纤维相

连续纤维相是夹杂的一种特殊情况，去除了所有与连续纤维无关的参数。

5）纱线相

纱线相主要用于模拟机织编织。包含两种不同类型的纱线：一般纱线和高级纱线。一般纱线用于机织物微观结构的基本建模，在计算均匀化复合材料性能时不考虑编织图案；高级纱线考虑到纱线的有效形状（织造过程引起的波动），均匀化更精确。

6.2　相参数

当复合材料中相类型设置为夹杂或孔隙时，需要指定一系列参数，如图 6.1 所示。

1）相含量参数（Phase fraction）

每个夹杂的含量必须在 0 到 1 之间（不包括），可以用质量或体积分数表示。在相同的微观结构中，两者只取其一。均质材料只适用体积分数，质量分数将自动转换为体积分数，因此，需要准确设置复合材料中每种材料的密度。孔隙相的含量只能由体积分数给出。鉴于 DIGIMAT 不支持混合体积和质量分数，所有夹杂也只能采用体积分数。

2）形状参数（Shape parameters）

夹杂/孔隙的长度（L）和直径（D）之比，在 DIGIMAT 中有三种不同的方法来设置：

（1）固定纵横比：球形夹杂的纵横比 L/D（即旋转椭球），其中 L 为沿着旋转轴的长度，D 是与旋转轴正交的平面中的直径。

- 球形夹杂的长宽比为 1；
- 纤维的长径比须大于 1（短纤维在 15 到 30 之间，长纤维则要高得多）；
- 层板应具有非常高的长宽比；
- 小板的长宽比必须小于 1 但大于 0。

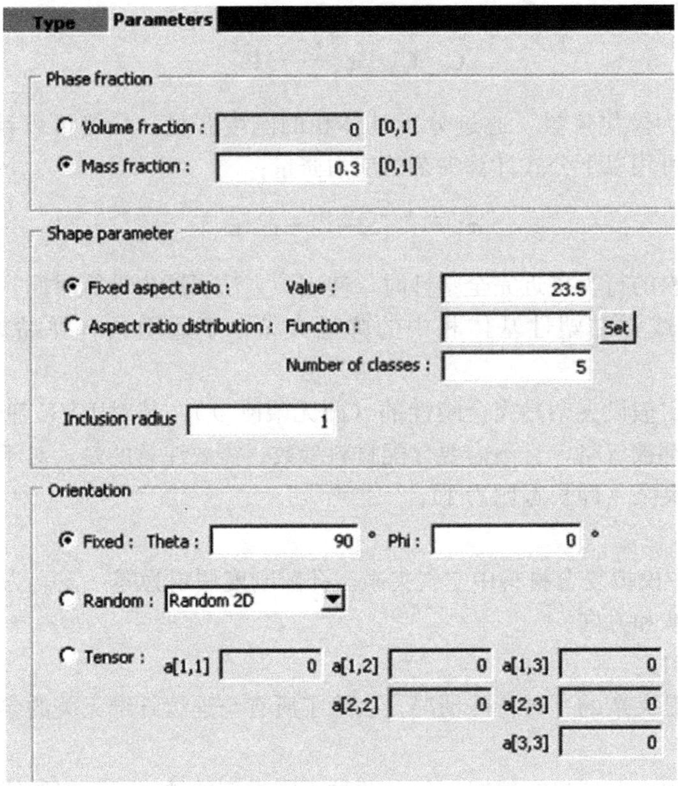

图 6.1　夹杂/孔隙相输入参数

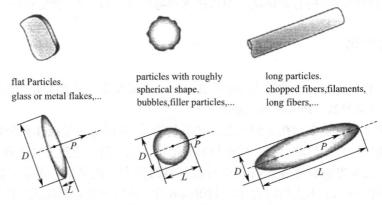

flat Particles.
glass or metal flakes,...

particles with roughly
spherical shape.
bubbles,filler particles,...

long particles.
chopped fibers,filaments,
long fibers,...

图 6.2　夹杂类型

（2）长宽比分布：夹杂的长宽比也采用分布函数来设置，分布函数可根据实验数据拟合确定（图 6.3）。首先在工具-功能选项下设置纵横比分布函数，然后在图 6.1 所示的参数选项卡中单击 Set 引用此函数的名称以及确定用于离散纵横比分布函数的所需类数。这个数目可以是定义分布的数据点的确切数目（图 6.3 分布中的 16），也可以是任何其他数字。如果上述数字与分布中输入的数据点的数量不同，则将每一类纵横比 $AR^{(i)}$ 是周围两个数据点之间的线性插值。DIGIMAT 根据所需的类数自动创建尽可能多的具有相同取向和力学性能的夹杂。类数量的增加提高了精度，但也增加了计算时间。为取得比较均衡的方法，DIGIMAT 计算每个夹杂的局部分数（体积/质量）的方法如下：

$$\nu_i = \frac{AR^{(i)} N^{(i)}}{\sum\limits_{j=1}^{n} AR^{(j)} N^{(j)}} \nu_{\text{phase}} \tag{6.6}$$

式中，$N^{(j)}$ 为每个局部长宽比 $AR^{(j)}$ 的数量（两个值均从图 6.3 中的分布函数中提取）；n 为用于离散分布函数的相的数量；ν_{phase} 为夹杂的整体分数。

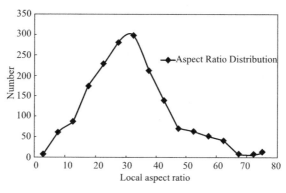

图 6.3 纵横比分布示例

（3）夹杂半径：DIGIMAT 通过半径来设置夹杂的大小尺寸。夹杂周围为涂层时，其半径将用于计算涂层相的体积分数或质量分数。

3）取向参数（Orientation）

取向是表征夹杂的一个重要参数，也是复合材料各向异性的主要原因。取向由一个单位矢量 p 表示，与夹杂的对称轴一致。Digimat 中的取向有四种：

（1）固定：RVE 中所有夹杂在同一方向对齐。取向矢量 p 是由两个球形角度确定的：θ 和 φ（图 6.4）。θ 是坐标轴 3 与取向矢量 p 之间的角度，而 φ 是坐标轴 1 与取向矢量 p 的投影之间的角度。对于短纤维增强复合材料，纤维通常位于（1，2）平面上。在这种情况下，θ 应接近 90°，而 φ 可以是 0°到 180°之间的任何值，取决于（1，2）平面中的纤维主方向。

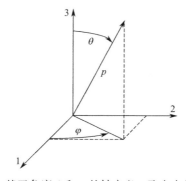

图 6.4 基于角度 θ 和 φ 的轴定义，取向向量 p 定义

（2）张量：张量是描述 RVE 中取向分布的一种简单有效的方法，其本质是分布函数（ODF）$\psi(p)$ 的简化。取向张量 a_{ij}（i，$j=1$，2，3）为 ODF 的二阶矩，即取向张量是对称的，只有 6 个方向分量：

$$a_{ij} = \int \boldsymbol{p}_i \boldsymbol{p}_j \psi(\boldsymbol{p}) \mathrm{d}\boldsymbol{p} \tag{6.7}$$

张量的对角线项表示纤维在方向 1、2 和 3 上的取向强度，非对角项表示主峰的移动（即由对角线项表示的强度）与角空间中强度的重新分布的组合。非对角线项主要影响复合材料力学行为的各向异性。通过在全局坐标轴系统中对取向张量进行角化变换，将其重新分布到主轴系统中，可以更好地理解强度的重新分布（图 6.5）。

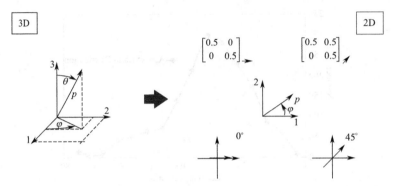

图 6.5   左边是一个随机的二维分布图，右边是一个 45°的完全对称状态

取向张量须遵循以下规则：

① 对角线项 a_{ii} 的值必须在 0 到 1 的范围内；

② 作为迹不变量的对角线项之和必须等于 1；

③ 非对角项的绝对值应小于或等于 0.5；

④ 如果非对角项为空，则默认轴系统为主轴系统（即对角张量的特征向量）方向；

⑤ 如果要设置完全对齐的 RVE（例如 $a_{11}=1.0$，$a_{22}=a_{33}=0$），建议使用固定取向，而不是设置取向张量，以减少计算时间。

（3）随机 2D：夹杂在（1，2）平面上随机取向。这是取向张量的一个特殊情况，即 $a_{11}=a_{22}=0.5$，其他为 0。

（4）随机 3D：夹杂在所有三维空间中随机定向。这是取向张量的另一个特殊情况，所有对角线分量均等于 1/3，非对角线项均为 0。

4）取向张量统计规则

（1）迹不变量：$a_{11}+a_{22}+a_{33}=1$

如果总和不等于 1，但在误差 ［1-tol；1＋tol］ 范围内，DIGIMAT 将生成警告并按下式更正取向张量：

$$\mathbf{a} = \begin{bmatrix} a_{11} & a_{12} & a_{13} \\ a_{12} & a_{22} & a_{23} \\ a_{13} & a_{23} & a_{33} \end{bmatrix} \Rightarrow \mathbf{a}' = \begin{bmatrix} \dfrac{a_{11}}{T(a)} & a_{12} & a_{13} \\ a_{12} & \dfrac{a_{22}}{T(a)} & a_{23} \\ a_{13} & a_{23} & \dfrac{a_{33}}{T(a)} \end{bmatrix} \tag{6.8}$$

如果总和超出设置的误差，DIGIMAT 将产生错误。

（2）对角线项 a_{ii} 须在 0 到 1 的范围内

取向张量的所有对角线分量必须介于 0 和 1 之间。如果分量低于 0 或高于 1，但在误差范围内（默认值或自定义值），DIGIMAT 将其分别设置为 0 或 1。

（3）非对角项 $a_{ij}(i \neq j)$ 须在 -0.5 到 0.5 的范围内

取向张量的非对角分量的绝对值必须在 0 到 0.5 的范围内。如果绝对值高于 0.5，但在误差范围内（默认值或自定义值），Digimat 将其设置为 0.5。

5）渗流参数

渗流是夹杂体积分数较高时出现的一种现象。实际上，夹杂在基体相中相互接触并形成链状物，链状物可以极大地提高材料的导电性（图 6.6）。

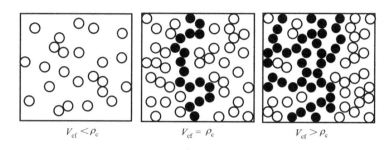

$$V_{\text{cf}} < \rho_{\text{c}} \qquad V_{\text{cf}} = \rho_{\text{c}} \qquad V_{\text{cf}} > \rho_{\text{c}}$$

图 6.6　二维渗流系统中，随着包裹体含量的增加，链的形成演化

DIGIMAT 中采用逾渗模型以模拟渗流效应。模型引入逾渗指数 t 和逾渗阈值 ϕ_{c} 两个参数，公式如下：

$$s_{\text{comp}} \approx s_{\text{incl}} \left(\frac{\phi - \phi_{\text{c}}}{1 - \phi_{\text{c}}} \right)^t, \quad \phi \geqslant \phi_{\text{c}} \tag{6.9}$$

可以看出：对于大于逾渗阈值 ϕ_{c} 的夹杂分数 ϕ，复合材料性能 S_{comp} 将根据括号中的因子接近夹杂的性能 s_{incl}。当 ϕ 增大时，s_{incl} 从 0 变为 1。一般来说，渗流可以应用于任何涉及由二阶张量描述的材料模型的分析，例如热导张量（Fourier 定律）和导电张量（Ohm 定律）。

逾渗指数 t 为临界指数，决定公式（6.9）括号中的因子从 0 变为 1 的速度，其值可通过拟合实验数据或蒙特卡罗模拟获得。对于 3D 连续介质渗流，指数 t 通常介于 2 和 3 之间，对于 2D 渗流，其值低于 3D 渗流。

逾渗阈值 ϕ_{c} 指开始渗透的夹杂的临界分数，也可通过对实验数据的拟合或蒙特卡罗模拟获得。可以用体积分数或质量分数表示，但须与相分数体系相同。对于球形夹杂，ϕ_{c} 一般为 0.30 左右，而对于高长径比，其值可以降到非常低的值，如 0.01 或更小。

6.3　涂层

涂层可用于弹性夹杂和孔隙相以及弹性或黏弹性基体相，且可以将其设置为弹性或黏弹性材料（图 6.7）。

每个新涂层需设置唯一的名称、材料和涂层分数。后者可以用体积分数、质量分数、相对厚度（相对于夹杂物尺寸）或绝对厚度来设置。但只有设置了材料密度和夹杂的质量分数后，才可以设置涂层质量分数。相对厚度实际上是指涂层厚度除以夹杂半径。绝对厚

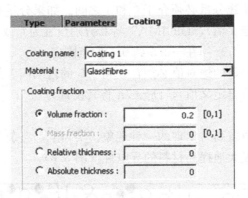

图 6.7　涂层参数选项卡

度的涂层设置前须设置夹杂的绝对半径。

6.4　团簇

只能对弹性夹杂或者弹性或弹塑性基体相设置团簇（图 6.8）。

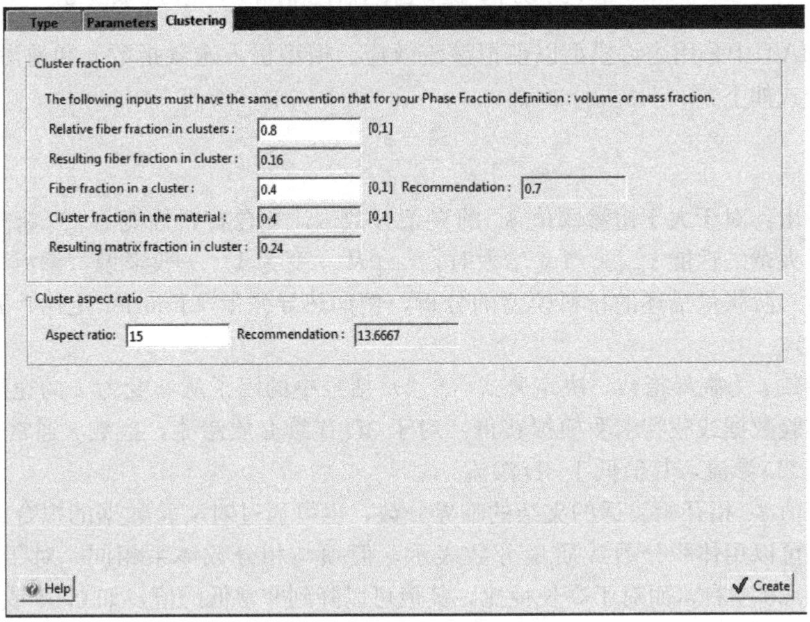

图 6.8　夹杂/孔隙相输入参数

一个相只能分配一个团簇，由 RVE 中相对纤维分数（Relative fiber fraction in cluster）、最终纤维分数（Resulting fiber fraction in a cluster）和长径比（Cluster aspect ratio）等参数进行设置。假设团簇取向与其中一个夹杂的取向相同，可根据相对纤维分数计算出纤维分数和长径比，并显示团簇内纤维分数（Resulting fiber fraction in cluster）、材料中团簇分数（Cluster fraction in the material）和最终基体分数（Resulting matrix fraction in cluster）三个附加参数。需要注意以下几个事项：

（1）在计算求解中一般将相及其团簇转换为两个不同的相；

（2）当考虑团簇时，均匀化多层次分析方法可以克服默认多级方法的一些不足；

（3）结构分析中使用混合方法求解时，角度增量建议值为 32；

（4）须在 Digimat-MF 中对团簇参数进行反演分析；

（5）涂层和团簇不能同时设置；

（6）团簇不能用于多层微观结构分析。

6.5　纱线相

与连续纤维相类似，纱线相的长宽比被认为是无限的。然而，纱线实际上是由一组长丝（也称为纤维）制成的，其设置需要一些补充参数：

（1）纱线密度：用 tex 表示，也可用一根纱线中的纤维数来表示；

（2）纤维数据：单个纤维的直径（圆形截面）；

（3）纱线横截面：须设置两个直径（椭圆形）。

基于上述三个输入，可以计算纱线中纤维的比例。纱线相的材料模型应理解为构成纱线细丝的材料，而不是完整纱线的材料。

第 7 章 RVE

Digimat-MF 中提供两种类型的 RVE：

(1) 单层微观结构

(2) 多层微观结构

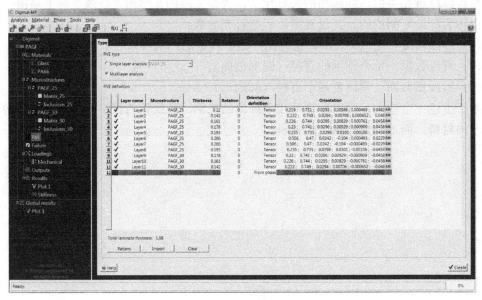

图 7.1 RVE 设置图形窗口

7.1 单层微观结构 RVE

单层微观结构 RVE 由一个或多个夹杂增强的基体相组成。须将其与 RVE 关联，默认情况下，按字母顺序排列第一的微观结构项与 RVE 关联。

7.2 多层微观结构 RVE

多层微观结构 RVE 由一堆层组成，每一层都与先前设置好的微观结构相关联。在 RVE 设置中，可以在不改变显微组织参数的情况下，为每一层重新设置夹杂的取向。

7.2.1 层属性

多层 RVE 的每一层有以下设置：

(1) 层名称：默认情况下，layer N 是第 N 层的名称，每个层必须具有不同的名称。

（2）微观结构：此菜单在已设置的微观结构中选择一个作为当前层。默认情况下，该层的取向被视为在微观结构的夹杂取向。但是，有两种方法可以在不产生另一种微观结构的情况下修改夹杂物相的方向：

- 旋转：可用于设置（1，2）-平面中的附加旋转及夹杂取向设置。
- 取向设置：共有五种类型。
- 源自相：夹杂相的取向由与当前层相关的微观结构中设置的取向赋予。
- 固定：允许自定义球面角 φ 和 θ，通过打开取向列中的对话框来描述纤维的取向。
- 随机 2D/随机 3D：选择在（1，2）-平面或 RVE 3D 空间内随机分布纤维取向。
- 张量：允许通过打开取向列中的对话框来设置描述纤维取向的取向向量。

（3）厚度：设置层的真实厚度，应与整个 RVE 厚度有关。

（4）取向：如果取向是固定的，则该选项将设置球面角或输入取向向量分量。旋转可应用于固定取向或自定义取向向量。

7.2.2　创建多层 RVE

Digimat-MF 中有三种补充方法可用于创建多层 RVE：

1）右键点击

右键点击 RVE 定义表，同时将鼠标悬停在层（下文称为选定层）上，将出现层快捷菜单。提供了若干选项来添加、删除、复制或移动 RVE 设置表中的层。

2）使用模式工具

左键点击 RVE 设置表底部的模式按钮（图 7.1），打开对话框，使用复制/对称/反对称工具创建多层微观结构。

（1）复制：确定待复制的微观结构层之后，选择复制次数及复制到现有结构中的位置。

（2）反对称和对称：通过这两个选项可以构建一个反对称或对称的层压板。

3）从取向文件中导入

左键点击位于 RVE 定义表下方的导入按钮，将打开一个对话框，从格式化的文件中加载多层 RVE 定义（图 7.2）。

（1）文件格式：有四种文件格式可供选择：Moldflow Midplane1（＊.xml）、Moldflow Midplane 1（＊.ele）、Digimat 1（＊.dof）和格式（＊.csv）。

（2）文件：指定载有 RVE 设置的文件路径。

（3）表层取向：在每层表层上给出源自取向文件的取向向量，但该向量不适用于所有层，即 N 层 RVE 有 $N+1$ 表层。除外层之外，可通过对各层表层的取向向量进行平均化来计算层的取向向量。就外层而言，有三个选项可用于计算取向向量：

- 源自下一层：将表层 2 和 N 的取向向量归入层 1 和 N。
- 用作给定值：通过对表层的取向向量进行平均化来计算外层的取向向量。
- 随机 2D：使用极端表层中的随机 2D 取向定义来计算外层中的取向。

（4）单元 ID：选择应提取的取向向量。默认值是 1。选择包含二阶单元取向定义的 Digimat 取向文件（＊.dof），需要确定所选单元的第一个积分点。

（5）微观结构：与已导入层压板相关的微观结构名称。

　　CSV 层压文件（＊.csv）具有特定的取向文件格式，其中包含单层压板（或多层 RVE）的设置。CSV 层压文件格式的约定用法如下：

```
LayerName,Thickness,Rotation,a11,a22,a33,a12,a13,a23
LayerName,Thickness,Rotation,theta,phi
# Hash-starting and empty lines are ignored.
# Each line must contain 5 or 9 entries.
# The entries can be separated by semicolons, commas,
  blankspaces or tabulations.
# All entries are numeric values, except LayerName(text without
  blankspaces).
# Thickness must be strictly positive.
# AdditionalRotation, theta and phi are expressed in degrees.
```

　　可通过该文件格式设置每层的名称、厚度、旋转和取向。取向设置可在固定和向量之间自动切换，不涉及其他取向设置。

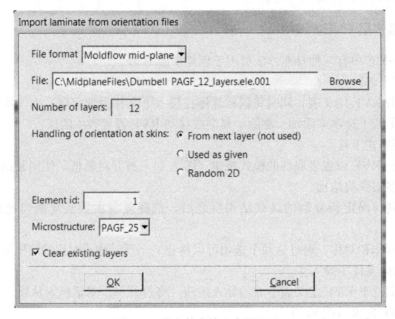

图 7.2　从文件中输入多层 RVE

7.3　织物 RVE

　　右键单击 Digimat 树中的 RVE 项，选择添加织物选项设置微观结构。包含两种类型：机织和编织，其中机织又分 2D、2.5D、3D（联锁）、3D（正交）四种（图 7.3）。

7.3.1　2D 和 2.5D 机织

　　2D 机织对应于平面形态，可以设置 RVE 所需图案以及纱线数（纱线之间的距离）。当选择 2.5D 选项时，可以指定要与机织关联的层数（图 7.4）。2D 机织层数的默认值为 1，当指定另一个值时，将生成 2.5D 机织物，使其与纬纱的层数相对应。对于经纱，层数始终等于 1。

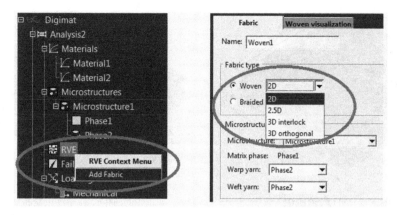

图 7.3　织物 RVE 设置

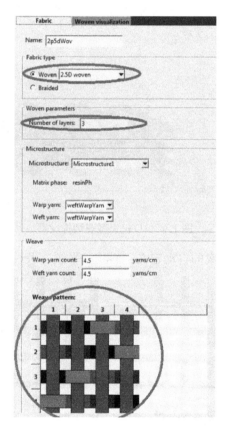

图 7.4　2.5D 机织微观结构设置

7.3.2　3D 机织（联锁与正交）

3D 机织基于高级参数自动计算图案。图 7.5 和图 7.6 分别说明了联锁和正交 3D 机织的形态以及相应的控制参数。需要设置的主要参数如下：

（1）经纱/纬纱数量；

（2）层数；

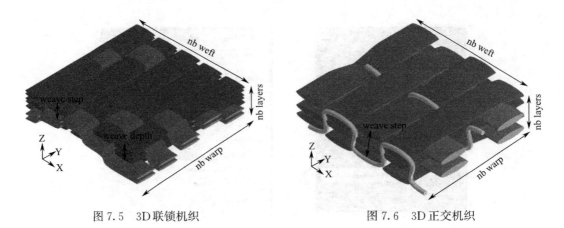

图7.5 3D联锁机织   图7.6 3D正交机织

（3）深度：给定经纱（联锁织物）或连接纱（正交织物）缠绕的总层数；

（4）步骤：一根纱线再向前一步时缠绕的层数。在正交织物的情况下，可以通过向量设置不规则的编织步骤（图7.7）；

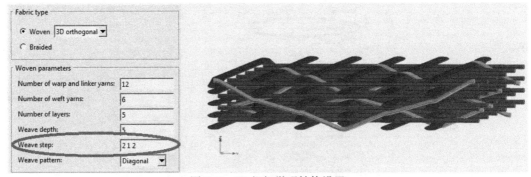

图7.7 3D机织微观结构设置

（5）图案：标准编织图案的自动定义：斜纹、平纹、缎纹和斜纹（图7.8）。

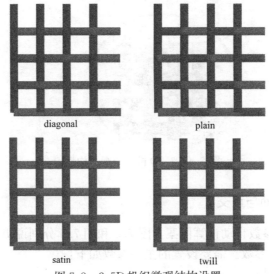

图7.8 2.5D机织微观结构设置

7.3.3　编织

编织角可设置在 1°到 89°之间（图 7.9）。可在纱线中嵌入增强纤维，不同类型的纱线均可与其相关联。编织物微观结构的图案设置与 2D 机织物相同，并以第一轴对应编织线的等分线为基础加或减编织角来表示。

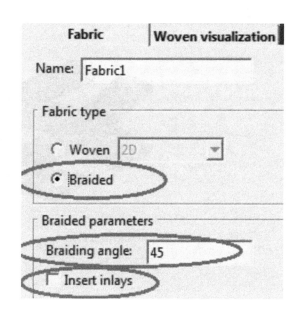

图 7.9　2.5D 机织微观结构设置

7.3.4　微观结构

机织纤维中使用微观结构须包含纱线相。根据所选择纱线相的类型，有两种方法设置织造和均匀化。如果选定的微观结构包含基本纱线，则织物将使用简化的建模方法，不考虑纱线的起伏。如果选定的微观结构包含高级纱线，则织物将使用高级建模方法。该方法基于对不同纱线几何形状的计算，以评估纱线起伏对宏观力学响应的影响。可用以下参数设置高级纱线：

（1）经纬纱：选择表征织物经纬方向的纱相；

（2）经纬纱数：设置织物的密度，上限值取决于纱线宽度；

（3）编织图案：可调整织物的编织图案。

点击验证选项，织物定义将触发织物几何结构的计算，该几何结构显示在第二个选项卡中（图 7.10）。除了可视化之外，还会显示一些其他结果：

（1）单元尺寸；

（2）面密度；

（3）孔隙率；

（4）纤维体积分数。

图 7.10 2D 机织微观结构可视化

第 8 章 失效

8.1 失效指标

失效指标是一个将给定应力（应变）状态组合与强度（失效准则）进行比较的函数。当指标计算值小于 1 时，处于安全状态；达到或超过 1 时，则视为失效。在 Digimat-MF 分析中，失效指标用于识别失效材料点；而在 Digimat CAE 分析中用于识别失效区域。

在 Digimat-MF 中，失效指标可用于一般复合材料系统，包括具有显著延性基体行为的系统（热塑性聚合物基体）以及非层合板和错位短纤增强复合材料。DIGIMAT 中提供的失效指标模型如下：

(1) 最大分量模型（应力或应变）

(2) Tsai-Hill 模型

(3) Tsai-Wu 模型

(4) 多分量 2D 模型

(5) Hashin 模型

(6) SIFT 模型

(7) Christensen 模型

(8) 自定义

每个模型都需要设置一组强度参数。根据 Kelly-Tyson 公式可以估计出一些强度参数。对于任何失效指标，可以设置与强度参数的相关性。应变和应力分量以及强度参数在局部坐标轴中设置（1 对应于纤维轴线，2 垂直于纤维轴线，3 与该平面正交）（图 8.1）。

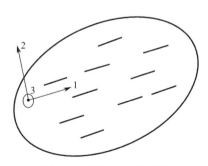

图 8.1　局部坐标轴系统

8.1.1　一般设置

失效由一个或多个强度参数定义，例如，Tsai-Wu 失效准则是由以下强度参数定义：

(1) $X_t \rightarrow X_1^t$：1 方向抗拉强度

(2) $X_c \rightarrow X_1^c$：1 方向抗压强度

(3) $Y_t \rightarrow Y_2^t$：2 方向抗拉强度

(4) $Y_c \rightarrow Y_2^c$：2 方向抗压强度

(5) $S \rightarrow S_6$：（1，2）平面内的抗剪强度

Digimat 中定义的大多数失效准则都是基于应力张量的，从典型方向的试验应力-应变曲线可以直观地解释其强度参数。其中一些标准也给出了具有类似表达式的基于应变的对应项，但使用应变分量而不是应力分量。

在 Digimat 中失效是通过一个或多个失效函数 $\mathscr{F}(\sigma, \varepsilon)$ 设置的，当 $\mathscr{F}(\sigma, \varepsilon) \geqslant 1$ 时，视为发生失效。Digimat 评估一个或多个失效指标 f，定义为：

$$\mathscr{F}\left(\frac{\sigma}{f}, \frac{\varepsilon}{f}\right) = 1 \tag{8.1}$$

这些失效指标达到 1，可以解释为安全系数的倒数。根据失效函数的形状，它们可以表示为：

(1) 线形 F（通常为应变分量失效指标对应的应力）：$f = \mathscr{F}(\sigma, \varepsilon)$

(2) 二次型 F（通常为 Tsai 失效指标）：$f = \sqrt{\mathscr{F}(\sigma, \varepsilon)}$

(3) 混合模式 F（通常为 Tsai-Wu 和 Hashin 失效指标）：f 是二阶方程的正根，通常形式为 $A\left(\dfrac{\sigma}{f}\right)^2 + B\left(\dfrac{\sigma}{f}\right) = 1$。

8.1.2 最大分量模型

(1) 应力分量失效标准

● 输入：应力张量分量（如 11 分量）；抗拉强度 $X_t > 0$；抗压强度 $X_c > 0$

● 输出：

$$f_A = \mathscr{F}_A(\sigma) = \frac{\sigma_{ij}}{X_t}(\sigma_{ij} > 0)(拉伸), f_B = \mathscr{F}_B(\sigma) = -\frac{\sigma_{ij}}{X_c}(\sigma_{ij} < 0)(压缩) \tag{8.2}$$

如果计算的是应力张量主轴上的失效指标，则只有张量的对角线项是非零的，特征值的顺序如下：

$$\sigma_{11} \geqslant \sigma_{22} \geqslant \sigma_{33} \tag{8.3}$$

输出的失效指标则变为：

$$f_A = \mathscr{F}_A(\sigma) = \frac{\sigma_1}{X_t}(\sigma_1 > 0)(拉伸), f_B = \mathscr{F}_B(\sigma) = -\frac{\sigma_3}{X_c}(\sigma_3 < 0)(压缩) \tag{8.4}$$

(2) 应变分量失效标准

● 输入：应变张量分量（如 11 分量）；最大拉应变 $X_t > 0$；最大压应变 $X_c > 0$。

由于横向收缩效应（与泊松比有关），这些参数并不总是对应于从传统拉伸试验获得的最大应变。

● 输出：

$$f_A = \mathscr{F}_A(\varepsilon) = \frac{\varepsilon_{ij}}{X_t}(\varepsilon_{ij} > 0)(拉伸); f_B = \mathscr{F}_B(\varepsilon) = -\frac{\varepsilon_{ij}}{X_c}(\varepsilon_{ij} < 0)(压缩) \tag{8.5}$$

如果计算的是应变张量主轴上的失效指标，则只有张量的对角线项是非零的，特征值的顺序如下：

$$\varepsilon_{11} \geqslant \varepsilon_{22} \geqslant \varepsilon_{33} \tag{8.6}$$

输出的失效指标则变为：

$$f_A = \mathscr{F}_A(\varepsilon) = \frac{\varepsilon_1}{X_t}(\varepsilon_1 > 0) \tag{8.7}$$

$$f_B = \mathscr{F}_B(\varepsilon) = -\frac{\varepsilon_3}{X_c}(\varepsilon_3 < 0) \tag{8.8}$$

8.1.3 Tsai-Hill

（1）2D

● 输入：轴向抗拉强度 $X_t > 0$；轴向抗压强度 $X_c > 0$；面内抗拉强度 $Y_t > 0$；面内抗压强度 $Y_c > 0$；横向抗剪强度 $S > 0$。

● 输出：

$$f_A = \sqrt{\mathscr{F}_A(\sigma)}, \mathscr{F}_A(\sigma) = \frac{\sigma_{11}^2}{X^2} - \frac{\sigma_{11}\sigma_{22}}{X^2} + \frac{\sigma_{22}^2}{Y^2} + \frac{\sigma_{12}^2}{S^2} \tag{8.9}$$

拉伸或压缩强度取决于其各自成分的符号（$\sigma_{11} \leftrightarrow X$ 和 $\sigma_{22} \leftrightarrow Y$）。这是对标准的一个限制性假设。另一个简化是只考虑产品 $\sigma_{11} \times \sigma_{22}$ 分母中的纵向强度 X。当指示器达到或超过 1 时，视为发生故障。

（2）3D 横观各向异性

● 输入：轴向抗拉强度 $X > 0$；面内抗拉强度 $Y > 0$；横向抗剪强度 $S > 0$。

● 输出：

$$\begin{aligned} f_A = \sqrt{\mathscr{F}_A(\sigma)}, \mathscr{F}_A(\sigma) = &\frac{\sigma_{11}^2}{X^2} - \frac{\sigma_{11}(\sigma_{22} + \sigma_{33})}{X^2} + \frac{\sigma_{22}^2 + \sigma_{33}^2}{Y^2} + \left(\frac{1}{X^2} - \frac{2}{Y^2}\right)\sigma_{22}\sigma_{33} + \\ &\frac{\sigma_{12}^2 + \sigma_{13}^2}{S^2} + \left(\frac{4}{Y^2} - \frac{1}{X^2}\right)\sigma_{23}^2 \end{aligned} \tag{8.10}$$

（3）3D

该准则将 Tsai-Hill 2D 从平面应力状态推广到 3D 应力状态。它有六个输入参数，输出一个指标。

● 输入：$A + B > 0$　$A + C > 0$　$B + C > 0$　$L > 0$　$M > 0$　$N > 0$

● 输出：

$$\begin{aligned} f_A = \sqrt{\mathscr{F}_A(\sigma)}, \mathscr{F}_A(\sigma) = &A(\sigma_{11} - \sigma_{22})^2 + B(\sigma_{22} - \sigma_{33})^2 + \\ &C(\sigma_{33} - \sigma_{11})^2 + 2L\sigma_{12}^2 + 2M\sigma_{23}^2 + 2N\sigma_{13}^2 \end{aligned} \tag{8.11}$$

也可采用以下基本强度表示此失效标准：方向 1 的拉伸强度 $X > 0$；方向 2 的拉伸强度 $Y > 0$；方向 3 的拉伸强度 $Z > 0$；方向 12 的拉伸剪切强度 $S_{12} > 0$；方向 23 的拉伸剪切强度 $S_{23} > 0$；方向 13 的拉伸剪切强度 $S_{13} > 0$。两组参数之间的关系如下：

$$A = \frac{1}{2}\left(\frac{1}{X^2} + \frac{1}{Y^2} - \frac{1}{Z^2}\right) \quad B = \frac{1}{2}\left(-\frac{1}{X^2} + \frac{1}{Y^2} + \frac{1}{Z^2}\right) \quad C = \frac{1}{2}\left(\frac{1}{X^2} - \frac{1}{Y^2} + \frac{1}{Z^2}\right)$$

$$L=\frac{1}{2S_{12}^2} \qquad M=\frac{1}{2S_{23}^2} \qquad N=\frac{1}{2S_{13}^2}$$

（4）2D，3D 横观各向异性和 3D（基于应变）

前三个 Tsai 准则是以应力张量的分量为基础，采用不同的公式取决于所需的材料对称性。另一方面，可根据应变张量的分量来定义类似的失效指标，这从材料的角度来说也是有意义的。因此，在 Digimat-MF 中还可以使用三个标准：

$$f_A=\sqrt{\mathscr{F}_A(\varepsilon)},\mathscr{F}_A(\varepsilon)=\frac{\varepsilon_{11}^2}{X^2}-\frac{\varepsilon_{11}\varepsilon_{22}}{X^2}+\frac{\varepsilon_{22}^2}{Y^2}+\frac{(2\varepsilon_{12})^2}{S^2} \tag{8.12}$$

其中 X、Y 和 S 是无单位最大应变参数（而不是强度）。

$$f_A=\sqrt{\mathscr{F}_A(\varepsilon)},\mathscr{F}_A(\varepsilon)=\frac{\varepsilon_{11}(\varepsilon_{22}+\varepsilon_{33})}{X^2}+\frac{\varepsilon_{22}^2+\varepsilon_{23}^2}{Y^2}+\left(\frac{1}{X^2}-\frac{2}{Y^2}\right)\varepsilon_{22}\varepsilon_{33}+$$
$$\frac{((2\varepsilon_{12})^2+(2\varepsilon_{13})^2)}{S^2}+\left(\frac{1}{Y^2}-\frac{1}{4X^2}\right)(2\varepsilon_{23})^2 \tag{8.13}$$

$$f_A=\sqrt{\mathscr{F}_A(\varepsilon)},\mathscr{F}_A(\varepsilon)=A(\varepsilon_{11}-\varepsilon_{22})^2+B(\varepsilon_{22}-\varepsilon_{33})^2+C(\varepsilon_{33}-\varepsilon_{11})^2+$$
$$2L(2\varepsilon_{12})^2+2M(2\varepsilon_{23})^2+2N(2\varepsilon_{13})^2 \tag{8.14}$$

（5）Azzi-Tsai-Hill 2D

● 输入：轴向抗拉强度 $X_t>0$；轴向抗压强度 $X_c>0$；面内抗拉强度 $Y_t>0$；面内抗压强度 $Y_c>0$；横向抗剪强度 $S>0$。

● 输出：

$$f_A=\sqrt{F_A(\sigma)},F_A(\sigma)=\frac{\sigma_{11}^2}{X^2}-\frac{|\sigma_{11}\sigma_{22}|}{X^2}+\frac{\sigma_{22}^2}{Y^2}+\frac{\sigma_{12}^2}{S^2} \tag{8.15}$$

拉伸或压缩时的强度取决于其各自分量（$\sigma_{11}\leftrightarrow X$ 和 $\sigma_{22}\leftrightarrow Y$）的符号。这一标准与 Tsai-Hill 2D 具有相同的局限性，两个标准之间的唯一区别在于乘积 $\sigma_{11}\cdot\sigma_{22}$，这里取一个绝对值，在某些情况下能够更好地预测失效。

8.1.4 Tsai-Wu

（1）2D

● 输入：轴向抗拉强度 $X_t>0$；轴向抗压强度 $X_c>0$；面内抗拉强度 $Y_t>0$；面内抗压强度 $Y_c>0$；横向抗剪强度 $S>0$；轴/面耦合强度参数 $F>0$。

● 输出：

$$F_A(\sigma/f)=1,F_A(\sigma)=\frac{\sigma_{11}^2}{X_tX_c}+\frac{\sigma_{22}^2}{Y_tY_c}+\frac{\sigma_{12}^2}{S^2}+2F\sigma_{11}\sigma_{22}+\left(\frac{1}{X_t}-\frac{1}{X_c}\right)\sigma_{11}+\left(\frac{1}{Y_t}-\frac{1}{Y_c}\right)\sigma_{22} \tag{8.16}$$

Tsai-Wu 准则的设计要比 Tsai 2D 更具普遍性，且不受后者模式的主要限制。拉伸和压缩强度都自然出现在标准中，并且不需要区分不同的情况。

（2）2D（基于应变）

基于应变的 Tsai-Wu 2D 准则与其他应变准则类似，参考 2D 应力标准，应变标准具有如下公式：

$$F_{\mathrm{A}}(\varepsilon/f)=1, F_{\mathrm{A}}(\varepsilon)=\frac{\varepsilon_{11}^2}{X_{\mathrm{t}}X_{\mathrm{c}}}+\frac{\varepsilon_{22}^2}{Y_{\mathrm{t}}Y_{\mathrm{c}}}+\frac{(2\varepsilon_{12})^2}{S^2}+2F\varepsilon_{11}\varepsilon_{22}+$$

$$\left(\frac{1}{X_{\mathrm{t}}}-\frac{1}{X_{\mathrm{c}}}\right)\varepsilon_{11}+\left(\frac{1}{Y_{\mathrm{t}}}-\frac{1}{Y_{\mathrm{c}}}\right)\varepsilon_{22} \tag{8.17}$$

（3）Tsai-Wu 3D 横观各向异性（基于应力）

● 输入：轴向抗拉强度 $X_{\mathrm{t}}>0$；轴向抗压强度 $X_{\mathrm{c}}>0$；面内抗拉强度 $Y_{\mathrm{t}}>0$；面内抗压强度 $Y_{\mathrm{c}}>0$；横向抗剪强度 $S>0$。

● 输出：

$$F_{\mathrm{A}}(\sigma/f)=1, F_{\mathrm{A}}(\sigma)=\frac{\sigma_{11}^2}{X_{\mathrm{t}}X_{\mathrm{c}}}+\frac{\sigma_{22}^2+\sigma_{33}^2}{Y_{\mathrm{t}}Y_{\mathrm{c}}}+\frac{\sigma_{12}^2+\sigma_{13}^2}{S^2}+\frac{4\sigma_{23}^2}{Y_{\mathrm{t}}Y_{\mathrm{c}}}-\frac{\sigma_{11}\sigma_{22}+\sigma_{11}\sigma_{33}}{2X_{\mathrm{t}}X_{\mathrm{c}}}$$

$$-\frac{2\sigma_{22}\sigma_{33}}{Y_{\mathrm{t}}Y_{\mathrm{c}}}+\left(\frac{1}{X_{\mathrm{t}}}-\frac{1}{X_{\mathrm{c}}}\right)\sigma_{11}+\left(\frac{1}{Y_{\mathrm{t}}}-\frac{1}{Y_{\mathrm{c}}}\right)(\sigma_{22}+\sigma_{33}) \tag{8.18}$$

（4）Tsai-Wu 3D（基于应变）

● 输入：最大轴向拉应变 $X_{\mathrm{t}}>0$；最大轴向压应变 $X_{\mathrm{c}}>0$；最大面内拉应变 $Y_{\mathrm{t}}>0$；最大面内压应变 $Y_{\mathrm{c}}>0$；最大横向剪应变 $S>0$。

● 输出：

$$F_{\mathrm{A}}(\varepsilon/f)=1, F_{\mathrm{A}}(\varepsilon)=\frac{\varepsilon_{11}^2}{X_{\mathrm{t}}X_{\mathrm{c}}}+\frac{\varepsilon_{22}^2+\varepsilon_{33}^2}{Y_{\mathrm{t}}Y_{\mathrm{c}}}+\frac{(2\varepsilon_{12})^2+(2\varepsilon_{13})^2}{S^2}+\frac{(2\varepsilon_{23})^2}{Y_{\mathrm{t}}Y_{\mathrm{c}}}-\frac{\varepsilon_{11}\varepsilon_{22}+\varepsilon_{11}\varepsilon_{33}}{2X_{\mathrm{t}}X_{\mathrm{c}}}$$

$$-\frac{2\varepsilon_{22}\varepsilon_{33}}{Y_{\mathrm{t}}Y_{\mathrm{c}}}+\left(\frac{1}{X_{\mathrm{t}}}-\frac{1}{X_{\mathrm{c}}}\right)\varepsilon_{11}+\left(\frac{1}{Y_{\mathrm{t}}}-\frac{1}{Y_{\mathrm{c}}}\right)(\varepsilon_{22}+\varepsilon_{33}) \tag{8.19}$$

（5）Tsai-Wu 3D

● 输入：二阶对称张量 **H** 的 6 个分量；四阶对称张量 G 的 21 个分量。

● 输出：

$$F_{\mathrm{A}}(\sigma/f)=1, F_{\mathrm{A}}(\sigma)=H_{ij}\sigma_{ij}+G_{ijkl}\sigma_{ij}\sigma_{kl} \tag{8.20}$$

8.1.5　多分量 2D

● 输入：轴向抗拉强度 $X_{\mathrm{t}}>0$；轴向抗压强度 $X_{\mathrm{c}}>0$；面内抗拉强度 $Y_{\mathrm{t}}>0$；面内抗压强度 $Y_{\mathrm{c}}>0$；横向抗剪强度 $S>0$；

● 输出：

－方向 1：

$$f_{\mathrm{A}}=F_{\mathrm{A}}(\sigma)=\frac{\sigma_{11}}{X_{\mathrm{t}}}(\sigma_{11}\geqslant 0)(\text{拉伸}), f_{\mathrm{B}}=F_{\mathrm{B}}(\sigma)=-\frac{\sigma_{11}}{X_{\mathrm{c}}}(\sigma_{11}<0)(\text{压缩}) \tag{8.21}$$

－方向 2：

$$f_{\mathrm{C}}=F_{\mathrm{C}}(\sigma)=\frac{\sigma_{22}}{Y_{\mathrm{t}}}(\sigma_{22}\geqslant 0)(\text{拉伸}), f_{\mathrm{D}}=F_{\mathrm{D}}(\sigma)=-\frac{\sigma_{22}}{Y_{\mathrm{c}}}(\sigma_{22}\geqslant 0)(\text{压缩}) \tag{8.22}$$

－横向剪切（1，2 平面）：

$$f_{\mathrm{E}}=F_{\mathrm{E}}(\sigma),\ F_{\mathrm{E}}(\sigma)=\frac{|\sigma_{12}|}{S} \tag{8.23}$$

8.1.6 Hashin

（1）2D

● 输入：轴向抗拉强度 $X_t>0$；轴向抗压强度 $X_c>0$；面内抗拉强度 $Y_t>0$；面内抗压强度 $Y_c>0$；横向抗剪强度（1,2）$S>0$；面内抗剪强度（2,3）$S_l>0$。

● 输出：

－1 方向拉伸和剪切耦合失效指标：

$$f_A=\sqrt{F_A(\sigma)}\,,F_A(\sigma)=\frac{\sigma_{11}^2}{X_t^2}+\frac{\sigma_{12}^2}{S^2}(\sigma_{11}\geqslant0) \tag{8.24}$$

－压缩失效指标：

$$f_B=F_B(\sigma)\,,F_B(\sigma)=-\frac{\sigma_{11}}{X_c}(\sigma_{11}<0) \tag{8.25}$$

－2 方向拉伸和剪切耦合失效指标：

$$f_C=\sqrt{F_C(\sigma)}\,,F_C(\sigma)=\frac{\sigma_{22}^2}{Y_t^2}+\frac{\sigma_{12}^2}{S^2}(\sigma_{22}\geqslant0) \tag{8.26}$$

－2 方向拉伸、剪切和面内剪切耦合失效指标：

$$F_D(\sigma/f)=1\,,F_D(\sigma)=\frac{\sigma_{22}^2}{4S_L^2}+\frac{\sigma_{12}^2}{S^2}+\left[\left(\frac{Y_c}{2S_I}\right)^2-1\right]\frac{\sigma_{22}}{Y_c}(\sigma_{22}<0) \tag{8.27}$$

（2）3D

● 输入：轴向抗拉强度 $X_t>0$；轴向抗压强度 $X_c>0$；面内抗拉强度 $Y_t>0$；面内抗压强度 $Y_c>0$；横向抗剪强度（1,2）$S>0$；面内抗剪强度（2,3）$S_l>0$。

● 输出：

－1 方向拉伸和剪切耦合失效指标：

$$f_A=\sqrt{F_A(\sigma)}\,,F_A(\sigma)=\frac{\sigma_{11}^2}{X_t^2}+\frac{\sigma_{12}^2+\sigma_{13}^2}{S^2}(\sigma_{11}\geqslant0) \tag{8.28}$$

－压缩失效指标：

$$f_B=F_B(\sigma)\,,F_B(\sigma)=-\frac{\sigma_{11}}{X_c}(\sigma_{11}<0) \tag{8.29}$$

－2 方向拉伸和剪切耦合失效指标：

$$f_C=\sqrt{F_C(\sigma)}\,,F_C(\sigma)=\frac{(\sigma_{22}+\sigma_{33})^2}{Y_t^2}+\frac{\sigma_2^2+\sigma_{13}^2}{S^2}+\frac{\sigma_{23}^2-\sigma_{22}\sigma_{33}}{S_I^2}(\sigma_{22}+\sigma_{33}\geqslant0) \tag{8.30}$$

－2 方向拉伸、剪切和面内剪切耦合失效指标：

$$F_D(\sigma/f)=1\,,F_D(\sigma)=\frac{(\sigma_{22}+\sigma_{33})^2}{4S_I^{23}}+\frac{\sigma_{12}^2+\sigma_{13}^2}{S^2}+\frac{\sigma_{23}^2-\sigma_{22}\sigma_{33}}{S_I^2}$$
$$+\left[\left(\frac{Y_c}{2S_I}\right)^2-1\right]\frac{\sigma_{22}+\sigma_{33}}{Y_c}(\sigma_{22}+\sigma_{33}<0) \tag{8.31}$$

（3）Hashin-Rotem 2D

● 输入：轴向抗拉强度 $X_t>0$；轴向抗压强度 $X_c>0$；面内抗拉强度 $Y_t>0$；面内抗

压强度 $Y_c > 0$；横向抗剪强度（1，2）$S > 0$；面内抗剪强度（2，3）$S_1 > 0$。

- 输出：
- 方向 1：

$$f_A = F_A(\sigma) = \frac{\sigma_{11}}{X_t}(\sigma_{11} \geqslant 0)(拉伸), f_B = F_B(\sigma) = -\frac{\sigma_{11}}{X_c}(\sigma_{11} < 0)(压缩) \quad (8.32)$$

- 拉伸和剪切耦合失效指标：

$$f_C = \sqrt{F_C(\sigma)}, F_C(\sigma) = \frac{\sigma_{22}^2}{Y_t^2} + \frac{\sigma_{12}^2}{S^2}(\sigma_{22} \geqslant 0) \quad (8.33)$$

- 压缩和剪切耦合失效指标：

$$f_D = \sqrt{F_D(\sigma)}, F_D(\sigma) = \frac{\sigma_{22}^2}{Y_c^2} + \frac{\sigma_{12}^2}{S^2}(\sigma_{22} < 0) \quad (8.34)$$

8.1.7　SIFT

- 输入：临界拉伸应变 $J_{1t}^{crit} > 0$；临界压缩应变 $|J_{1c}^{crit}| > 0$；临界拉伸应变 $J_{2t}^{crit} > 0$；临界压缩应变 $|J_{2c}^{crit}| > 0$；临界应变 $I_2^{crit} > 0$。
- 输出：

SIFT 失效准则基于以下三个应变不变量：

$$
\begin{aligned}
&J_1 = \varepsilon_{11} + \varepsilon_{22} + \varepsilon_{33} = \varepsilon_{vol} \\
&J_2 = \varepsilon_{11}\varepsilon_{22} + \varepsilon_{11}\varepsilon_{33} + \varepsilon_{22}\varepsilon_{33} - \varepsilon_{12}^2 - \varepsilon_{13}^2 - \varepsilon_{23}^2 \\
&I_2 = J_1^2 - 3J_2 = \varepsilon_{eq}^2
\end{aligned}
\quad (8.35)
$$

输出失效指标：

- 拉伸和失效指标（体积应变）J_1：

$$f_A = F_A(\sigma) = -\frac{J_1}{J_{1t}^{cri}}(J_1 > 0)(拉伸), f_B = F_B(\sigma) = -\frac{J_1}{|J_{1c}^{crit}|}(J_1 < 0)(压缩) \quad (8.36)$$

- 拉伸失效指标（体积应变）J_2：

$$f_C = \sqrt{F_C(\sigma)}, F_C(\sigma) = \frac{J_2}{J_{2t}^{crit}}(J_2 > 0) \quad (8.37)$$

- 压缩失效指标（体积应变）J_2：

$$f_D = \sqrt{F_D(\sigma)}, F_D(\sigma) = -\frac{J_2}{|J_{2c}^{crit}|}(J_2 < 0) \quad (8.38)$$

- 等效应变失效指标 I_2：

$$f_E = \sqrt{F_E(\sigma)}, F_E(\sigma) = \frac{I_2}{I_2^{crit}} \quad (8.39)$$

8.1.8　Christensen

- 输入：轴向抗拉强度 $X_t > 0$；轴向抗压强度 $X_c > 0$。
- 输出：
- 主要失效指标：

$$F_{A}(\sigma/f)=1, F_{A}(\sigma)=\left(\frac{1}{X_{t}}-\frac{1}{X_{c}}\right)(\sigma_{11}+\sigma_{22}+\sigma_{33})$$

$$+\frac{1}{X_{t}X_{c}}\left\{\frac{1}{2}\left[(\sigma_{11}-\sigma_{22})^{2}+(\sigma_{22}-\sigma_{33})^{2}+(\sigma_{33}-\sigma_{11})^{2}\right]+3(\sigma_{12}^{2}+\sigma_{23}^{2}+\sigma_{31}^{2})\right\} \quad (8.40)$$

– 脆性失效指标：

$$f_{B}=\sqrt{F_{B}(\sigma)}, F_{B}(\sigma)=\sigma_{1}-X_{t} \quad (8.41)$$

Christensen 准则用于各向同性材料的破坏。借助第一个失效指标中的静水压力区分了韧性屈服和脆性破坏。当 $X_{t}=X_{c}$ 时，该标准降为 Von Mises 准则。

8.1.9 自定义

Digimat 允许以外部库（Windows 上的 DLL 文件或 Linux 上的共享对象）的形式设置自定义失效指标，并像使用其他 Digimat 失效指标一样。需要注意的是，实现自定义失效指标需要广泛地开发测试以及失效理论专业知识。在 Digimat 中使用自定义失效指标需要在 Digimat 图形用户界面中进行以下设置（图 8.2）：

（1）选择动态库的路径：

● 利用在 GUI 中的浏览数据库按钮设置；

● 使用名为 "DIGIMAT2USUB_SHARED_LIBS" 的环境变量，该变量应提供包含 Windows 上的 digi2ufail.DLL 或 Linux 上的 digi2ufail.so 的文件路径。

（2）传递给自定义子程序的参数列表，至少设置一个参数。

（3）自定义子程序返回的失效指标数量，最小值为 1。如果需要输出多个，Digimat 将使用与上述失效标准相同的约定。自定义失效指标包含应变率、温度和自变量相关性设置，且可用于各向异性渐进失效模型。

自定义失效指标须实现以下功能：每次有必要时，Digimat-MF 内核都会使用预先初始化的参数调用失效准则计算函数：

```
computeUserFailureCriterion(
    int* errorFlag, double* criterionOutputs,
    const int* numberOfCriterionOutputs,
    const double* inputValues, const int* numberOfInputs,
    const double* parameters, const int* numberOfParameters,
    const char* criterionName,
    const double* options, const int* numberOfOptions );
```

▲ 错误代码（Error flag）

● 0 表示成功；

● <0 表示警告；

● >0 表示错误。

警告和错误代码将在日志文件中生成消息，且不会停止分析。

①Criterion outputs：包含失效指标的所有数值输出的数组，由子程序更新。

②Number of criterion outputs：数组的大小，即子程序计算的失效指标数量。

③Input Values：包含计算失效准则所需的所有材料状态输入的数组。

④Numberof Inputs：输入变量数组的大小。

⑤Parameters：包含计算失效准则所需的所有参数；可具有物理意义，也可用作标

记。如果在 Digimat 中为这些参数设置了相关性，则传递给子程序的值将解释这些相关项。

⑥Number of parameters：参数数组的大小。

⑦Criterion Name：与 Digimat 中设置的标准名称相对应的字符。

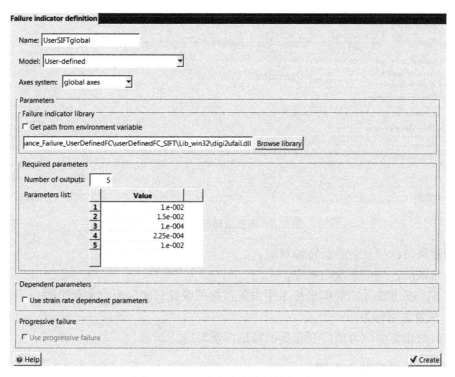

图 8.2　GUI 中自定义失效指标设置

8.2　失效指标的设置与分配

8.2.1　失效指标的设置

左键单击目录树中的失效指标项或右键单击目录树中的失效项打开失效指标设置窗口，在弹出的菜单中选择添加失效指标或加载相关文件。DIGIMAT 中设置失效指标需要选择失效模型和坐标轴系统。图 8.3 显示了失效指标设置窗口，第二个选项卡为相关性设置。

应力、应变张量分量可以用三个不同的轴系统来表达：

（1）全局坐标系

● 在 Digimat-MF 中，与设置载荷和夹杂取向坐标系对应；

● 在 Digimat-CA 中，与单元坐标系对应，如有限元分析中实体单元坐标轴和壳单元的局部坐标轴等；

● 在全局坐标系中失效指标的设置只能分配给复合层面。

（2）局部坐标系

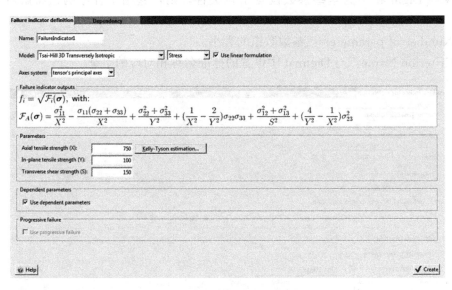

图 8.3　失效指标设置选项卡

- 固定取向：与夹杂的旋转轴对应。
- 分布取向：与夹杂取向对应。
- 除 FPGF 方法外，局部坐标系中失效指标的设置只能分配给夹杂阶段。
（3）张量主坐标系
- 与失效指标中应力或应变张量的特征向量对应。

8.2.2　强度参数相关性设置

在失效指标设置窗口的第一个选项卡中选中使用相关参数复选框时，将出现第二个选项卡，可根据需要设置尽可能多的相关项。所有相关项都显示在表中，通过单击表第一列中的图标，可以激活或停用每个相关项。表中的所有列都是可编辑的：
（1）Strength parameter：设置强度参数相关性。
（2）Modell：Cowper-Symonds、对数 Cowper-Symonds 或线性分段函数模型。
（3）Variable：总应变率、塑性应变率、温度或自定义。
（4）Parameter：取决于在模型单元中选择的模型。

单击表中最后一列绘图图标打开一个新窗口，检查每个相关项。其中显示所选应变率相关的绘图，该图的 X 轴为对数标度的应变率相关性，单击鼠标右键可修改图形缩放比例。

8.2.3　Kelly-Tyson 复合强度估算

Kelly-Tyson 公式根据不同的基体/纤维强度参数和微观结构参数估算复合材料拉伸强度。该估算值是一种复合强度，可用于设置复合材料级或伪晶粒级的失效指标。公式如下：

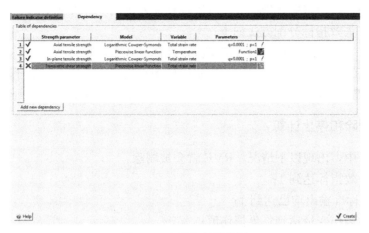

图 8.4　失效相关性设置

$$x_1^t = \begin{cases} \nu_f\left(1-\dfrac{l_c}{2l}\right)\sigma_f + (1-\nu_f)\sigma_m & l \geqslant l_c \\[3mm] \nu_f\left(\dfrac{\tau l}{D}\right) + (1-\nu_f)\sigma_m & l < l_c \end{cases} \tag{8.42}$$

式中，ν_f 为纤维体积分数；σ_f 为纤维抗拉强度；σ_m 为基体抗拉强度；τ 为基体纤维界面强度；D 为纤维直径；l 为纤维长度；l_c 为：

$$l_c = \frac{\sigma_f D}{2\tau} \tag{8.43}$$

上述表达式可以根据纤维长宽比 $AR = l/D$ 重写，不需要了解纤维长度 l 和直径 D。

如图 8.3 所示，失效指标对话框窗口包含一个标记为 Kelly Tyson estimation 的按钮。单击将打开一个新的窗口，输入估算所需的各种强度参数和微观结构参数等，完成后将其分配给 Digimat 分析中的材料。

8.2.4　失效指标分配

图 8.5 显示失效指标分配流程，所有已设置的失效指标都在表中显示。单击添加分配按钮或右键单击表区域使用弹出的菜单可以创建新的分配按钮。

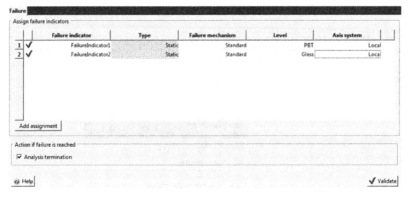

图 8.5　失效指标分配

115

添加分配静态或动态失效指标时，可以选择失效机制：标准或 FPGF（第一次伪晶粒失效，FPGF）。失效指标分配方法如下：

（1）复合水平：使用宏观应力或应变张量计算失效指标。

（2）材料等级：所选材料设置的所有阶段使用平均应力或应变张量计算失效指标。

（3）激活疲劳失效指标，在复合水平和局部坐标系中自动应用。

8.2.5 单元删除和停止计算

在显式分析中，出现以下情况，RVE 就会被删除：

（1）标准失效指标达到 1；

（2）FPGF 标准输出均已达到 1；

（3）弹塑性损伤变量达到临界损伤值；

（4）渐进失效损伤相对变量达到临界损伤值。

在显式分析中，默认激活元单元删除，可通过失效选项卡中相应复选框予以更改。在隐式分析中使用相同的条件来停止分析，默认不激活停止分析选项。

8.2.6 多层 RVE 失效

对于多层 RVE，失效分配选项卡中提供了 RVE 失效的附加选项设置（图 8.6）：

（1）Average failure indicator value：各层失效指标的厚度加权平均值达到临界值，触发失效。该方法对指定层的所有失效指标输出最大平均值。

（2）Failed thickness fraction：失效层的厚度加权分数达到临界值时触发失效。

（3）First-layer failure：第一层失效时触发多层 RVE 失效。

（4）Specific-layer failure：当任意指定层发生失效时触发失效。

（5）All-layer failure：当所有层失效时触发失效。

需要注意以下事项：

（1）多层失效选项仅适用于 Digimat-MF 中设置的多层 RVE。当 Digimat 耦合到有限元代码时，RVE 只能是单层，多层和失效选项需要通过代码进行设置。

（2）当在复合材料级别分配标准失效指标时，多层失效选项不可用。

（3）多层失效选项不适用于疲劳失效指标，特别是伪晶粒疲劳模型。

（4）加载不包含多层失效关键字的 Digimat 分析文件时，默认选项考虑向后兼容性。

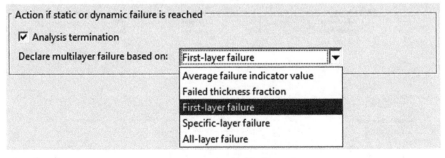

图 8.6　多层失效设置

8.3　渐进失效模型

渐进失效是指在分析过程中逐渐降低材料的力学性能，隐式分析突然停止或在显式分析下删除单元，常用来解释材料各向异性损伤和失效。DIGIMAT 中提供的渐进失效模型主要针对具有弹性特征的单向长纤维或正交编织复合材料。每个渐进失效指标都需要设置一个失效指标和一个损伤模型，然后分配给复合材料。一旦失效指标达到给定阈值，材料的弹性性能（如刚度）根据计算的损伤变量退化，直到材料发生失效。

8.3.1　理论基础

1）连续介质损伤力学（CDM）

Digimat 中的渐进失效模型大多是在连续介质损伤力学（CDM）框架内发展而来的。此类模型不考虑材料中单个宏观裂纹的萌生扩展，而是关注微观缺陷对材料力学性能的影响。对于单向增强纤维或机织层合板，微缺陷包括以下几项（图 8.7）：

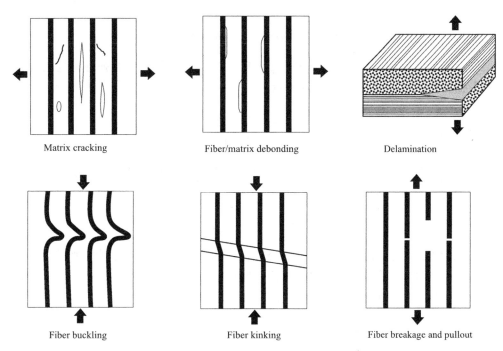

Matrix cracking　　　　Fiber/matrix debonding　　　　Delamination

Fiber buckling　　　　Fiber kinking　　　　Fiber breakage and pullout

图 8.7　复合材料层合板典型微缺陷示意

（1）微裂纹或微空洞：主要影响材料的横向拉伸和剪切性能；

（2）纤维脱粘：出现在纤维基体界面，主要影响拉伸的纵向和横向行为；

（3）纤维微屈曲和扭结：主要影响纵向压缩性能；

（4）纤维断裂或拔出：主要影响纵向拉伸性能。

对于层合板，在层间的界面处也会发生分层（取决于堆叠顺序），并导致面内和整体力学性能的退化。

考虑到一个虚拟的表面被切成薄片，表面上的微缺陷减少了能够承受压力的区域，导致在某些应变载荷下产生较低的表观（实际）应力或在某些应力载荷下产生较高的有效（未损坏）应力。在 CMD 框架中，使用损伤状态变量考虑这种应力降低。对于一个简单的单轴情况（图 8.8），有效应力 $\hat{\sigma}$ 与视应力 σ 之间的关系是单个损伤变量 D 的函数。

$$\sigma = M \times \hat{\sigma} = (1-D) \times \hat{\sigma} \tag{8.44}$$

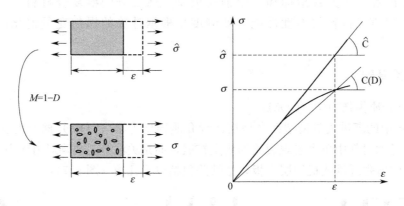

图 8.8　有效应力和损伤应力概念

根据应变等效原理，应变不受损伤的影响。考虑到具有初始线性弹性特性的材料，未受损和受损材料的应力-应变关系分别表示：

$$\mathrm{d}\hat{\boldsymbol{\sigma}} = \hat{\mathbf{C}} : \boldsymbol{\varepsilon}$$
$$\boldsymbol{\sigma} = \mathbf{C(D)} : \boldsymbol{\varepsilon} \tag{8.45}$$

式中，$\hat{\mathbf{C}}$ 为有效（未受损）刚度张量；$\mathbf{C(D)}$ 为受损刚度张量；$\mathbf{D}$ 为损伤变量。利用应变等效原理，损伤效应张量为：

$$\boldsymbol{\sigma} = \mathbf{M} : \hat{\boldsymbol{\sigma}} = (\mathbf{S}^{-1} : \hat{\mathbf{S}}) : \hat{\boldsymbol{\sigma}} \tag{8.46}$$

Digimat 中使用的公式是一个总损伤公式：损伤变量影响材料的割线刚度，从而使应力水平逐渐降低到零，须与 FPGF 中使用的增量公式区别开来，后者仅影响切线刚度算符，并且最多导致应力饱和。根据这个公式，能量密度为：

(1) $E = \dfrac{1}{2}\boldsymbol{\sigma} : \boldsymbol{\varepsilon}$ 是表观自由能密度；

(2) $\hat{E} = \dfrac{1}{2}\hat{\boldsymbol{\sigma}} : \boldsymbol{\varepsilon}$ 是有效自由能密度；

(3) $E_{\mathrm{acc}} = \dfrac{1}{2}\displaystyle\int (\boldsymbol{\sigma} : \mathrm{d}\boldsymbol{\varepsilon})$ 为累积应变能密度。

对于 Digimat 中所有渐进失效模型，只考虑了 6 个损伤变量。损伤柔度 $\mathbf{S}$（D）通过影响未损坏柔度矩阵 $\mathbf{S}$ 的对角线项，在正交各向异性轴上计算：

$$\mathbf{S}(D)=\begin{bmatrix} \dfrac{\hat{S}_{1111}}{1-D_{11}} & \hat{S}_{1122} & \hat{S}_{1133} & 0 & 0 & 0 \\[2mm] & \dfrac{S_{2222}}{1-D_{22}} & \hat{S}_{2233} & 0 & 0 & 0 \\[2mm] & & \dfrac{\hat{S}_{3333}}{1-D_{33}} & 0 & 0 & 0 \\[2mm] & & & \dfrac{\hat{S}_{1212}}{1-D_{12}} & 0 & 0 \\[2mm] & sym & & & \dfrac{S_{2323}}{1-D_{23}} & 0 \\[2mm] & & & & & \dfrac{S_{1313}}{1-D_{13}} \end{bmatrix} \tag{8.47}$$

与实验观察一致，当发生损伤时，表观泊松比会发生变化：

$$\nu_{12}=\frac{S_{1122}}{S_{1111}}=\frac{\hat{S}_{1122}}{\hat{S}_{1111}}\times(1-D_{11})\neq\hat{\nu}_{12} \tag{8.48}$$

在一般情况下，损伤张量 $\mathbf{M}$ 不是对角线型，例如单轴拉伸试验会导致非零横向有效应力：$\sigma_{22}=0\neq\hat{\sigma}_{22}=0$。

2）损伤起始与演化

通过使用损伤演化指标（应变和有效应力张量的函数）来描述材料中损伤的开始：

$$f=f(\varepsilon,\hat{\sigma})=f_{\text{ini}} \tag{8.49}$$

该公式与经典失效指标的公式非常相似，只是 f 由有效应力张量而不是表观应力张量表示。

使用有效应力背后的第一个原因来自物理考虑：材料损坏时产生的微缺陷无法承受任何载荷，不应有助于损坏计算；第二个原因是，损伤起始指标也用于监测损伤的演化。因此，使用有效应力张量是强制性的，以便即使在表观应力降低时也能使损伤增加。

在下面的名称中，"失效指标"将代表"损伤起始和演化"。简单起见，损伤的演化通过损伤演化规律来表示，通常采用微分形式：

$$\dot{D}=\phi(\dot{f},f) \tag{8.50}$$

为获得热力学容许的力学性能，损伤变量的范围为 0 和 1 之间，且损伤率必须保持正或零：

$$\dot{D}\geqslant0,0\leqslant D<1 \tag{8.51}$$

然后，根据失效指标的函数计算损伤变量，执行热力学条件：

$$D=\max_{\tau\in[0,t]}\varphi[f(\tau)](\varphi\in[0,1]) \tag{8.52}$$

损伤演化函数可以采用 Heaviside 函数、线性函数、幂律的形式，阻尼指数函数等。8.3.4 节给出了在 DIGIMAT 中实现的损伤演化规律。此外，可以定义多个损伤变量和损伤演化规律，以表示材料的各向异性损伤。

8.3.2 渐进失效指标的设置和分配

设置和分配渐进失效模型的过程包括两个步骤：

（1）设置渐进失效指标；

（2）将渐进失效指标分配给材料。

1）渐进失效指标的设置

渐进失效指标的设置包含以下内容：

（1）失效指标：给出计算损伤变量的依据；

（2）损伤模型：确定受影响的变量以及受影响方式的模型；

（3）演化规律：用失效指标确定损伤变量的演化。

通过右键单击 Digimat 树中的失效项，在弹出的菜单中选择添加渐进失效指标项，将渐进失效指标添加到分析中。此操作通过创建和分配具有正确设置参数的渐进失效指标。通过激活失效指标选项卡中的使用渐进失效复选框，在满足某些条件可以将传统失效指标转换为渐进失效指标（图 8.9）：

（1）失效指标须是多分量 2D 模型、Hashin 类模型（Hashin 2D、Hashin Rotem 2D 或 Hashin 3D）等模型之一；

（2）须将坐标轴设置为局部坐标轴；

（3）须取消使用相关参数设置。

完成后，可用渐进失效设置选项卡设置与该渐进失效指标相关的损伤参数。损伤模型从失效指标模型自动设置，选择使用损伤算法及相关参数。该选项卡还显示了典型的应力-应变和损伤-失效指标曲线，为损伤演化规律和参数的选择提供指导。

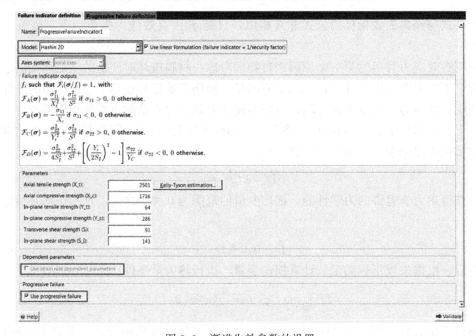

图 8.9　渐进失效参数的设置

使用检查有效性复选框将显示一个表，其中列出了失效指标输出和损坏变量之间的个别关系（图 8.11）。

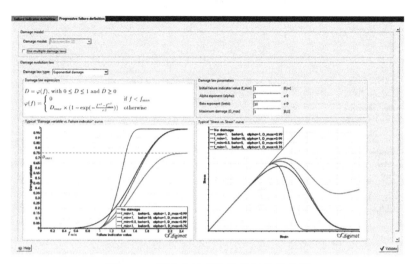

图 8.10　渐进失效损伤演化规律的设置

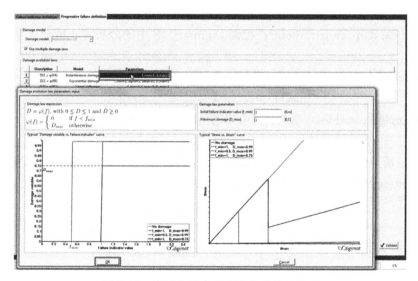

图 8.11　渐进失效多损伤演化规律的设置

2）渐进失效指标分配和控制

设置完渐进失效指标后，须将其分配给 Digimat 分析期间要考虑的材料。该程序与标准失效指标的分配非常相似。渐进失效指标分配时，在显示表中，具有以下设置：

（1）"Type" 自动设置为 "Progressive failure"；

（2）"Failure mechanism" 自动设置为 "Standard"（根据每相力学状态进行评估）；

（3）"Level" 自动设置为 "Composite"（只有宏观损伤模型可用）；

（4）"Axis system" 自动设置为 "Local"。

可用于分析的渐进失效控制有三个：

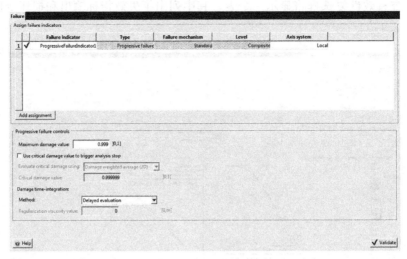

图 8.12　渐进失效指标分配

（1）Maximum damage parameter：使所有材料水平上的所有损伤变量都能达到阈值。该参数能够在不改变损伤演化规律参数（影响应力-应变曲线形态）的情况下限制损伤。为了避免收敛问题，建议用小于 1（通常为 0.999）的值。

（2）Critical damage parameter：控制 Digimat-MF 中的分析停止或显式耦合模拟中的单元删除。

- Maximum damage variable：至少一个损伤变量（六个可用变量）达到临界损伤值

$$\max(D_i)_{i \in \{11,22,33,12,23,13\}} \geqslant D_{\text{crit}} \tag{8.53}$$

- All damage variables：所有六个损伤变量都达到临界损伤值

$$D_i \geqslant D_{\text{crit}} \ \forall i \in \{11,22,33,12,23,13\} \tag{8.54}$$

此选项是最为保守的，其要求材料在所有方向上都受到严重损坏，以触发分析停止。

- Free energy dissipation：默认选项，自由能耗散达到临界值

$$1 - \frac{E}{\hat{E}} = 1 - \frac{1/2\sigma:\varepsilon}{1/2\hat{\sigma}:\varepsilon} \geqslant D_{\text{crit}} \tag{8.55}$$

- Damage weighted by 2D moduli：评估值达到临界损伤值

$$D_{\text{weighted2D}} = \frac{D_{11}E_1 + D_{22}E_2 + D_{12}G_{12}}{E_1 + E_2 + G_{12}} \geqslant D_{\text{crit}} \tag{8.56}$$

式中，E_1、E_2 和 G_{12} 代表复合材料正交轴系中的弹性和剪切模量。

- Damage weighted by 3D moduli：评估值达到临界损伤值

$$D_{\text{weighted3D}} = \frac{D_{11}E_1 + D_{22}E_2 + D_{33}E_3 + D_{12}G_{12} + D_{13}G_{13} + D_{23}G_{23}}{E_1 + E_2 + E_3 + G_{12} + G_{13} + G_{23}} \geqslant D_{\text{crit}} \tag{8.57}$$

（3）Damage time-integration controls：在收敛力学分析中起着至关重要的作用，设置在时间离散化分析中评估损伤变量的方法，特别是当 Digimat 与隐式有限元程序耦合时。有三种选择：

- Delayed evaluation：根据上一步骤结束时（即当前步骤开始时）的材料状态计算损伤。此选项是默认选项，确保 Digimat-MF 和 Digimat-CAE 分析的收敛性。建议与小时间

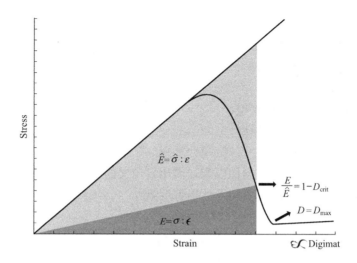

图 8.13　渐进失效控制的计算与应用

步长设置相结合，以减小延迟效应，获得光滑的应力应变曲线。

- Viscous damping：在步骤结束时根据以下关系式计算损伤

$$\dot{D}=\frac{1}{\eta}(D_{\text{inviscid}}-D) \tag{8.58}$$

式中，D_{inviscid} 为无黏阻尼损伤变量；η 表示黏滞系数。黏度应尽可能低，以尽量减少延迟效应，一般取分析时间的 10^{-3} 倍。

- No stabilization：在步骤结束时不用阻尼计算损伤。该方法虽然提供了最佳的精度，但通常会产生收敛性问题，只能用于 Digimat-MF 分析。

3）失效/渐进失效指标的组合

可以为同一材料指定多个渐进失效指标。在这种情况下，其损伤变量将按照以下公式组合：

$$1-D^{\text{overall}}=\prod_{i=1}^{n}(1-D^{i}) \tag{8.59}$$

对于相同的材料，也可以同时指定渐进失效指标和标准失效指标。如果相应的指标是基于应力的，则标准失效指标将从表观应力张量计算，而渐进失效指标将从有效应力张量计算；如果渐进失效指标达到临界值，不会停止分析或在 CAE 中删除单元。

4）模型相关限制

DIGIMAT 的渐进损伤模型受到如下一些限制：

（1）DIGIMAT 只实现了宏观渐进失效，FPGF 模型不适用于渐进失效；

（2）渐进失效指标只能分配给具有线性弹性、无相关性和无热膨胀效应的材料；

（3）渐进失效只能应用于局部坐标系；

（4）渐进失效只有六个损伤变量，使得它只适用于正交异性刚度矩阵，须将失效指标和损伤变量变换到刚度矩阵正交各向异性轴上；

（5）渐进失效不适用于 Digimat-MF 中的多层 RVE。

8.3.3 损伤模型

Digimat 中可用的损伤模型如下：

（1）一般各向异性损伤模型；

（2）多分量 2D 损伤模型；

（3）Matzenmiller 2D 损伤模型；

（4）Matzenmiller 3D 损伤模型。

1）一般各向异性损伤模型

该模型是一个三维各向异性损伤模型，需用自定义的失效标准。该标准至少输出 6 个失效指标用于评估后续方程 6 个各向异性损害变量。

$$
\begin{aligned}
D_{11} &= \varphi_A(f_A) \\
D_{22} &= \varphi_B(f_B) \\
D_{33} &= \varphi_C(f_C) \\
D_{12} &= \varphi_D(f_D) \\
D_{23} &= \varphi_E(f_E) \\
D_{13} &= \varphi_F(f_F)
\end{aligned}
\tag{8.60}
$$

失效机制和各向异性损伤变量之间的关联须通过自定义失效指标来管理，无法指定损伤变量之间的组合关系。需要注意以下两个事项：

（1）损伤时间积分法应设置为"Delayed evaluation"以确保最佳收敛速度。

（2）对于更全面的损伤演化设置，失效指标设置输出随应力和应变线性演化。

2）多分量 2D 损伤

该模型适用于长纤维复合材料的简单损伤模型，要求设置一个多分量 2D 失效指标，并将损伤变量作为：

（1）纵向损伤（与纤维相关，拉伸压缩差）

$$
\begin{aligned}
D_{11} &= \varphi_A(f_A)\,(f_A \geqslant 0) \\
D_{11} &= \varphi_B(f_B)\,(f_A < 0)
\end{aligned}
\tag{8.61}
$$

（2）横向损伤（与基体相关，拉伸压缩差）

$$
\begin{aligned}
D_{22} &= \varphi_C(f_C)\,(f_C \geqslant 0) \\
D_{22} &= \varphi_D(f_D)\,(f_C < 0)
\end{aligned}
\tag{8.62}
$$

（3）纵向剪切损伤（组合性）

$$
D_{12} = \varphi_E(f_E)
\tag{8.63}
$$

（4）横向剪切损伤（组合性）

$$
D_{33} = D_{13} = D_{23} = 0
\tag{8.64}
$$

3）Matzenmiller 2D damage

（1）纵向损伤（与纤维相关，拉伸压缩差）

$$
\begin{aligned}
D_{11} &= \varphi_A(f_A)\,(f_A \geqslant 0) \\
D_{11} &= \varphi_B(f_B)\,(f_A < 0)
\end{aligned}
\tag{8.65}
$$

（2）横向损伤（与基体相关，拉伸压缩差）

$$D_{22} = \varphi_C(f_C) \quad (f_C \geqslant 0)$$
$$D_{22} = \varphi_D(f_D) \quad (f_C < 0) \tag{8.66}$$

（3）纵向剪切损伤（组合性）

$$D_{12} = 1 - (1 - D_{11}) \times (1 - D_{22}) \tag{8.67}$$

（4）纵向剪切损伤（组合性）

$$D_{33} = D_{13} = D_{23} = 0 \tag{8.68}$$

4）Matzenmiller 3D damage

（1）纵向损伤（与纤维相关，拉伸压缩差）

$$D_{11} = \varphi_A(f_A) \quad (f_A \geqslant 0)$$
$$D_{11} = \varphi_B(f_B) \quad (f_A < 0) \tag{8.69}$$

（2）横向损伤（与基体相关，拉伸压缩差）

$$D_{22} = D_{33} = \varphi_C(f_C) \quad (f_C \geqslant 0)$$
$$D_{22} = D_{33} = \varphi_D(f_D) \quad (f_C < 0) \tag{8.70}$$

（3）纵向剪切损伤（组合性）

$$D_{12} = D_{13} = 1 - (1 - D_{11}) \times (1 - D_{22}) \tag{8.71}$$

（4）纵向剪切损伤（组合性）

$$D_{23} = D_{22} \tag{8.72}$$

8.3.4 损伤演化规律

Digimat 中包含以下损伤演化规律：

（1）无损伤

（2）瞬时损伤

（3）功率损伤

（4）指数损伤

（5）线性软化损伤

所有损伤变量均采用相同的演化规律和附加一致性关系进行评估：

$$0 \leqslant D(f) < 1, \quad \dot{D}(f) \geqslant 0 \tag{8.73}$$

1）无损伤演化规律

该演化规律不需要参数，并且输出一个零损伤值：

$$\varphi(f) = 0 \tag{8.74}$$

当已经为材料指定了另一个渐进失效指标时，该损伤方法主要用于测试或对指标进行非侵入性评估。

2）瞬时损伤演化规律

该演化规律需要两个参数 $f_{\min}$ 和 $D_{\max}$，失效指标值：

$$\varphi(f) = \begin{cases} 0 & f < f_{\min} \\ D_{\max} & \text{其他} \end{cases} \tag{8.75}$$

这种损伤规律对应于脆性破坏机制，但具有各向异性效应。对于单轴载荷，当失效指标值达到 $f_{\min}$ 时，应力-应变曲线通常表现为陡降，然后以较低的斜率 $E \times (1 - D_{\max})$

125

继续。

典型参数值为：$f_{\min}=1$，$D_{\max}=1$（完全损坏）。

3）功率损伤演化规律

该演化规律需要五个参数 $f_{\min}$、$f_{\max}$、α、$D_{\max}$ 和 D_{final}，失效指标值：

$$\varphi(f)=\begin{cases}0 & f<f_{\min}\\D_{\max}\times\dfrac{f^{\alpha}-f_{\min}^{\alpha}}{f_{\max}^{\alpha}-f_{\min}^{\alpha}} & f_{\min}\leqslant f<f_{\max}\\D_{\text{final}} & \text{其他}\end{cases} \tag{8.76}$$

典型参数值为：

（1）$f_{\min}=1$、$\alpha=1$、$D_{\max}=D_{\text{final}}=1$，$f_{\max}$ 的变量值（线性损伤）。

（2）$f_{\min}=0$、$D_{\max}=D_{\text{final}}=1$、$f_{\max}$ 和 α 的变量值（幂律损伤）。

4）指数损伤演化规律

该演化规律需要四个参数 $f_{\min}$、α、β 和 $D_{\max}$，失效指标值：

$$\varphi(f)=\begin{cases}0 & f<f_{\min}\\D_{\max}\times\left(1-\exp\left(-\dfrac{f^{\alpha\beta}-f_{\min}^{\alpha\beta}}{e\beta}\right)\right) & \text{其他}\end{cases} \tag{8.77}$$

典型参数值为：

（1）$f_{\min}=1$、$\alpha=1$、$D_{\max}=1$，β 为可变值。

（2）$f_{\min}=0$、$\alpha=1$、$D_{\max}=1$，β 为可变值，Webull 型应力-应变曲线。

5）线性软化损伤演化规律

该演化规律需要四个参数 $f_{\min}$、$f_{\max}$、$D_{\max}$ 和 D_{final}，失效指标值：

$$\varphi(f)=\begin{cases}0 & f<f_{\min}\\D_{\max}\times\dfrac{f_{\max}}{f}\times\dfrac{f-f_{\min}}{f_{\max}-f_{\min}} & f_{\min}\leqslant f<f_{\max}\\D_{\text{final}} & \text{其他}\end{cases} \tag{8.78}$$

典型参数值为：$f_{\min}=1$、$D_{\max}=1$，$f_{\max}$ 为可变值，形成双线性应力-应变曲线。

8.4 第一伪晶粒失效模型

与控制 RVE 计算中断与否的失效模型不同，第一伪晶粒失效模型（First Pseudo-Grain failure model，FPGF）中 RVE 的破坏是渐进的，刚度会像损伤建模时那样逐渐降低。该模型是专门为短纤维增强聚合物复合材料而开发的。

8.4.1 FPGF 模型-伪晶粒的概念

图 8.14 为短纤维夹杂增强复合材料伪晶粒的概念，其中 RVE 是 FPGF 模型的核心。

在纤维增强的真实复合材料中，纤维由取向分布（通常由取向张量表示）来描述。FPGF 模型的基础是将取向分布离散为有限数量的完全对齐的晶粒（称为"伪晶粒"）。

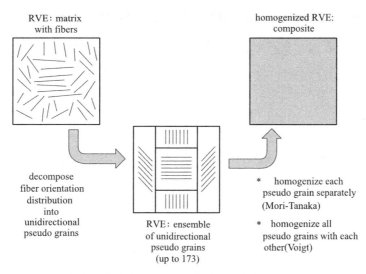

RVE: matrix
with fibers

homogenized RVE:
composite

decompose
fiber orientation
distribution
into
unidirectional
pseudo grains

RVE: ensemble
of unidirectional
pseudo grains
(up to 173)

* homogenize each
pseudo grain separately
(Mori-Tanaka)

* homogenize all
pseudo grains with each
other(Voigt)

图 8.14　纤维取向分布（左上）、伪晶粒（底部）和 RVE（右上）

单一的伪晶粒可以看作是一个包含基体相和纤维相内部排列的两相复合材料。实际上，伪晶粒是一种数值伪影，在真实的复合材料中是看不到的。这一概念主要用于对呈现非固定夹杂取向的 RVE 进行平均场均匀化。须理解的是，每个伪晶粒相当于一个角段，表示角空间的一个唯一区域，其中的夹杂被模拟成完美的排列，表征不同的取向状态。在夹杂取向为随机 3D 情况下，所有伪晶粒的重要性都是相同的，否则某些取向状态总是比另外一些取向状态更重要。为此，每个伪颗粒分配了一个权重，如果夹杂倾向于在更具体的方向上排列，则表示这些方向的伪晶粒比其他伪晶粒获得更大的重量。换言之，如果夹杂在 RVE 中强排列，则只需少量的伪晶粒来表示这种取向状态，这些伪晶粒获得较大的重量，而其他伪晶粒获得很低的重量。

伪晶粒的数量由角度增量的数量定义。角度增量越大，伪晶粒的数目就越大，并且在角度长度上越细，可提高计算精度。

8.4.2　伪晶粒的均匀化

施加在 RVE 上的外部载荷在伪晶粒上重新分布，使得每个伪晶粒处于特定的应力/应变状态。与应变载荷方向对齐的伪晶粒在该方向上获得高应力和低应变，而横向定向的伪晶粒在该方向上的应力较小但应变较大。

为了计算单个伪晶粒的应力/应变状态，首先对基体相和夹杂进行均匀化，并使用 Mori-Tanaka 方法分别均匀化每个伪晶粒；然后，利用等应变 Voigt 方法将伪晶粒彼此均匀化以计算整个 RVE 的应力/应变状态；最后，预测宏观复合材料的应力/应变。

8.4.3　FPGF 失效指标的应用

失效指标可应用于伪晶粒的相或表征复合材料的伪晶粒（常用方式）。图 8.15 显示了如何分配伪晶粒失效指标。与在复合材料上或其组成的不同阶段对整体 RVE 应用失效指标不同，伪晶粒失效指标可在 RVE 未完全失效的情况下应用。

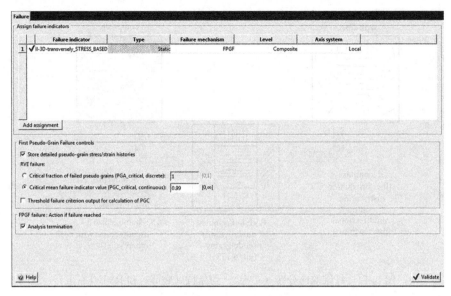

图 8.15　伪晶粒失效指标的分配

8.4.4　伪晶粒法的优点

（1）提高检测失效的分辨率：FPGF 单独计算一组 k 伪晶粒失效指标，而不是仅计算宏观复合材料失效指标。对齐和横向伪晶粒分开考虑使得检测 RVE 失效的分辨率更高。此外，可获得 RVE 失效状态的灰色区域，并在不完全破坏 RVE 的情况下启动失效分析。

（2）从实验数据中识别失效标准：单向哑铃拉伸试验会产生一些强度阈值，在对齐方向 x_{t1} 上提供复合拉伸强度；在横向 x_{t2} 上提供复合拉伸强度（图 8.16）。

（3）FPGF 失效指标设置简单：x_{t1} 阈值对应纤维方向上伪晶粒的断裂强度，x_{t2} 阈值对应纤维横向的伪晶粒断裂强度，即单个伪晶粒被转化为单向复合材料。

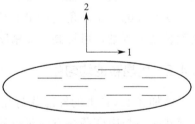

图 8.16　伪晶粒局部坐标系设置

8.4.5　FPGF 失效指标输出

无论材料定律中设置多少个失效指标，总有一个 FPGF 输出。该输出包含 PGA 和 PGC 的值，并将 RVE 的全局响应与 FPGF 失效准则结合在一起。利用 PGA 和 PGC 设置伪晶粒的失效准则主要通过以下两个临界数值来实现：

（1）失效伪晶粒的临界分数（PGA）；

（2）失效标准的临界平均值（PGC）。

对于失效 RVE 的定义，PGA 和 PGC 之间的选择是互斥的。如果选择 PGA，FPGF 输出只包含 PGA 的当前值。

（1）PGA 是临界失效伪晶粒的重量分数与伪晶粒总重量的比值，阈值为 1。当输出值达到 1 时，RVE 不安全。

$$PGA = \frac{\sum\limits_{k=1}^{N} w_k F_k}{PGA_{\text{critical}}} \tag{8.79}$$

式中，N 为伪晶粒总数；w_k 为单个伪晶粒重量，反映其对纤维取向分布的相对贡献；如果伪晶粒正常，则 F_k 等于 0；如果伪晶粒失效，则 F_k 等于 1。

（2）PGC 是临界失效准则与伪晶粒总重量的加权平均值，主要优点是其不断演变。禁用或激活残余失效准则选项具有不同的计算方法：

- 禁用时，PGC 为：

$$PGC = \frac{\sum\limits_{k=1}^{N} w_k f_k}{PGC_{\text{critical}}} \tag{8.80}$$

式中，f_k 为伪晶粒 k 计算失效准则。

- 激活时，PGC 为：

$$PGC = \frac{\sum\limits_{k=1}^{N} w_k \max(f_k, 1)}{PGC_{\text{critical}}} \tag{8.81}$$

对于输出多个失效指标（基于分量和 Hashin）的准则，计算每个指标值，保留最大值。

8.4.6　积分点（RVE）的失效

在 Digimat 中，即使部分伪晶粒尚未破碎，RVE/积分点的失效模拟仍可进行。换言之，在某一临界状态下，RVE 失效瞬间发生，此时，RVE 可认为是完全断裂的。失效状态紧跟预先设置的 FPGF 主输出，其中任一输出超过相应的临界值时，RVE 就被诊断为断开。在显式 FE 分析中，如果选中了相应的复选框，FE 删除单元点集合；而在隐式有限元分析（Digimat-MF）中，分析停止。

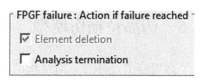

图 8.17　FE 中单元删除

当临界输出达到 1 时，RVE 失效。GUI 中两个选项都有一个复选框（图 8.17）。默认情况下，Digimat-MF 终止分析，Digimat CAE 取消激活和删除单元。

8.4.7　微观结构 FPGF

严格意义讲，伪晶粒是两相复合材料，但在 Digmat 中 FPGF 可以用于一些特定的三相复合材料。此外，以往 FPGF 仅限于描述单层 RVE 的失效机制，不适用多层微观结构。但多层结构详细描述了整个厚度的取向分布，可以更精确地计算复合材料 RVE 的失效。在 Digmat 将单层微观结构的 FPGF 进一步扩展到多层微观结构。

8.4.8　N 相复合材料

FPGF 可应用于某些特殊的多相 RVE，如由两个夹杂增强的基体相 RVE。其中一个夹杂的取向须用取向张量来描述，另外一个的取向必须固定。

多夹杂均匀化方法、多层次方法和多步方法均可用于计算基于 FPGF 模式 RVE 的整体响应。对于典型的两相复合材料，失效指标和 FPGF 输出写入 $*.$mac 文件或 $*.$mtx 文件取决于 FPGF 失效准则是应用于宏观层面还是伪晶粒的基体层面。

8.4.9 多层材料

FPGF 方法可以应用于多层材料，其工作原理与单层材料相同。FPGF 失效指标可以应用于复合材料层，也可应用于伪晶粒的相层。由于 FPGF 用张量设置夹杂的取向，仅需要在取向张量描述夹杂取向的各层指定失效指标。

（1）RVE 失效约定：对于多层材料，当在 RVE 中设置的所有层达到 PGA 或 PGC 临界值时，RVE 发生失效。这个规定是为了与大多数 FE 软件中删除单元的方法保持一致（当单元的所有集合点都失效时，单元被删除）。

（2）FPGF 输出：如果在宏观层面指定了失效指标，则应用 FPGF 所有层的输出都按以下约定写入宏观文件（.mac 文件）：$FPGF_i$（i 为层编号）。多层结构特殊性在于每一层都有一个基于伪晶粒实际应力/应变比值超过应力/应变极限的失效状态。这些输出将写在同一个文件中，且使用类似的约定，即 $f1A_i$ 和 $f1B_i$。如果将失效指标分配给基体或夹杂，则失效指标和 FPGF 输出将写入应用 FPGF 每个层的基体文件中（.mtx 文件）。

需要注意以下两点：

（1）如果 FPGF 和标准失效指标设置在同一级别，则复合材料的失效由 FPGF 模型而不是由标准失效指标驱动。

（2）当在宏观层面设置标准失效指标时，从宏观尺度而不是伪晶粒计算应力或应变场。

8.5 伪晶粒损伤模型

高周疲劳（HCF）对结构的寿命评估具有重要意义。在工业中，许多结构都要经受大量的力、热或振动循环。Digimat 提供了一个唯象材料模型，主要预测高循环次数下短纤维增强塑料（SFRP）的寿命。该模型在伪晶粒尺度采用宏观失效指标，可与平均应力敏感度相关，能够预测任意纤维取向和多轴载荷的 S-N 曲线。

8.5.1 原理

伪晶粒 HCF 模型主要描述材料宏观力学状态在施加的最大应力 σ_{max} 和最小应力 σ_{min} 之间振荡（图 8.18）。这种方法在宏观层面上建立模型，而不是对每个损伤机制分别进行显式建模。同时，在一定的循环次数后，材料强度降低以致破坏。

这种方法使得失效指标应用更直观，其强度参数（以应力振幅 S_a 为单位）随循环次数而减小。根据相同的推理，可以通过设置强度参数与荷载比 R 的相关性来说明平均应力敏感性：

$$S_a = \frac{1}{2}(\sigma_{max} - \sigma_{min}), R = \frac{\sigma_{min}}{\sigma_{max}} \tag{8.82}$$

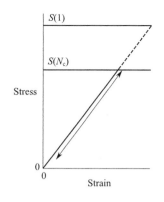
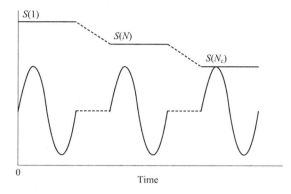

图 8.18　伪晶粒 HCF 唯象模型

1）疲劳破坏指标

多轴破坏准则在 SFRP 静、动态破坏分析中得到了很好的验证，也可用于计算复合材料和伪晶粒的疲劳寿命计算。两相虚拟单向复合材料中含有实际已分解的伪晶粒微观结构。对于代表循环加载振幅的宏观应力状态，失效指标应用从以下操作开始：

（1）采用均匀化方法计算相应的应变状态。

（2）根据 Voigt 模型计算该状态下伪晶粒的应力。

（3）计算 Tsai-Hill 3D 横观各向同性准则的应力和循环次数 N。

$$f(N)=\frac{\sigma_{\mathrm{L}}^{2}}{S_{\mathrm{L}}^{2}(N)}+\frac{\sigma_{\mathrm{T1}}^{2}+\sigma_{\mathrm{T2}}^{2}}{S_{\mathrm{T}}^{2}(N)}-\frac{\sigma_{\mathrm{L}}(\sigma_{\mathrm{T1}}+\sigma_{\mathrm{T2}})}{S_{\mathrm{L}}^{2}(N)}+\left(\frac{1}{S_{\mathrm{L}}^{2}(N)}-\frac{2}{S_{\mathrm{T}}^{2}(N)}\right)\sigma_{\mathrm{T1}}\sigma_{\mathrm{T2}}+\frac{\sigma_{\mathrm{LT1}}^{2}+\sigma_{\mathrm{LT2}}^{2}}{S_{\mathrm{LT}}^{2}(N)}$$
$$+\left(\frac{4}{S_{\mathrm{T}}^{2}(N)}-\frac{1}{S_{\mathrm{L}}^{2}(N)}\right)\sigma_{\mathrm{TT}}^{2} \tag{8.83}$$

式中，σ_{L} 为纵向应力振幅；σ_{T1} 和 σ_{T2} 为横向应力振幅；σ_{LT1} 和 σ_{LT2} 纵向和横向之间的剪应力振幅；σ_{TT} 为垂直于纵向的平面内的剪应力振幅；$S_{\mathrm{k}}(N)$ 为破坏时的纵向、横向和剪切振幅。

（4）根据循环次数计算宏观层面的平均失效指标，其中 w_i 为微观结构（取向张量）等效伪晶粒分解权重。

$$f_{\mathrm{composite}}(N)=\sum_{i=1}^{n}w_{i}f_{i}(N) \tag{8.84}$$

（5）计算临界循环数 N_{c}，主要通过改变循环数次数 N 直到：

$$f_{\mathrm{composite}}(N_{\mathrm{c}})=1 \tag{8.85}$$

2）平均应力敏感性

平均应力敏感性是指按平均应力进行循环加载下材料的表观强度。

$$S_{\mathrm{m}}=\frac{1}{2}(\sigma_{\mathrm{min}}+\sigma_{\mathrm{max}}) \tag{8.86}$$

事实上，由于蠕变或压缩效应，这种强度是变化的，从而使得不同的平均应力在相同的循环次数下会产生不同的应力振幅。平均应力敏感性通常以恒定寿命图表示（CLD，图 8.19），其包含的信息与通常恒定荷载比下获得的 $S\text{-}N$ 曲线相同。$S\text{-}N$ 曲线出现在从原点延伸的斜线上。应力振幅和平均应力通过以下公式联系起来。

$$S_a = \frac{1-R}{1+R} S_m \qquad (8.87)$$

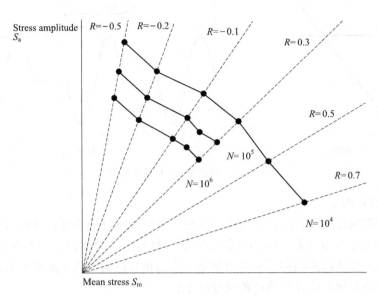

图 8.19 玻璃纤维增强聚酰胺样品等寿命图

复合材料的 CLD 不一定表现出金属材料的典型特征,尤其当降低应力振幅($R \rightarrow 1$)时,寿命线不会收敛到相同的平均应力。实际上,材料循环加载直到失效最大可承受平均应力为极限强度,此时,应力振幅消失。然而,长期应力振幅衰减试验与蠕变试验(强度小于 UTS)比单调拉伸直至失效试验更具可比性。因此,将恒定寿命线外推到 $R=1$ 时,蠕变强度的失效时间用等效循环次数代替。

为了量化上述失效指标中的平均应力灵敏度,其强度参数需引入一个与平均应力相反的自变量,这个自变量与荷载比 R 相关。因此,除了参考荷载比 R_{ref} 处的单向 S-N 曲线外,还应分离 N 和 R 相关性,并通过应力振幅乘子 $\mu(R)$ 对失效指标进行参数化。

$$S(N,R) = \mu(R) S(N, R_{ref}) \qquad (8.88)$$

最后,应力振幅乘子的实用公式包含一个分段函数,该函数产生分段线性 CLD。当载荷比没有明确定义时,可由平均应力和应力振幅计算。例如,单轴载荷的荷载比为:

$$R = \frac{S_m - S_a}{S_m + S_a} \qquad (8.89)$$

8.5.2 设置方法

Digimat 中的伪晶粒疲劳分析(图 8.20)要求设置:

(1)疲劳失效指标(主要由 3 条单向 S-N 曲线组成);

(2)平均应力敏感函数(主要包括恒定寿命图);

(3)基础分析项目。

1)设置疲劳失效指标

疲劳失效指标器主要由 3 条单向 S-N 曲线组成(图 8.21)。

(1)纵向 S-N 曲线:将纵向(0°荷载)应力振幅 S_L 设置为循环次数 N 的函数。

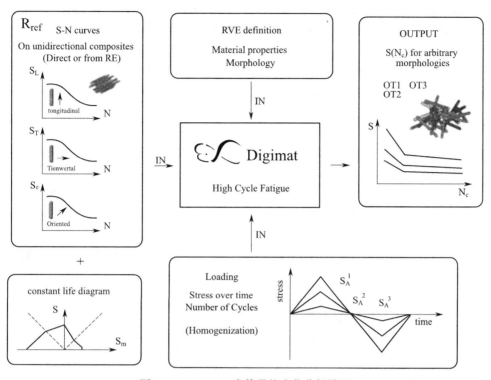

图 8.20　Digimat 中伪晶粒疲劳分析设置

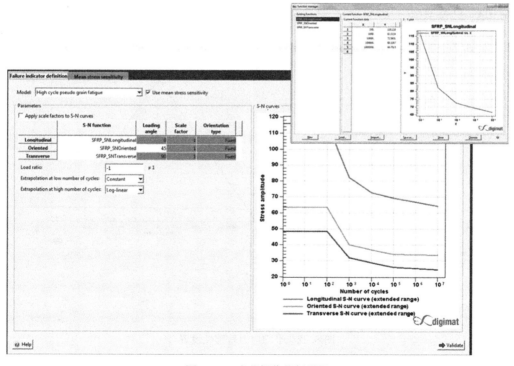

图 8.21　疲劳损伤指标设置

（2）定向 S-N 曲线：将定向（$\theta°$ 荷载）应力振幅 S_θ 设置为循环次数 N 的函数，该振幅根据纵向和横向应力振幅和角度 θ 进一步转换为剪切应力振幅 S_{LT}。

（3）横向 S-N 曲线：将横向（$90°$ 荷载）应力振幅 S_T 设置为循环次数 N 的函数。

要设置每个 S-N 曲线，须创建一个函数并将其分配给纵向/定向/或横向 S-N 曲线。所有 S-N 曲线在其初始设置范围内必须是严格的递减函数，即满足以下条件：

$$\frac{\Delta S}{S \times \Delta(\log N)} \leqslant -\alpha_{\min} \text{ for } i=\{1,n-1\} \tag{8.90}$$

$\alpha_{\min}$ 的默认值为 10^{-3}，即应力振幅每十年减少 0.1%。可通过积分参数选项卡中的"S-N 曲线的最小相对斜率（Minimum relative slope of the S-N curves）"选项更改此默认值，或者完全取消这些检查。如果使用平均应力灵敏度，则 S-N 曲线需要与荷载比相关联，也可在其他选项卡选中"使用平均应力敏感度（Use mean stress sensitivity）"选项进行设置。

最后，检查标准化曲线：$S(N)=k_0 S(N)$，为一个或多个 S-N 曲线分配相同的函数 $S_0(N)$ 及不同的比例因子 k。这一设置暗含如下假设：对于不同的加载角度，相对强度随循环次数 $S^*(N)$ 的变化是相同的，但绝对强度是不同的。因此，如果 $R=-1$，微观结构灵敏度将集中在 S-N 曲线截距（即 $S(N)=1$）等于 UTS 上。

$$S(N,R=-1)=kUTS_0 S^*(N,R=-1)=UTSS^*(N,R=-1) \tag{8.91}$$

2）设置平均应力敏感度

平均应力敏感性设置主要包括代表单向复合材料行为的恒定寿命图（CLD）（图 8.22）。除了一般的分段线性类型外，DIGIMAT 提供了几种对应于不同的输入参数集简化 CLD 类型。

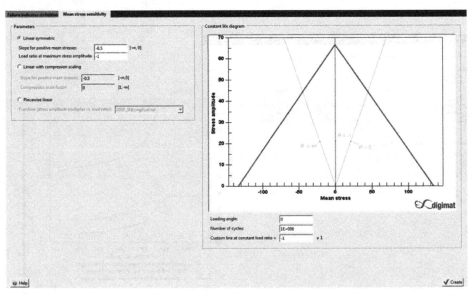

图 8.22 平均应力敏感性设置

（1）线性对称 CLD

① 当 R 从给定值（最大应力振幅）增加到 1 时，应力幅值随平均应力的线性减小，

且具有恒定的斜率；

② 平均应力在 R 区间之外的对称演化。

（2）具有压缩标度的线性 CLD：

① 当 R 从 -1 增加到 1 时，应力振幅与平均应力在恒定（负）斜率下呈线性下降；

② 当平均应力减小到对应于由给定的压缩比例因子乘以最大平均应力的最小值时，相同的最大应力振幅减小到 0。

③ 在剩余的时间间隔内有一个恒定的（最大）应力幅值。

（3）在通过函数管理器导入应力幅度与 R 相关的函数之后线性 CLD 分段参数化。根据方程 8.88，该函数乘以单向 S-N 曲线，以描述伪晶粒平均应力灵敏度。因此，需要将等于 1 的应力振幅乘子与单向 S-N 曲线的荷载比相关联。

3）基础分析定义

除了疲劳失效指标和平均应力敏感度外，伪晶粒疲劳分析还需要设置基础分析项目：

（1）（黏）弹性材料；

（2）两相微观结构；

（3）单层或多层 RVE；

（4）循环应力荷载。

循环应力载荷包括循环次数或已设置的应力振幅失效指标。不涉及临界循环周期前恒定振幅的应力历史。然而，其产生的 S-N 曲线视为与此类计算等效，即在给定载荷比 R 下的应力振幅 S_a。对于平均应力非敏感模型，该载荷比对应于设置疲劳失效指标的单向 S-N 曲线之一。

需要注意：在计算一系列应力幅值的 S-N 曲线时，采用二分法计算相应的临界循环次数。可在积分参数选项卡的高周疲劳控制选项编辑该算法的参数，其误差为平均失效指标设置的误差目标。在不收敛之前，二分法的迭代次数设置了算法的最大迭代次数。

8.6　基体疲劳损伤模型

Digimat 中的基体高周疲劳损伤模型主要基于双尺度热力学复合材料损伤模型。该模型基于微观尺度发生损伤的假设，其核心思想在于：高循环疲劳（或准脆性材料）下材料损伤和塑性变形主要发生在微观尺度，对材料宏观热弹性行为没有影响。DIGIMAT 提供一个基于微观力学的弱微观夹杂模型，该模型在热弹性介观 RVE 中受到塑性和损伤，并由修正 Eshelby-Króner 局部化定律实现介观和微观之间的尺度转换。

8.6.1　双尺度模型的一般概念

在介观尺度上，RVE 的弹性定律如下：

$$\varepsilon^e = \frac{1+\nu}{E}\sigma - \frac{\nu}{E}\mathrm{Tr}\sigma_1 \tag{8.92}$$

在微观尺度上，考虑了弹塑性与损伤的耦合规律，不考虑黏度，其本构方程组为：

$$\varepsilon_\mu = \epsilon_\mu^e + \varepsilon_\mu^p$$

$$\varepsilon_\mu^e = \frac{1+\nu}{E}\widetilde{\sigma}_\mu - \frac{\nu}{E}\mathrm{Tr}\widetilde{\sigma}_\mu 1 = (a^e)^{-1} : \widetilde{\sigma}_\mu$$

$$\dot{\varepsilon}_\mu^p = \frac{3}{2}\frac{\widetilde{\varepsilon}_\mu - X_\mu}{(\widetilde{\sigma}_\mu - X_\mu)_{eq}}\dot{p}_\mu \tag{8.93}$$

$$\frac{\mathrm{d}}{\mathrm{d}t}\left(\frac{X_\mu}{C_y}\right) = \frac{2}{3}\dot{\varepsilon}_\mu^p(1-D)$$

$$\dot{D} = \left(\frac{Y_\mu}{S}\right)^q \dot{p}\,(p_\mu > p_\mu^D)$$

式中，C_y 为塑性模量；S 为损伤强度；q 为损伤指数；$\widetilde{s}_\mu$ 表示弹性刚度矩阵中 $\widetilde{\sigma}_\mu$ 和 a^e 的偏差部分，X_μ 为微观尺度上的线性运动应力。

屈服应力取决于材料的渐近疲劳极限，表示为 σ_f^∞ 型：

$$f_\mu = (\widetilde{\sigma}_\mu - X_\mu)_{eq} - \sigma_f^\infty \left(\widetilde{\sigma}_\mu = \frac{\sigma_\mu}{1-D}\right) \tag{8.94}$$

其中，$f_\mu < 0$ 为弹性域，当 D 达到临界损伤值 D_c 时，裂纹开始出现。损伤演化方程 (8.94) 中函数 Y_μ（也称为弹性能量密度）如下：

$$Y_\mu = \frac{1+\nu}{2E}\left[\frac{\langle\sigma_\mu\rangle^+ : \langle\sigma_\mu\rangle^+}{(1-D)^2} + h\frac{\langle\sigma_\mu\rangle^- : \langle\sigma_\mu\rangle^-}{(1-hD)^2}\right] - \frac{\nu}{2E}\left[\frac{\langle\mathrm{Tr}\sigma_\mu\rangle^2}{(1-D)^2} + h\frac{\langle-\mathrm{Tr}\sigma_\mu\rangle^2}{(1-hD)^2}\right] \tag{8.95}$$

式中，$\langle\sigma\rangle^+$ 和 $\langle\sigma\rangle^-$ 分别为应力张量的主值的正和负部分。由于微缺陷闭合参数 h 的存在，该方程导致了压缩损伤比拉伸小。

微观尺度损伤方程是完全非线性的，损伤演化由微分方程给出。从介观尺度到微观尺度的转变由 Eshelby-Króner 局部化定律控制（或自洽局部化定律）：

$$\sigma_\mu = \sigma - 2\mu(1-b)\varepsilon_\mu^p \tag{8.96}$$

式中，b 通过将 Eshelby 张量分解为球面部分和偏轴部分给出，即 $S_E : \mathbf{1} = a_1$ 和 $S_E : \mathbf{X}^D = b\mathbf{X}^D$（$\mathbf{X}^D$ 表示任何偏轴张量）。对于球形夹杂，参数 a 和 b 由下式给出：

$$\begin{cases} a = \dfrac{1+\nu}{3(1-\nu)} \\ b = \dfrac{2}{15}\dfrac{4-5\nu}{1-\nu} \end{cases} \tag{8.97}$$

利用式(8.92) 和式(8.93) 中给出的表达式代替式(8.97) 中的 σ 和 σ_μ，可得到细观尺度的应变：

$$\varepsilon_\mu = \frac{1}{1-bD}\left\{\varepsilon + \frac{(a-b)D}{3(1-aD)}\mathrm{Tr}\varepsilon_1 + b\left[(1-D)\varepsilon_\mu^p - \varepsilon^p\right]\right\} \tag{8.98}$$

Digimat 中假设介观尺度上的弹性行为遵循微观应变场：

$$\varepsilon_\mu = \frac{1}{1-bD}\left\{\varepsilon + \frac{(a-b)D}{3(1-aD)}\mathrm{Tr}\varepsilon_1 + (1-D)b\varepsilon_\mu^p\right\} \tag{8.99}$$

对于均匀材料，介观应变 ε 转化宏观应变 $\overline{\varepsilon}$ 并作为边界条件施加到 RVE 上。但对于复合材料，介观应变 ε 通过于 Mori-Tanaka 均匀化方法转换为与宏观应变相关的基体相应变：

$$\varepsilon = \langle \varepsilon \rangle_{\omega 0} = (\boldsymbol{B}^{\varepsilon})^{-1} : A^{\varepsilon} : \overline{\varepsilon} \tag{8.100}$$

随着时间的增加 $[t_n, t_{n+1}]$，若在时间 t_{n+1} 知道介观应变场，则微观场是下列非线性方程组求解：

$$\begin{cases} \varepsilon_{\mu}(t_{n+1}) = \varepsilon_{\mu}^{e}(t_{n+1}) + \varepsilon_{\mu}^{p}(t_{n+1}) \\ = \dfrac{1}{1 - bD(t_n)} \left\{ \varepsilon(t_{n+1}) + \dfrac{(a-b)D(t_n)}{3(1 - aD(t_n))} \mathrm{Tr}\varepsilon(t_{n+1}) \mathbf{1} + [1 - D(t_n)] b\varepsilon_{\mu}^{p}(t_{n+1}) \right\} \\ \varepsilon_{\mu}^{e}(t_{n+1}) = (a^{e})^{-1} : \widetilde{\sigma}_{\mu}(t_{n+1}) \\ \Delta\varepsilon_{\mu}^{p} = \dfrac{3}{2} \dfrac{\overline{s}_{\mu}(t_{n+1}) - X_{\mu}(t_{n+1})}{(\overline{\sigma}_{\mu}(t_{n+1}) - X_{\mu}(t_{n+1}))_{eq}} \Delta p_{\mu} \\ \Delta X_{\mu} = \dfrac{2}{3} C_{y} [1 - D(t_n)] \Delta\varepsilon_{\mu}^{p} \\ \Delta D = \left(\dfrac{Y_{\mu}}{S} \right)^{q} \Delta p \, (p_{\mu} > p_{\mu}^{D}) \end{cases} \tag{8.101}$$

Desmorat 等人（2007）提出了一种隐式格式来执行非线性方程组 8.101 的双尺度时间积分。该算法的主要优点是不需要任何迭代就可以计算微观尺度上的场。当损伤参数 D 达到临界损伤参数 D_c 时，循环施加到 RVE 的边界上。若基体相破坏，则停止分析。

8.6.2 循环跳跃程序

当需要大量周期来达到材料的失效时，尤其当临界周期数变大时（10^4、10^8 等），CPU 实现逐步时间迭代过程耗时较大。Lemaitre 和 Doghri（1994）提出了一个简单的周期跳跃过程，以确定临界周期数。累积塑性应变和任意循环次数 $N + \Delta N$ 损伤演化参数的一阶 Taylor 级数展开如下：

$$\begin{cases} p(N + \Delta N) \approx p(N) + \dfrac{\partial p}{\partial N}(N) \Delta N \\ D(N + \Delta N) \approx D(N) + \dfrac{\partial D}{\partial N}(N) \Delta N \end{cases} \tag{8.102}$$

其中，$\dfrac{\partial p}{\partial N}$ 和 $\dfrac{\partial D}{\partial N}$ 分别表示累积塑性应变增量和循环周期内损伤参数的增量 N。该近似假定在跳跃 ΔN 时，累积塑性应变和损伤参数相对于 N 线性发展。跳跃的循环块 ΔN 根据公式（8.102）定义如下：

$$\begin{cases} \Delta N \approx \dfrac{p(N + \Delta N) - p(N)}{\left(\dfrac{\partial p}{\partial N} \right)} = \dfrac{\Delta p}{\left(\dfrac{\partial p}{\partial N} \right)} \\ \Delta N \approx \dfrac{D(N + \Delta N) - D(N)}{\left(\dfrac{\partial D}{\partial N} \right)} = \dfrac{\Delta D}{\dfrac{\partial D}{\partial N}} \end{cases} \tag{8.103}$$

式中须设置 Δp 和 ΔD，决定程序的准确性。Lemaitre 和 Doghri（1994）提出了如下近似方法来评价 Δp 和 ΔD：

$$\Delta D=\frac{D_c}{n}\rightarrow\Delta p=\left(\frac{S}{Y(\Delta\tilde{\sigma})}\right)^{q}\Delta D \tag{8.104}$$

式中，n 是使用设置的参数（默认值 $n=50$）。

首先估算 ΔD，然后使用损伤演化规律从 ΔD 中推导 Δp。然后，根据 $\Delta\tilde{\sigma}$ 计算函数 Y。$\Delta\tilde{\sigma}$ 代表 N 次循环时的有效应力振幅：$\Delta\tilde{\sigma}=(\tilde{\sigma}_{max}-\tilde{\sigma}_{min})/2$。跳变的 ΔN 循环块最终为：

$$\Delta N=\min\left\{\frac{\Delta p}{\left(\frac{\partial p}{\partial N}\right)},\frac{\Delta D}{\left(\frac{\partial D}{\partial N}\right)}\right\} \tag{8.105}$$

如果 $p>p_D$，最终跳跃循环计算可以归为以下几步：

（1）对任意一次循环，计算 $\frac{\partial p}{\partial N}$，$\frac{\partial D}{\partial N}$，$\Delta\tilde{\sigma}$；

（2）由公式(8.104)计算 Δp 和 ΔD；

（3）由公式(8.105)计算 ΔN；

（4）升级公式(8.102)中的 $p(N+\Delta N)$ 和 $D(N+\Delta N)$。

由于上述方法基于启发式算法，某些情况下跳转循环过程可能会无法正常工作。可在积分参数选项卡的高周疲劳控制选项中更改 n 值。但经验表明，默认 $n=50$ 会产生非常好的结果，CPU 计算时间可以接受。

8.6.3　模型参数

疲劳行为由在基体上使用的高周损伤材料参数定义：

（1）E，ν 和 C_y：由单调拉伸曲线确定；

（2）S，q 和 σ_f^{∞}：由材料的 Wholer 曲线上确定；

（3）临界损伤 D_c：小于 1；

（4）损伤阈值 p_D：正参数，表示损伤可累积的塑性水平；微缺陷闭合参数 h：$0\leqslant h\leqslant 1$，与材料本质有关。

第 9 章　加　　载

9.1　机械加载

机械加载是 Digmat-MF 中最常用的加载类型，包含动态和静态两种模式。机械加载的完整设置分为两步：选择载荷类型和时间历史以及设置载荷的大小（图 9.1）。在 Digimat-MF 中，材料点或代表体单元（RVE）的输入边界条件包括应变、应力、动应变和动应力分量四种，只能在宏观或复合层面应用，不适用相层面。

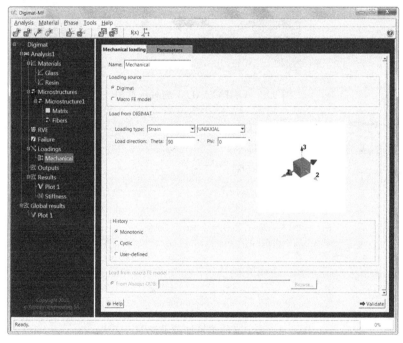

图 9.1　机械加载窗口

9.1.1　应变加载

对于每种类型的应变加载，都要设置初始应变（Initial strain）和峰值应变（Peak strain）。Digimat-MF 计算过程中，在 RVE 边界上设置初始应变，当计算应变达到峰值时，运行终止。为了考虑材料响应中的速率效应，还可设置加载速率。默认情况下，使用准静态加载（Use quasi-static loading）选项；当需要考虑材料响应中的黏性效应时，可设置加载应变率（Define loading strain rate）和应变值。

1）不使用有限应变选项

(1) UNIAXALL_1：施加单轴应变分量 11，方向默认设置 $\theta = 90°$ 和 $\varphi = 0$（图 9.3，可修改）。

(2) BIAXIAL1_2：施加双轴应变分量 11 和 22。

(3) SHEAR_12：（1，2）平面上施加剪切应变。

(4) BIAXIAL1_12：1 方向单轴应变和（1，2）平面内剪切应变组合。

(5) BIAXIAL1_23：1 方向单轴应变和（2，3）平面内剪切应变组合。

(6) GENERAL_2D：根据指定的 11、22 和 12 分量计算其他应变分量，使宏观 2D 应力状态的组合施加在（1，2）平面上。

(7) GENERAL_3D：在 RVE 的边界上施加宏观三维应变状态，指定六个应变分量。

(8) 松弛：增加宏观应变分量 11，直到峰值应变（须设置增量数，默认值为 10），保持应变不变，直到最终分析时间。

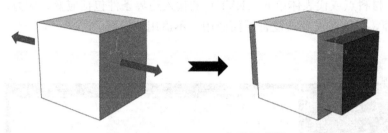

图 9.2　UNIAXIAL_1 加载示意图

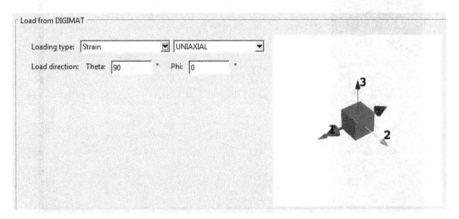

图 9.3　自定义的单轴加载示意图（应变）

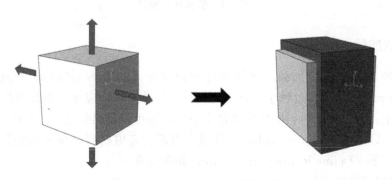

图 9.4　BIAXIAL1_2 加载示意图

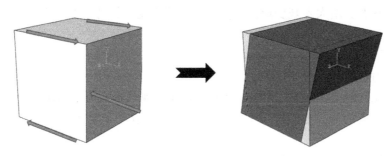

图 9.5　SHEAR_12 加载示意图

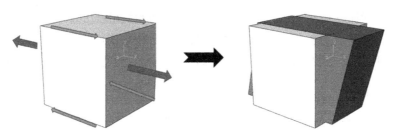

图 9.6　BIAXIAL1_12 加载示意图

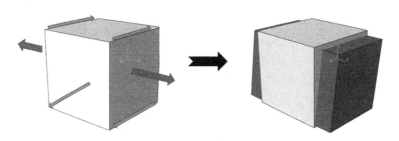

图 9.7　BIAXIAL1_23 加载示意图

2）使用有限应变选项

有限应变分析情况下，需使用变形梯度，而不是应变场。Digmat 中的使用有效应变选项（Using the Finite strain option），提供以下几种加载方式：

（1）UNIAXIAL_1：施加 1 方向单轴宏观变形梯度。自定义单轴加载方向可通过力加载选项卡的加载方向菜单中的 θ 和 φ。默认的 UNIAXIAL_1 的加载方向为 $\theta = 90°$ 和 $\varphi = 0$。

（2）BIAXIAL1_2：施加 1 和 2 方向双轴宏观变形梯度。

（3）SHEAR_12：施加以下宏观变形梯度：

$$\boldsymbol{F} = 1 + \gamma \boldsymbol{e}_1 \otimes \boldsymbol{e}_2 \tag{9.1}$$

式中：1 表示恒等张量，$\boldsymbol{e}_2$ 表示垂直于滑动面，$\boldsymbol{e}_1$ 表示滑动面上的滑动方向。Digmat-MF 计算（1，2）平面上的剪应力状态以及 Cauchy 应力张量分量：s_{11}、s_{22} 和 s_{33}。

（4）BIAXIAL1_12：施加 11 和 12 组合产生的双轴宏观变形梯度。

（5）BIAXIAL1_23：施加 11 和 23 组合产生的双轴宏观变形梯度。

（6）松弛：在 RVE 的一个方向上施加单轴宏观变形梯度，自动计算其他分量以实现单轴宏观应力状态。增大宏观变形梯度，达到峰值应变并保持不变，直到分析时间为止。

9.1.2 应力加载

有四种应力载荷：

（1）UNIAXIALLY1：在 RVE 一个方向施加宏观单轴应力，自定义单轴加载方向可通过力加载选项卡的加载方向选项中的 θ 和 φ 参数来指定（图 9.8），默认单轴加载方向 $\theta=90°$ 和 $\varphi=0$。

（2）静水压力：施加宏观静水压应力。

（3）三轴应力：施加宏观三轴应力。

（4）蠕变：增加应力，达到峰值应力时保持不变（增量数量默认值为 10），直到分析时间。

对于每种类型的应力载荷，须设置初始应力/压力和峰值应力/压力值。在计算过程中，Digimat-MF 在 RVE 上施加宏观应力（σ_{11}，σ_{22}，σ_{12}，…），当达到峰值时，运行终止。

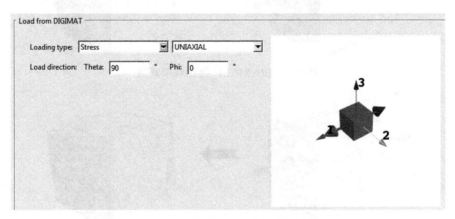

图 9.8　自定义单轴应力加载示意图

9.1.3 动应变

上述应变加载类型除松弛外均可采用动态加载。不再需要设置初始应变或峰值应变，而是需要设置每个动态应变分量的幅值和相位（Magnitude and Phase）（图 9.9）。动态荷

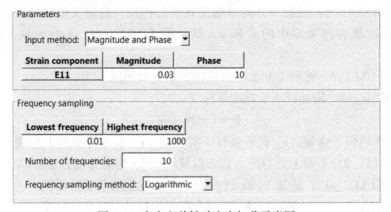

图 9.9　自定义单轴动应变加载示意图

载须通过设置振动频率来获得期望结果。频率通过基于最低频率、最高频率和频率数目的采样过程来确定。在计算过程中，Digimat-MF 按设定的频率在 RVE 边界上施加指定的宏观应变。当达到每个分量的限值时，运行终止。

9.1.4　动应力

与动应变加载类似，可以在 RVE 边界上施加三种类型的动应力荷载：单轴、静水和三轴。不需要初始应力/压力或峰值应力/压力值，而是设置每个动应力分量的幅值和相位（图 9.10）。动态加载需设置振动频率以获得期望结果，可通过基于最低频率、最高频率和频率数目的采样过程来确定。在计算过程中，Digimat-MF 按设定的频率在 RVE 边界上施加指定的宏观应力（σ_{11}，σ_{22}，σ_{12}，…）。当达到每个分量的限值时，运行终止。

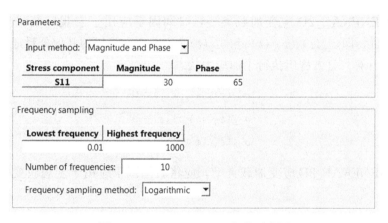

图 9.10　BIAXIAL1 _ 23 加载示意图

9.1.5　加载历史

对于非动态加载，除了指定加载类型外，还应指定应力历史。应力历史类型设置了缩放加载的时间因子 $f(t)$：

$$l(\sigma|\varepsilon,t)=f(t)L(\sigma|\varepsilon) \quad (9.2)$$

Digimat-MF 为力加载提供三种类型的历史加载：单调加载、循环加载和自定义加载。

（1）单调加载

从初始值到每个分量指定的峰值应用渐变加载。

（2）循环加载

包括从初始值到峰值和负值的连续加载/卸载峰值（图 9.11）。

（3）自定义加载

允许指定缩放加载的时间因子 $f(t)$。自定义加载需要创建一个函数并将其分配给加

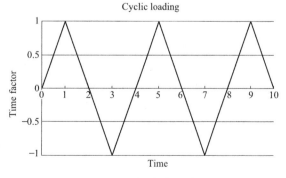

图 9.11　循环加载示意图

载类型。此函数可以缩放或覆盖设置的加载峰值。例如，可以设置每个循环具有不同的应变率，以及在不同方向上具有不同峰值的载荷，其峰值亦在不同的时间瞬间达到。

①对于单轴应变加载类型，时间因子主要应用于宏观应变张量的 11 个分量 $\varepsilon_{11}(t)$。对于单调和循环载荷，通过求解如下非线性方程组来计算宏观应变的分量 $\varepsilon_{22}(t)$ 和分量 $\varepsilon_{33}(t)$，这些方程近似于应力状态的应力相关关系（Doghri，2000）：

$$\begin{cases} \sigma_{22}(\varepsilon_{22},\varepsilon_{33})=0 \\ \sigma_{33}(\varepsilon_{22},\varepsilon_{33})=0 \end{cases} \tag{9.3}$$

②对于 SHEAR_12 应变加载类型，时间因子将应用于宏观应变的 12 分量 $\varepsilon_{12}(t)$。对于双轴载荷，在宏观应变张量的每个指定分量上施加时间因子。应变张量分量可以采用不同的时间因子。在这种情况下，当施加荷载时，应变张量分量之间的比率不是恒定的。

③对于 GENERAL_2D 应变加载类型，时间因子应用于宏观应变张量的每个分量 (1,2)-平面分量，即 $\varepsilon_{11}(t)$、$\varepsilon_{22}(t)$ 和 $\varepsilon_{12}(t)$。宏观应变张量的其他分量通过求解下列非线性方程组来计算，且方程组执行平面应力状态。

$$\begin{cases} \sigma_{13}(\varepsilon_{13},\varepsilon_{23},\varepsilon_{33})=0 \\ \sigma_{23}(\varepsilon_{13},\varepsilon_{23},\varepsilon_{33})=0 \\ \sigma_{33}(\varepsilon_{13},\varepsilon_{23},\varepsilon_{33})=0 \end{cases} \tag{9.4}$$

④对于 GENERAL_2D 应变加载类型，应将时间因子应用于宏观应变张量的所有六个分量。

9.2 疲劳加载

应用疲劳载荷的目的是计算 Digimat-MF 中的 S-N 曲线，该曲线与试验获得的曲线一致。可根据预定的循环次数或应力幅度范围计算 S-N 曲线。Digimat-MF 中进行的任何疲劳分析均假定为等温分析，主要应用于研究单轴应力载荷下材料点或 RVE 的力学行为。

9.2.1 循环次数

Digimat-MF 计算宏观 S-N 曲线的第一种方法是设置循环次数的最大值和最小值（图 9.12），代表了在 Digimat-CAE 疲劳界面框架下进行的 S-N 曲线计算。

为进一步获得目标 S-N 曲线，需要设置如下几个附加参数：

（1）加载比（Load ratio）：若疲劳失效指标包括平均应力灵敏度，需要设置加载比，即循环试验期间实际施加的最小和最大应力之比；

（2）频率（Frequence）：分析时涉及黏弹性基体时的频率；

（3）点数（Number of points）：在对数尺度上均匀分布的点的数量-最小和最大周期数之间。对于每个点，根据疲劳失效指标计算应力幅值，并给出微观结构的 S-N 曲线。

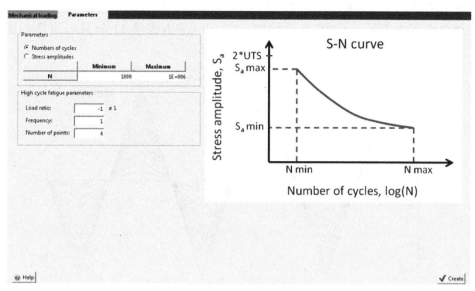

图 9.12　循环加载次数设置

9.2.2　应力幅值

Digimat-MF 计算宏观 *S-N* 曲线的第二种方法是定义应力振幅的最大值和最小值（图 9.13）。结合伪晶粒疲劳模型，代表了在 Digimat CAE 隐式有限元界面所进行的循环次数计算。

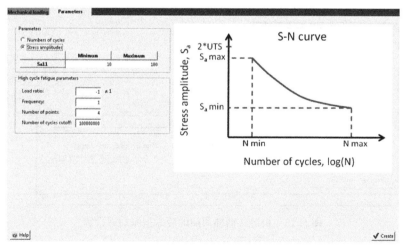

图 9.13　应力幅值设置

与循环次数类似，需要设置如下附加参数：

（1）荷载比和频率不适用于基体损伤模型：一方面，该模型不涉及与荷载比输入密切相关的平均应力灵敏度设置，另一方面，该模型涉及高周损伤基体。

（2）线性尺度上最小和最大应力振幅之间均匀分布点数目可能不会严格得到。如果某个应力振幅计算循环次数大于设置限值，则不考虑分析停止时和较小的应力振幅。对于基体损伤疲劳模型，当选择循环载荷时，在 RVE 的边界上应用载荷比 $R = \sigma_{\min}/\sigma_{\max} = -1$，相应的加载循环由 Digimat-MF 自动构建。Cauchy 应力张量 11 分量的演化如图 9.14 所示。

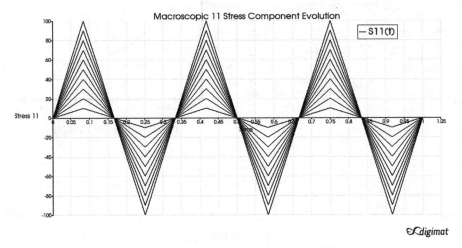

图 9.14　Cauchy 应力张量 11 分量随时间的演化图

自定义应力历史函数给出了 Cauchy 应力张量 11 分量随时间的演化过程，然后将单位周期乘以最小值和最大值之间的一个因子（图 9.15）。

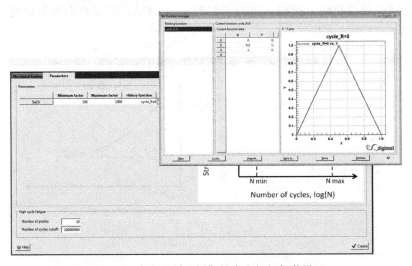

图 9.15　自定义循环周期的应力振幅加载设置

9.3　热机械加载

在 Digimat-MF 的热力学分析中，假设材料部分变形来自于施加在 RVE 边界上的温度载荷。通常用于评估注塑成型部件冷却过程中积聚的残余应力。热力学荷载的设置包含力荷载和热荷载两个步骤。

Digimat-MF 中热加有三类：单调、循环和自定义加载。加载历史设置了模拟时加

图 9.16　GUI 中热加载选项卡

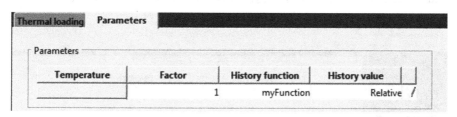

图 9.17　GUI 中参数选项卡

载随时间演变方式。其可与任何类型的力载荷相结合，输入的参数数量取决于选定的类型。

加载历史类型需要设置缩放加载的时间因子 $f(t)$：

$$l(\sigma|\varepsilon,t)=f(t)L(\sigma|\varepsilon) \tag{9.5}$$

（1）单调加载：从初始温度到峰值温度施加渐变荷载。

（2）循环加载：从初始温度到峰值温度和负峰值温度的连续加载/卸载（图 9.18）。

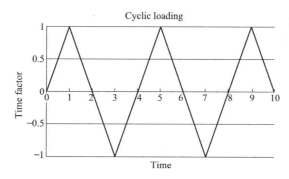

图 9.18　循环加载示意图（温度-时间）

（3）自定义加载：允许指定一个特定的时间因子 $f(t)$ 在模拟进行时缩放加载。为设置自定义加载，应创建一个函数并将其分配给热加载，此函数可以相对地或绝对地应用，即缩放或覆盖设置的温度初始值和峰值。

第 10 章 输出结果

10.1 输出管理

Digimat 提供了更多灵活和附加的输出选择（图 10.1），可以管理如下结果：

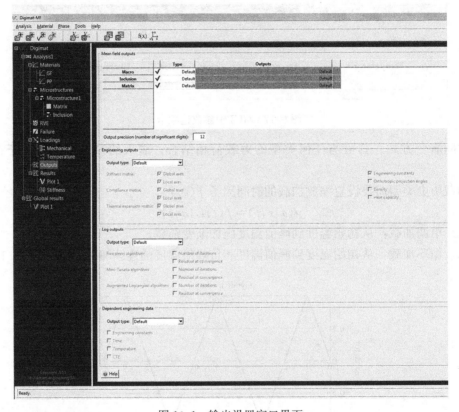

图 10.1 输出设置窗口界面

（1）各相输出文件；

（2）宏观输出文件；

（3）工程输出文件；

（4）弹性相关文件；

（5）疲劳结果（相关）。

Digimat 还提供了在多个级别管理输出的可能性：

（1）RVE；

（2）相。

10.1.1　材料模型可用的常规输出字段

在 Digimat-MF 图形用户界面的输出选项下，显示了宏观和相位级别的平均场输出选项卡（图 10.2）。

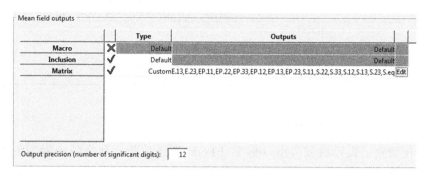

图 10.2　宏观和每相平均场输出

RVE 微观结构相的名称设置在右侧列，宏观是指 RVE。有三种输出方式：

（1）无：如果在相位名称设置红十字，则在该相位的输出中将不出现任何字段。

（2）默认：输出默认字段。

（3）自定义：可以选择输出哪些字段。

Digimat-MF 中材料可用的输出文件中所有默认输出字段摘要如表 10.1 所示。

材料模型默认输出　　　　　　　　　　　　　　　　　表 10.1

本构模型	默认输出	
（热）弹性模型	－ 分析时间：Time － 应变：E － Cauchy 应力：S	－ 体积变化：dVol(标量) － 温度场：Temp(标量)
（热）弹塑性（J_2-塑性和 Drucker-Prager） （热）弹黏塑性/黏弹-黏塑性模型	－ 分析时间：时间 － 应变：E － 塑性应变：EP	－ Cauchy 应力：S － 音量变化：dVol(标量) － 温度场：温度(标量)
	注意：在 RVE 级别，EP 不可用	
Chaboche 循环塑性模型	－ 分析时间：时间 － 应变：E － 塑性应变：EP	－ Cauchy 应力：S － 背压：X － 音量变化：dVol(标量)
	注意：在 RVE 级别，EP 和 X 不可用	
Lemaitre-Chaboche 损伤模型	－ 分析时间：时间 － 应变：E － 塑性应变：EP	－ Cauchy 应力：S － 损伤参数：D 坝 － 音量变化：dVol(标量)
	注意：在 RVE 级别，EP 和 dam D 不可用	
超弹性/热超弹性模型	－ 分析时间：时间 － 变形梯度：F － 左 Cauchy-Green 应变张量：LCG － Green-Lagrange 应变：E － 标称应变：NE － Cauchy 应力：S － Kirchhoff 应力：KS － 标称应力：NS	－ 左 Cauchy-Green 应变张量第一不变量：I1 － 左 Cauchy-Green 应变张量第二不变量：I2 － 左 Cauchy-Green 应变张量第三不变量：I3 － 极大不变量：IMAX － 音量变化：dVol

本构模型	默认输出	
Leonov EGP 模型	– 分析时间:时间 – Green-Lagrange 应变:E – Cauchy 应力:S	– 塑性应变:EP – 硬化应力:Sh – 驾驶压力:Sd
	注意:在 RVE 级别,EP、HS 和 DS 不可用	
Ohm 模型	– 电通量:J – 电压梯度:Vgrad	
Fourier 模型	– 热流:Hflux – 热梯度:Tgrad	

10.1.2 失效指标的特殊输出

根据分配级别、失效机制类型（标准/FPGF/渐进故障）和失效中触发的某些选项，在分配故障标准时，可以使用其他分配选项卡。这些选项在默认情况下是可用的，也可以自定义（图 10.3）。

（1）标准失效指标输出

如果一个或多个失效指标与复合材料的一个或多个相相关或 RVE，可选择输出或不输出（图 10.3）。默认情况下，输出相失效指标。如果 RVE 或相需要一个以上的失效指标，则将输出所有失效指标。

（2）渐进失效指标的输出

输出失效准则对于标准和渐进失效指标有不同的含义。渐进失效指标的计算基于有效（未损坏）应力张量 S_{Eff}，而不是标准或 FPGF 失效的表观（损坏）应力张量 S。此外，如果某个相或复合层面设置了至少一个渐进失效机制，则在相输出数据中提供两个新输出：

①损伤变量：D

②有效应力（及其不变量）：S_{Eff}

这些输出在相应的相或 RVE 中可用。默认情况下，只激活损伤变量输出。

（3）FPGF 输出

如果 FPGF 与复合材料的一个相关联或在 RVE 水平，可选择输出或不输出。默认情况下，输出文件以及相关的失效指标包含 FPGF 数据。

（4）多层失效的输出

如果多层失效控制适用，RVE 有两个额外的输出：

①FI_AVG：失效指标的平均值；

②FI_THK：失效层的厚度分数。

10.1.3 其他特定输出

特定输出选项的可用性首先取决于材料模型，其次取决于均匀化程序。默认情况下，这些输出是可用的（图 10.3）。

1）有限应变分析的特殊输出场

对于涉及超弹性材料和/或 Leonov 模型的分析，RVE 的微观结构可以在加载过程中

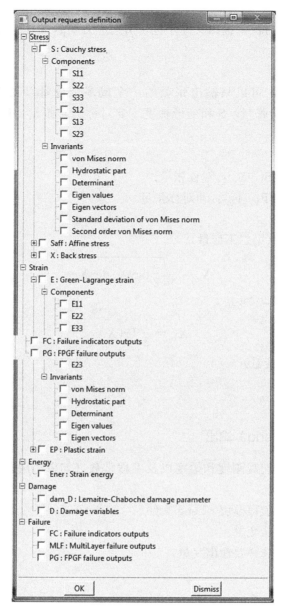

图 10.3　输出设置

演化。可通过夹杂的形状和取向演变来跟踪微观结构的演变：

（1）夹杂形态演变：夹杂形态

（2）夹杂取向演变：夹杂取向

2）特殊场与张量场

（1）二阶均匀化方法

①Cauchy 应力张量 **S** 的标准差和均方场

②Von Mises 标准差

③二阶 Von Mises 范数

（2）离散仿射方法

只有使用离散仿射方法，输出文件才包含仿射应力 $\mathbf{S}_{aff}$，但仅在设置了（热）弹黏塑性材料的相水平。

（3）张量场

在 Digimat-MF 中，可以只输出张量的一个或多个分量以及不变量。例如，对于 Cauchy 应力（对称二阶张量）$\mathbf{S}$ 和变形梯度（非对称二阶张量）$\mathbf{F}$，可以输出以下特定分量：

1）分量

- $S_{11}/S_{22}/S_{33}/S_{12}/S_{13}/S_{23}$：对称张量
- $F_{11}/F_{22}/F_{33}/F_{12}/F_{13}/F_{23}$：非对称张量

2）不变量

- Von Mises 范数（第二不变量）

$$X_{eq} = \sqrt{\frac{3}{2} \mathrm{dev}X : \mathrm{dev}X} \tag{10.1}$$

- 静水压部分（第一不变量）

$$X_m = \frac{1}{3}\mathrm{Tr}(X) \tag{10.2}$$

- 行列式（第三不变量）
- 特征值
- 特征向量

10.1.4 工程文件（.eng）输出

工程文件包含有关宏观刚度和柔度以及工程常数（如果可用）的所有信息。有三种输出：

（1）无：不会创建工程模块 *.eng 文件。

（2）默认：输出默认变量。

（3）自定义：自主选择要输出变量。

图 10.4　工程文件可用输出

①时间：分析时间

②温度：温度场

③$\mathbf{C}_{loc}$ 代表：

- （热）力学分析的局部刚度矩阵
- 局部导热系数

- 局部导电率

④C_{glob} 代表：

- （热）力学分析的整体刚度矩阵
- 全局导热系数
- 全局导电率

⑤S_{loc} 代表：

- （热）力学分析的局部柔度矩阵
- 局部热阻率
- 局部电阻率

⑥S_{glob} 代表：

- （热）力学分析的全局柔度矩阵
- 整体热阻率
- 整体电阻率

⑦AlphaLoc：局部膨胀矩阵（非热黏弹性材料）

⑧AlphaGlob：整体膨胀矩阵（非热黏弹性材料）

⑨EngModuli：工程常数（正交各向异性或横观各向同性）

⑩OrthoAngles：正交异性角（仅适用于正交异性）

⑪Density：复合材料的整体密度

⑫HeatCapacity：复合材料的整体热容

10.1.5　相关性弹性模量（∗.dem）输出

该文件包含工程宏观模量、宏观热系数的演变、热力学分析的温度函数以及黏弹性复合材料的时间函数。有三种输出：

（1）无：不会创建相关弹性模量（∗.dem）文件。

（2）默认：输出默认变量。

（3）自定义：自主选择要输出的变量。

此文件的可用输出变量为：

（1）时间：分析时间

（2）温度：温度场

（3）AlphaGlob：全局扩展矩阵

（4）Engineering constants：工程常数

限制：

（1）整体膨胀矩阵仅适用于纯热弹性复合材料，即不适用于热弹塑性和热弹黏塑性复合材料。

（2）温度场仅可用于热分析。

10.1.6　.dsn 文件中提供的输出

此文件包含宏观应力振幅和临界循环数，允许绘制复合材料的宏观 S-N 曲线。有三种输出：

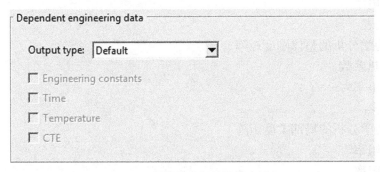

图 10.5　弹性模量相关性输出设置

（1）无：不会创建疲劳结果文件（＊.dsn）。

（2）默认：输出默认变量。

（3）自定义：自主选择要输出的变量。

以下变量仅可用于疲劳分析：

（1）SaL：纵向应力振幅

（2）SaT：横向应力振幅

（3）SaS：剪应力振幅

（4）Nc：临界循环次数

（5）Dc：临界损伤值

10.1.7　.log 文件中提供的输出

可在加载 Digimat-MF 的三个主要算法期间跟踪残差的演变：

（1）增广拉格朗日算法：AL/AL.res/AL.iter

（2）自由应力算法：FS/FS.res/FS.iter

（3）Mori-Tanaka 算法：MT/MT.res/MT.iter

有三种输出：

（1）无：与默认行为相同。

（2）默认：输出默认变量，＊.log 文件中不会写入有关算法的信息。

（3）自定义：自主选择要输出的变量。

默认情况下，＊.log 文件不包含上述所有信息。如果夹杂使用方向张量 Mori-Tanaka 算法的层次信息如下：

（1）MT.res：每个伪晶粒上的最大值（MT.res）

（2）MT.iter：每个伪晶粒上的最大值（MT.iter）

限制：

（1）对于纯（热）弹性复合材料，增广拉格朗日算法无效，主要原因在于：

● 增广拉格朗日方法仅适用于超弹性材料的不可压缩性；

● 不使用迭代均匀化方法，每相的应力和应变是解析计算的。

（2）对于涉及热材料和电材料的复合材料的均匀化，上述算法均不适用；

（3）如果使用 GENERAL_3D 加载，自由应力算法不适用；

（4）对于包含取向张量的两相复合材料，MFH 算法不输出每个伪晶粒的残差演化；

（5）对于 n 相复合材料，MFH 算法不输出每相的残差演化。

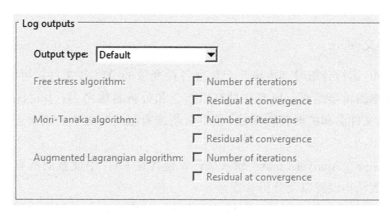

图 10.6　*log file 中可用的输出

10.1.8　输出文件中的数字精度

默认情况下，Digimat 使用相对精度为 5 位数的科学格式写入数值。然而，在某些情况下，这种精度是不足以获得平滑曲线。例如：

（1）应变幅度小的超弹性材料（通常用于大变形）：此情况下，Digimat 输出 $F=1+\varepsilon$ 变组合变换张量（其值接近于 1）。

（2）蠕变和松弛荷载，其特征时间与预加载和蠕变（松弛）相关阶段不在同一数量级。

在上述情况下，可以使用以下设置来提高输出精度：

（1）勾选 DIGIMAT_Settings.ini 文件中的 DIGIMAT-MF_Output_Precision 选项：全局设置，涵盖 Digimat-MF 创建或运行的所有分析。

（2）勾选输出选项卡中平均场输出框的输出精度选项（图 10.7）：仅设置当前分析的输出精度；如果不是默认值，则此设置将涵盖 DIGIMAT_Settings.ini 文件中指定的全局设置。

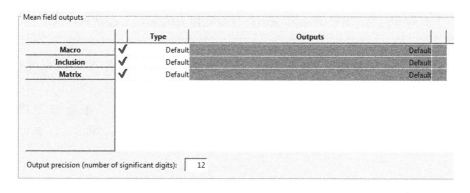

图 10.7　Digmat 中数据输出精度控制

10.2　输出文件和变量

10.2.1　输出文件

Digimat-MF 运行分析时会生成几个包含各种变量的 ASCII 文件，可以在 GUI 中加载，也可由文本编辑器编辑。所有文件都以作业和分析名称命名：JobName _ Analysis-Name*。根据文件名和扩展名，可对小应变分析或有限应变分析的结果进行后处理。输出变量集见表 10-2。

（1）JobName _ Analysis.mat：输入文件，包含在 GUI 中设置的所有分析信息，即材料参数、微观结构设置以及分析参数。

（2）JobName _ Analysis.log：分析日志文件，响应输入卡并列出执行分析注释，例如警告和错误消息。

（3）JobName _ AnalysisName.mac：复合层次分析结果，也称为宏观层面，列出集合 1 或集合 3 相关变量。

（4）JobName _ AnalysisName _ MatrixName.mtx：基体相分析结果，列出集合 2 或集合 3 相关变量。

（5）JobName _ AnalysisName _ InclusionName.icl：夹杂分析结果，列出集合 2 或集合 4 相关变量。

（6）JobName _ AnalysisName _ InclusionName _ CoatingName.ctg：涂层分析结果，列出集合 2 相关变量。

（7）JobName _ AnalysisName _ InclusionName _ matrixInClusterName.ctg：团簇中基体分析结果，列出集合 2 相关变量。

（8）JobName _ AnalysisName _ MatrixName _ AllLayers.mtx：全局基体分析结果，列出集合 2 相关变量。

（9）JobName _ AnalysisName.eng：分析中设置的复合材料宏观工程常数，列出集合 5 相关变量。

（10）JobName _ AnalysisName.dem：与温度相关的宏观工程常数，仅适用于热弹性线性分析。

（11）JobName _ AnalysisName.dsn：与绘制复合材料宏观 S-N 曲线相关的宏观结果，列出集合 6 相关变量。

对于含有非固定取向弹性夹杂的橡胶基复合材料 RVE（张量指定或随机方向），θ_a、φ_a；θ_b、φ_b；θ_c、φ_c 替换为 a_{11}、a_{22}、a_{33}、a_{12}、a_{23} 和 a_{13}，为取向张量的分量。

10.2.2　输出变量

表 10.2 列出了 Digimat-MF 中使用的所有变量。

Digimat-MF 可输出的所有变量　　　　　　　　　　　　　　　表 10.2

集合 1 - 小应变分析	- 分析时间:time - 应变张量分量:e_{11},e_{22},e_{33},$2e_{12}$,$2e_{23}$,$2e_{13}$ - 应变张量分量:s_{11},s_{22},s_{33},s_{12},s_{23},s_{13} - Von mises 等效应力:S_{eq} - 温度:temp
集合 2 - 小应变分析	- 分析时间:time - 应变张量分量:e_{11},e_{22},e_{33},$2e_{12}$,$2e_{23}$,$2e_{13}$ - 应变张量分量:s_{11},s_{22},s_{33},s_{12},s_{23},s_{13} - 温度:temp - 累积塑性应变:p - Von mises 等效应力:S_{eq} - 塑性应变张量分量:ep_{11},ep_{22},ep_{33},$2ep_{12}$,$2ep_{23}$,$2ep_{13}$ - 背应力张量分量:X_{11},X_{22},X_{33},X_{12},X_{23},X_{13}
集合 3 - 有限应变分析	- 分析时间:time - 变形梯度分量:F_{11},F_{22},F_{33},F_{12},F_{21},F_{23},F_{32},F_{13},F_{31} - 应变张量分量:s_{11},s_{22},s_{33},s_{12},s_{23},s_{13} - 法向应力张量分量:Sn_{11},Sn_{22},Sn_{33},Sn_{12},Sn_{23},Sn_{13},Sn_{21},Sn_{32},Sn_{31} - Von mises 等效应力:S_{eq} - 法向应变张量分量:NE_{11},NE_{22},NE_{33},$2NE_{12}$,$2NE_{23}$,$2NE_{13}$ - Green-Lagrange 应变张量分量:E_{11},E_{22},E_{33},$2E_{12}$,$2E_{23}$,$2E_{13}$ - Cauchy-Green 应变张量分量:I_1,I_2,I_3;最大值:I_{max} - 超弹性材料的应变能:ENER - 平均体积变化:θ - 温度:temp
集合 4 - 有限应变分析	- 分析时间:time - 变形梯度分量:F_{11},F_{22},F_{33},F_{12},F_{21},F_{23},F_{32},F_{13},F_{31} - 应变张量分量:s_{11},s_{22},s_{33},s_{12},s_{23},s_{13} - 法向应力张量分量:Sn_{11},Sn_{22},Sn_{33},Sn_{12},Sn_{23},Sn_{13},Sn_{21},Sn_{32},Sn_{31} - Von mises 等效应力:S_{eq} - 法向应变张量分量:NE_{11},NE_{22},NE_{33},$2NE_{12}$,$2NE_{23}$,$2NE_{13}$ - Green-Lagrange 应变张量分量:E_{11},E_{22},E_{33},$2E_{12}$,$2E_{23}$,$2E_{13}$ - Cauchy-Green 应变张量分量:I_1,I_2,I_3;最大值:I_{max} - 超弹性材料的应变能:ENER - 夹杂变形更新主维数:a,b,c - 平均体积变化:θ - 球面角:θ_a,φ_a;θ_b,φ_b;θ_c,φ_c - 超弹性材料的应变能:ENER - 温度:temp
集合 5 - 工程常数	- 刚度 - CTE 矩阵 - 弹性模量 - 泊松比
集合 6 - 损伤分析	- SaL:纵向应力振幅 - SaT:横向应力振幅 - SaS:剪应力振幅 - Nc:临界循环次数 - Dc:临界损伤值

10.2.3　有限应变张量

Digimat-MF 采用连续介质力学的有限应变理论对超弹性材料进行了数值模拟。有限应变张量和相关变量的定义如下：

（1）法向应力张量：
$$Sn = JF^{-1} \cdot \sigma \tag{10.3}$$

（2）法向应变张量：
$$NE = V - I \tag{10.4}$$

（3）Green-Lagrange 应变张量：
$$E = \frac{1}{2}(F^{T} \cdot F - I) \tag{10.5}$$

（4）Piola-Kirchhoff 应力张量：
$$P = Sn^{T} \tag{10.6}$$

（5）变形梯度张量：
$$F = \frac{\partial x}{\partial X} \tag{10.7}$$

（6）左拉伸张量，源于变形梯度张量的极分解：
$$F = V \cdot R \tag{10.8}$$

（7）运动的雅可比行列式或变形梯度张量的行列式：
$$J = \det F \tag{10.9}$$

（8）二阶恒等张量：
$$I = \mathrm{diag}(1,1,1) \tag{10.10}$$

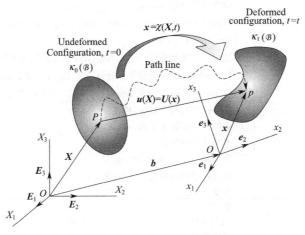

图 10.8　连续体的转变

10.2.4　数据库文件

可在 GUI 中保存和加载以下 ASCII 文件，根据其在 Digimat 材料目录树中的重要性包含不同信息：

（1）Analysis. daf：分析文件，包含与 Digimat-MF 分析相关的所有参数（材料参数、微观结构定义、分析参数等）。

（2）Material. dmf：材料文件，包含与材料设置相关的参数。

（3）Phase. dpf：基体文件，包含与基体设置相关的所有参数。

（4）Failure Indocator. dfi：失效指标文件，包含与失效指标设置相关的所有参数，但不包含分配参数。

10.3 绘图工具

目录树中的绘图项可以绘制 Digimat 分析的输出。图 10.9 显示了 Digimat 的 GUI 中的绘图区。

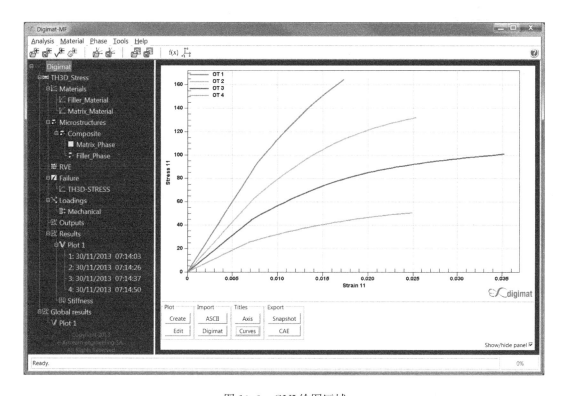

图 10.9 GUI 绘图区域

在绘制任何曲线之前，需要在 GUI 中加载要绘制的结果。右键单击目录树中的 Plot n 项（n 为绘图编号），选择加载结果选项加载以当前分析和作业名称命名的分析结果。如果 GUI 中设置了多个分析，那么作业名称对于目录树中设置的所有分析都是通用的。

GUI 中加载分析结果后，可绘制不同的输出变量，工具显示在绘图区域的底部，允许执行以下几个操作（图 10.10）。

（1）绘图-创建

此按钮打开一个窗口，其中包含 GUI 中加载的结果列表，分别选择 X 和 Y 轴需要加载的结果（图 10.11）。在执行绘图区域中的任何进一步操作之前，应该退出接口窗口。

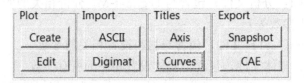

图 10.10　绘图工具

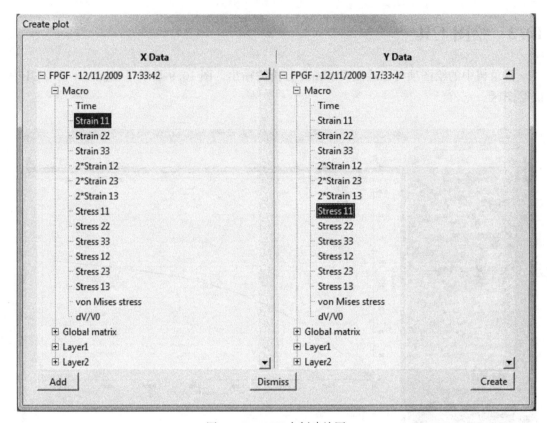

图 10.11　GUI 中创建绘图

（2）绘图-编辑

这个界面窗口与创建窗口非常相似，允许删除和替换绘图区域中当前显示的曲线。

（3）导入-ASCII

可将 ASCII 文件中的数据导入到 GUI 中，然后在绘图区域进行绘图。

（4）导入-Digimat

可加载 Digimat-MF 结果文件，复合和相水平的结果均可。

（5）标题-Axis

单击按钮，打开一个接口窗口，可以修改每个轴的标题。

（6）标题-曲线

单击该按钮，打开一个界面窗口，可修改每条曲线的图例。

（7）导出-快照

单击该按钮，可创建当前窗口的图片，可粘贴到 PPT 或 Word 文档中。

（8）导出-CAE

可将绘图窗口中绘制的应力-应变曲线导出到 CAE 中使用的弹塑性材料选项卡中。支持以下 CAE 接口文件：

- Abaqus（inp）
- ANSYS（*cdb）
- LS-DYNA（*k）
- Marc（*dat）
- PAM-CRASH
- RADIOSS Block

若使用此功能，绘图窗口中只能绘制一条曲线。根据曲线计算杨氏模量和屈服应力。屈服应力后的所有点都导出为分段线性各向同性硬化律，且需要输入泊松比和密度值。

10.4　绘制失效包络线

点击 GUI 目录树中的结果项下的失效包络线选项卡，计算和绘制包络线（图 10.12）。

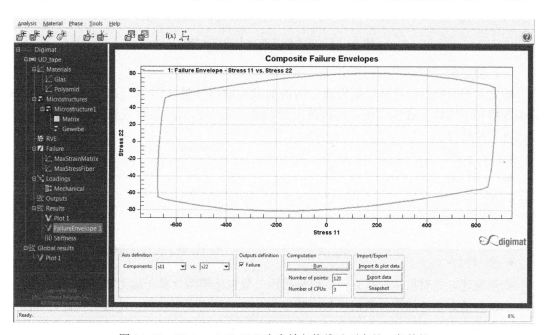

图 10.12　Digimat-MF GUI 中失效包络线选项卡的一般特性

10.4.1　一般概念

对于具有恒定微观结构的材料，通过计算两个不同比例载荷分量的双轴单调荷载下的强度，建立 2D 破坏包络线。

Digimat-MF 能够计算基于应力或基于应变的失效包络：

（1）基于应变的包络线绘制的两个量是最大应变，其他应变分量为空。

（2）基于应力的包络线绘制的两个数量是失效时的应力，其他应力分量为零。

应力型或应变型的选择取决于目标和用途，通常基于以下两个用途：

（1）基于应力的包络线提供了与实验结果（通常为平面应力状态）的简单比较。

（2）基于应变的包络线更容易解释基于应变的失效指标与分量之间的相互作用。

失效包络线通常是闭合的，对于每个设置的载荷，都应发生失效，物理上符合一致性原理。为了便于研究，Digimat-MF 支持开口的破坏面，失效包络线的概念也扩展到其他与失效相关的物理现象（如损伤起裂或应力陡降），这对韧性破坏研究非常有意义。

10.4.2　Digimat-MF GUI 操作

右键单击结果项选择添加失效包络区域进而添加新的失效包络项。此外，在加载满足所需条件的分析文件时，将自动创建失效包络图区域。选项卡底部的控件功能区提供了用于设置、计算和输入/输出失效包络线的按钮（图 10.13）。

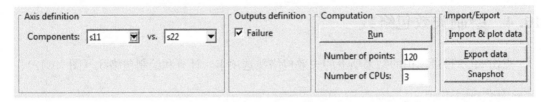

图 10.13　失效包络选项卡按钮功能区

（1）轴定义

轴定义选项提供按钮来指定失效包络的加载和输出分量（图 10.14）。此处设置的加载参数将用于计算失效包络线，并将覆盖加载选项卡中给出的加载设置。在力加载方向上，有 6 种选择：

- s11 与 s22
- s11 与 s12
- s22 与 s12
- e11 与 e22
- e11 与 2×e12
- e22 与 2×e12

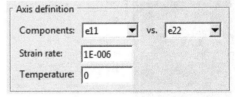

图 10.14　失效包络控制的加载设置

如前所述，每对指示加载方向，但也指示失效包络类型（基于应力或基于应变）。

当材料的力学性能或失效强度与应变率相关时出现应变率选项。此选项允许设置基于应变和基于应力包络的加载应变率。在此情况下，加载应变率基于应变的张量范数，该范数对应于应变率相关性设置。

当分析类型为热力学模型时，出现温度场选项来设置等温力学载荷的温度相关性。

（2）输出设置

输出设置选项框允许选择一种或几种失效包络类型（图 10.15）：

①当应用标准失效或 FPGF 失效时，只有失效输出可用：

a. 当 RVE 为单层（经典）时，失效包络与最大失效指标达到临界值时的瞬间对应。

b. 当 RVE 为多层时，失效包络与达到多层失效准则的瞬间，遵循失效分配选项卡中的设置。

②当应用渐进失效准则时，有两个输出可用：

a. 损伤起始包络与渐进失效损伤变量为非空时的瞬间对应。

b. 应力降包络与两个方向应力分量达到最大值的时刻对应。

图 10.15　标准/FPGF 失效（左）和渐进失效（右）的失效包络输出

（3）失效包络计算

计算选项框提供用于计算失效包络线的控件和按钮，可设置在包络线上绘制的点数，以及用于计算的处理器数。

数值评估需要进行多个 Digimat-MF 分析，并提取相应的失效应变/应力分量。自动确定加载类型和最佳加载范围以达到失效的所有条件。评估操作写入当前工作目录的文件如下：

● JobName_AnalysisName. mat：输入文件，包含与失效包络计算相关的其他变量。

● JobName_ AnalysisName. log：日志文件，执行响应注释，例如分析警告和错误消息。

● JobName_AnalysisName_enveletype. dfe：给定失效包络类型的计算结果，该文件包含两个数据列，对应于在轴定义选项中选择的两个应力/应变分量。

计算成功后，上述文件不会被删除，可重用，包络线将自动导入到当前绘图区域。

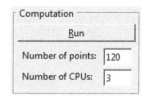

图 10.16　失效包络计算控制　　　　图 10.17　信封导入/导出按钮失败

（4）导入/导出

导入/导出选项框提供用于导入、导出以及存储图片的按钮。

导入或绘图数据选项允许导入两种类型的结果：

● 失效包络文件（. dfe）：由已有的计算生成。

● 实验文件（. def）和 ASCII 文件（. txt）：应包含两个数据列，其中每一行可视为具有 $(x，y)$ 坐标的数据点，用于设置绘图所需的第一个和第二个应力/应变分量。

通过弹出的对话框选择文件后，导入数据在图形区域中自动绘制失效曲线。默认情况下，实验数据曲线是用点而不是线绘制的，可在自定义对话框中更改。右键单击模型树中的失效包络项可清除图形区域。导出数据按钮允许将当前绘制的曲线导出到失效包络文件中。单击该按钮会弹出一个对话框，选择要导出的一条或多条曲线，以及每个曲线要使用的文件名（图 10.18）。

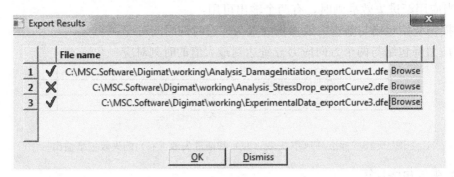

图 10.18　导出失效包络结果对话框

10.5　绘制铺覆图

Digimat-MF 能够计算和显示铺覆图，可从目录树结果选项中铺覆图选项卡执行（图 10.19），可使用两相 UD 微观结构或基本编织物的热机材料。

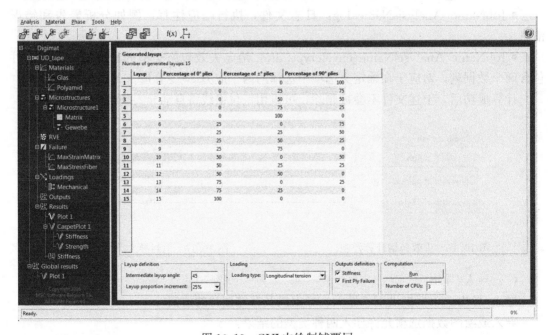

图 10.19　GUI 中绘制铺覆层

10.5.1　一般概念

通过计算由不同纤维取向组成的各种堆叠的单轴强度，并根据这些取向的各自比例绘制铺覆图（图 10.20）。这些图对于在临界强度和刚度设计步骤中选择合适的层合板堆叠顺序很有价值。铺覆图可以针对不同的失效类型（第一层失效、最后一层失效、损伤起始）或其他力学特性（如表观刚度）进行计算，也可绘制出不同于±45°的中间角度，或不同的铺层微观结构（如机织物），只要所有铺层具有相同的微观结构特性。

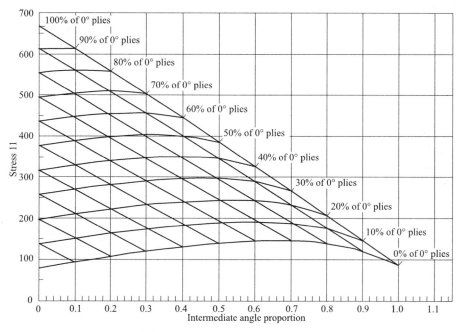

图 10.20　玻璃/聚酰胺层压板的拉伸强度 $\left[0_i/\pm\theta_j/90_k\right]_s$

10.5.2　Digimat-MF GUI 操作

Digimat-MF 能够计算基于单向层（如连续纤维）的对称和平衡层压板的第一层失效和表观刚度铺覆图。右键单击结果项选择添加铺覆绘图区域，可以添加新的铺覆绘图项。此外，当加载满足所需条件的分析文件时，自动创建地毯绘图区域。选项卡底部的控件功能区（图 10.21）提供了用于设置、计算和显示铺覆图的按钮和控件。

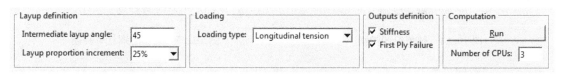

图 10.21　铺覆层绘制控制

（1）叠层设置

Digimat-MF 基于 UD 层合板的 $\left[0_i/\pm\theta_j/90_k\right]_s$ 族计算铺覆图。叠层设置分组框允许设置中间角度 θ 以及叠层比例增量，主选项框提供生成的叠层的方向预览比例。

● 将 $+\theta$ 和 $-\theta$ 铺层比例一起计算。例如，$\left[0/\pm45_2/90\right]_s$ 具有 25% 的 0° 铺设比例、50% 的 $\pm45°$ 铺设比例和 25% 的 90° 铺设比例。

● 当微结构为单向层时，在施加层附加旋转之前，其方向被覆盖为 $\{\theta=90°,\ \varphi=0°\}$；当微结构为编织时，在施加层附加旋转之前，其方向不被覆盖。

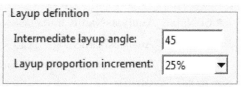

图 10.22　铺覆图叠层设置控件

165

（2）载荷

加载组框提供控件来指定应用于铺覆图计算的荷载（图 10.23）。此处设置的荷载参数将用于计算铺覆图以及将重写加载选项卡中给定的加载设置。

机械加载是基于应变和单轴的，包括以下几种：

- 纵向拉伸；
- 纵向压缩；
- 横向拉伸；
- 横向压缩；
- 平面剪切。

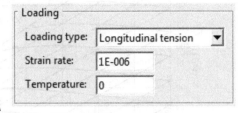

当机械性能或失效强度与应变率相关时出现"应变率"选项，允许为基于应变和基于应力的

图 10.23　载荷设置

包络计算设置加载应变率。在这种情况下，加载应变率基于应变的张量范数对应于应变率相关性的设置。此设置与加载选项卡中建议的设置不同，后者基于单个应变分量。

当分析类型为热机械时，出现附加"温度"场选项，设置等温机械载荷的温度，突出温度相关性对刚度和失效行为的影响。

（3）铺覆绘图类型

输出分组框允许在以下两种铺覆图类型中进行选择（图 10.24）：

①加载方向的表观刚度。

这种表观刚度简单地定义为加载方向上的应力分量和应变分量第一次增量的比值。

②加载方向上的第一层破坏应力。

此输出仅在相位级别指定一个（或多个）标准失效指标时可用。

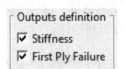

图 10.24　铺覆绘图类型

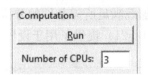

图 10.25　铺覆绘图计算控制

（4）铺覆图计算

计算分组框中的运行按钮启动铺覆图的计算，可指定计算处理器的数量。数值评估进行多个 Digimat-MF 分析（不同层压叠层），并提取相应的表观刚度和/或强度。自动确定加载类型和能够达到所有失效的最佳加载范围。

评估操作写入当前工作目录会的文件包括：

- obName_AnalysisName. mat：输入文件，包含与铺覆计算相关的其他关键字。
- JobName_AnalysisName. log：日志文件，响应执行注释，例如分析警告和错误消息。
- obName_AnalysisName_carpet plot type. dfc：给定铺覆绘图类型的计算结果，包含三个数据列，分别代表：
  - 叠加公式；
  - 0°/±θ/90°铺层方向的比例；
  - 强度或表观刚度模量。

这些文件在计算后不会被删除，可以在以后重用。计算成功后，铺覆绘图结果将自动导入并添加到各自的绘图子项中。

（5）显示、导入和导出结果

铺覆图绘制在两个独立的图形区域中，可以通过单击模型树中的强度和刚度子项来显示（图 10.26）。这些图形选项卡提供稍有不同的控件功能区，其中包含基本的叠层设置控件和一些用于导入、绘制和导出结果以及图形窗口快照的附加按钮。

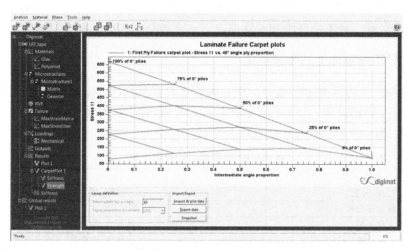

图 10.26　铺覆图绘制区

导入和绘制按钮允许导入和绘制两种类型的结果：

● Digimat 故障地毯文件（.dfc），通常由以往计算生成。

铺覆图类型（刚度或强度）由文件名后缀（刚度或第一层失效）自动确定，并在适当的图形区域中绘制新曲线。

● Digimat 实验文件（.def）和 ASCII 文件（.txt），其中应包含两个分隔的数据列。第一列为：θ 层的比例或 *.dfc 文件的堆叠公式，例如：[0_2/45_1/-45_1/90_2]、[0_2，90_4,0_2] 或 [0]_8s。第二列应该提供刚度或强度。新曲线总是在当前图形区域中绘制。默认情况下，实验数据曲线是用符号而不是线绘制的，可在自定义对话框中更改。右键单击模型树中的铺覆图项或子项可以清除图形区域。

导出数据按钮允许将当前绘制的曲线导出到 Digimat 失效铺覆文件。单击该按钮会弹出一个对话框，选择要导出的一条或多条曲线，以及每个曲线要使用的文件名（图 10.27）。

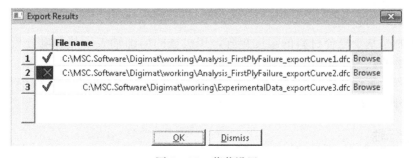

图 10.27　荷载设置

10.6 工程结果输出

除了提供基于时间的场计算结果外，Digimat-MF 还可计算宏观工程结果。这对于涉及弹性材料或具有弹塑性或弹黏塑性基体（含弹性夹杂）的材料的力学分析非常重要，同样也适用于材料的热分析和电分析。

Digimat-MF 基于张量分析识别了宏观材料的对称性，除此之外，当存在对称性时，还可提供工程常数。对于短纤维和织物而言，该常数分别从局部和全局轴的刚度中提取。

10.6.1 全局和局部轴上的张量结果

Digimat-MF 分析需要进行张量计算，所考虑的张量取决于选定的分析类型。如果在分析中设置了一些相关项，Digimat 将在最后一个增量计算时输出张量。为了观察相关性，可以在绘图区域中绘制适当的变量（表 10.3）。

Digimat-MF 可输出的所有变量　　　　　　　　　　　　　表 10.3

分析类型	输出张量
力学分析	刚度,柔度
热力学分析	刚度,柔度,CTE
热分析	热传导,热阻抗
电分析	电导率,电阻抗

根据定义，张量独立于数学实体，其代表性直接取决于选定的基础。在 DIGIMAT 中，张量数据可以表示为全局（RVE）或局部（纤维）轴，并用矩阵表示。刚度/柔度张量是四阶对称张量，用 6 乘 6 矩阵表示，而 CTE/电导率/电阻率张量是二阶张量，用 3 乘 3 矩阵表示。刚度/柔度张量的存储约定如下：

- 应变存储约定：

$$\boldsymbol{\varepsilon} = \{\varepsilon_{11}, \varepsilon_{22}, \varepsilon_{33}, 2\varepsilon_{12}, 2\varepsilon_{23}, 2\varepsilon_{13}\} \tag{10.11}$$

- 应力存储约定：

$$\boldsymbol{\sigma} = \{\sigma_{11}, \sigma_{22}, \sigma_{33}, 2\sigma_{12}, 2\sigma_{23}, 2\sigma_{13}\} \tag{10.12}$$

10.6.2 材料对称性

Digimat-MF 识别了三种对称性：

(1) 各向同性；

(2) 横观各向同性；

(3) 正交各向异性。

这种识别是基于复合材料的柔度矩阵，用机械的局部轴表示热和电分析中的导电张量。工程常数的数量是确定的对称性、分析类型和复合材料微观结构的函数。例如，正交各向异性工程常数将从复合材料的柔度矩阵中提取，复合材料的柔度矩阵由弹性纤维增强的矩阵（线性或非线性）构成，其中使用方向张量描述方向。

10.6.3 坐标轴

全局轴系统是指材料点轴系统，包括夹杂物取向和加载方向，而局部轴系统与夹杂物相的取向有关。局部轴系统有几种定义，这取决于夹杂物取向的设置：

（1）固定取向：1 轴沿纤维方向取向，而 2 和 3 轴在垂直于纤维方向的位置。

（2）随机二维定向：纤维在局部（1,2）平面上随机定向。轴 1 和 2 在这个平面上是正交的，而 3 轴则是垂直的。1 和 2 局部轴与 1 和 2 全局轴平行。

（3）取向张量：局部轴系统由取向张量的特征向量定义，1 轴平行于最大特征值对应的特征向量，3 轴与最低轴平行。当方向张量具有两个相同的特征值时，即复合材料是横观各向同性的，则横观方向由对应于一个特征值的多重性的特征向量给出。

根据确定的材料对称性，以下约定命名用于表征工程常数：

（1）各向同性对称性：无特殊约定。

（2）具有固定夹杂方向的横观各向同性对称：

● 轴向：沿 1 个局部轴的工程常数。

● 平面：在垂直于 1 个局部轴的方向上的工程常数。

● 横向：与局部（2,3)-平面正交的平面上的工程常数。

（3）具有随机二维夹杂方向的横观各向同性对称：

● 在平面内：在（1,2)-平面内的工程常数。

● 平面外：沿 3 轴的工程常数。

● 横向：与局部（2,3)-平面正交的平面上的工程常数。

10.6.4　（热）力学分析

在机械分析的情况下，Digimat-MF 计算局部和全局轴系统中的刚度和柔度矩阵。这些结果在 Digimat 树中刚度项的全局轴和局部轴选项卡中可用。除了这些矩阵，工程常数是定义胡克弹性张量所必需的一组独立参数。

10.6.5　热分析

对于热分析，Digimat-MF 计算复合材料的比热及其热电导率和电阻率张量。张量在全局轴和局部轴选项卡中可用，而工程常数选项卡包含均匀化的比热和电导率（如已确定对称性）。

10.6.6　电分析

对于电学分析，Digimat-MF 计算复合材料的电导率和电阻率张量。在全局轴和局部轴选项卡中可以使用张量，而工程常数选项卡中，如果已确定对称性，则包含均匀导电性。

第 3 部分　多尺度有限元分析-FE

　　FE 是 Digimat 基于有限元的均匀化模块，用于生成各种材料微观结构（塑料、橡胶、金属、石墨等）的实际代表性体积单元（RVE）。Digimat-FE 拥有自身内置网格划分器，可使用任何 FEA 代码对所得到的有限元模型进行求解。Digimat-FE 具有广泛的功能，易于生成非常复杂的材料微观结构形态，并能以合理的 CPU 成本得到精确解。利用有限元求解器和后处理器，可以进行端到端的有限元均匀化分析。Digimat-FE 可与 Abaqus/CAE 和 Abaqus/Standard、Ansys Workbench 和 Classic、LS-Dyna 和 Marc 进行交互。通过 Abaqus/CAE 和 Ansys Workbench 的界面，可自动创建 RVE 几何体并将其网格化纳入到这些软件中。Marc、Abaqus/Standard、Ansys 和 LS-Dyna 的界面相关于内置网格划分器，输出待运行的输入文件。

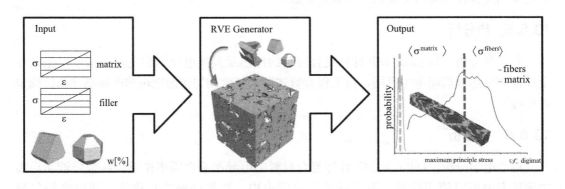

第 11 章　图形界面操作

11.1　前处理

Digimat-FE 图形界面用于以下各项的预处理和后处理：

（1）生成微观结构 RVE；

（2）提交 Digimat-FE 分析；

（3）Digimat-FE 分析的后处理；

（4）生成有限元网格；

（5）Digimat-FE 与内置求解器或外部 CAE 软件的交互管理；

（6）分析和后处理。

Digimat-FE 和 Digimat-MF 共享图形操作界面，Digimat-FE 分析设置和 Digimat-MF 设置的工作流程是相同的，但特定细微选项不相同。与 Digimat-MF 类似，Digimat-FE 的用户界面分为工具栏、目录树和主视窗三个区域（图 11.1）。

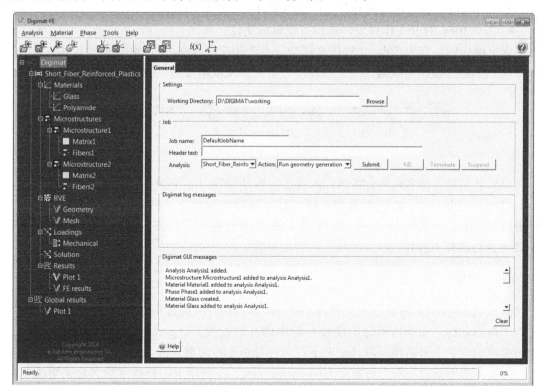

图 11.1　Digmat-FE 用户界面

Digimat 目录树是一个动态树形结构，可通过点击减号或加号来折叠或展开。右键点击目录树的项目，会出现一个快捷菜单，可访问一组操作。例如，右键点击材料，将打开一个快捷菜单，从中可添加或加载材料本构模型。一项分析设置应遵循目录树从上到下原则，并设置和验证所选项。

11.1.1 Digimat

Digimat 是目录树中的第一项。点击 Digimat，主窗口中将显示 General 选项卡。可通过该选项卡进行以下操作：

(1) 指定工作路径；

(2) 指定工作名称；

(3) 添加工作的信息；

(4) 选择应执行的操作分析；

(5) 选择以下各项操作：

● Run geometry generation：生成 RVE 几何体。

● Run complete workflow：仅适用于使用 Digimat-FE 内部网格划分界面（即 Digimat-FE 内部求解器、Abaqus/Standard、Ansys Classic、LS-Dyna 和 Marc）。运行 RVE 几何体的生成、自动化网格，创建有限元求解器输入文件，并使用选定的求解器运行 FEA 分析。

● Data check：验证是否正确设置分析，也可在图标栏中执行（图 11.2）。

● Write file：保存包含所有分析设置的文件，扩展名 .mat。

● View file：打开工作目录，选择待编辑的文件。

选定操作后，点击 Submit 按钮来提交（点击相应图标亦可），也可通过 Kill、Terminate 或 Suspend 按钮来取消、终止或暂停分析。如果取消分析，则不会写入结果文件。

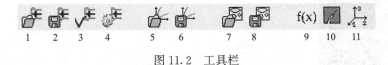

图 11.2　工具栏

分析名称是工作名称和分析名称的拼接。默认情况下，应为 DefaultJobName_Analysis1。Digimat log messages 区域用于输出计算过程中软件发送的信息，在计算过程中迅速更新。Digimat GUI messages 区域用于输出图形界面（GUI）发送的信息，汇总了 GUI 中执行的所有操作。

11.1.2 分析

点击 Analysis1，将显示一个名为 General parameters 的选项卡。分析 1（Analysis1）是一个通用名称，用于指明分析设置在树中的开始位置。Digimat 支持多种分析的定义。动态树可包含多个分析项。默认情况下，名称分析 1 将增至分析 2、分析 3 等。右击 Digimat 树项，添加新的分析。可通过 General parameters 选项卡中修改字段名称来更改名称分析 1，也可更改材料建模器，实现 Digimat-FE 与 Digimat-MF 之间的切换。

11.1.3　材料

对复合材料中展现的所有材料进行设置。右键点击材料项或顶部菜单，添加或加载材料，还可通过图标栏加载和保存材料（图 11.2 中 5/6）。材料设置包含本构模型的选取和参数设置两个部分，分别对应模型和参数两个选项卡。若从模型选项卡移动到参数选项卡，须点击验证（Validate）按钮。就待创建的材料而言，须在参数选项卡中按创建按钮，材料会自动命名为材料 n（Material n），其中 n 是一个自动递增的数字。可在模型选项卡中更改材料名称。一旦材料设置正确，其图标会变亮。

11.1.4　微观结构

可通过微观结构项在同一个 Digimat 分析中设置若干微观结构。微观结构的设置暗指创建相，即一个基体相和至少一个夹杂或孔隙相。右键点击微观结构项，将新的微观结构添加到分析中。微观结构的通用名称是微观结构 n（Microstructure n），其中 n 是一个自动递增的数字，在微观结构项下创建构成复合材料的相。

通过右击微观结构项复制或删除，也可通过顶部菜单栏或图标栏，具体参见图 11.2 中 7/8。复合相设置也分为多个步骤，与材料设置类似。

11.1.5　RVE

RVE 可由一个或多个层组成，每个层对应一个既定微观结构。可通过 RVE 项在单层分析与多层分析之间进行选择。如选择多层分析，则将在该树项目中对堆叠进行设置。

11.1.6　加载

若要完全设置分析，则应设置适当的 RVE 加载。RVE 加载是一个多步骤或多选项卡的流程，应根据材料项中设置的程序来完成该流程，加载数量取决于正在进行的分析类型。

11.1.7　求解

通过求解（Solution）项选择有限元求解器进行分析。对于相关于 Digimat-FE 内部网格划分工具的所有有限元代码而言，可通过该界面启动和监视 FEA 计算的进度。

11.2　计算分析

若要运行 Digimat-FE 分析，须：

（1）选择待求解的分析项：可通过点击 Digimat 树中相应的分析名称，或通过选择 General parameters 选项卡列出的正确分析来完成。

（2）通过相应的图标（图 11.2 中 2～4），或通过 Digimat 树 General parameters 选项卡的提交工作。

（3）通过 Digimat log messages 区域跟进分析进度。

11.3 后处理

后处理工具可用于分析 Digimat-FE 计算的结果，可执行不同类型的后处理任务。例如：

（1）RVE 的体积平均运算；

（2）RVE 的算术平均运算；

（3）RVE 的分布计算。

可在 Digimat-FE 绘图区域中绘制后处理任务的结果，分为两步：

（1）选择需要执行的后处理任务，可参见 Abaqus odb 后处理部分；

（2）在绘图区域中绘制结果。

右键点击绘图 n 项来执行这些不同的操作。如果使用内置有限元求解器，可查看 3D 详细结果（场输出、增量、待可视化的单元集）；还可执行 3D 模型切割，控制等值线图比例。

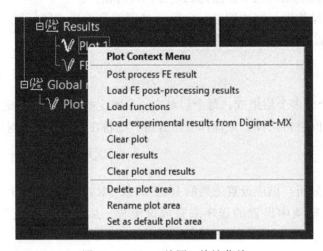

图 11.3　Plot（绘图）快捷菜单

11.4 工具

图标菜单中有三个工具可用（图 11.2 中 9/10/11）。即：

（1）函数设置；

（2）失效标准设置；

（3）局部轴设置。

在 Digimat-FE 中，只有函数的设置是可用的，另外两个工具专用于 Digimat-MF。可通过函数（Functions）设置与温度有关的热机械特性以及自定义的加载历史。

第 12 章　计算分析

12.1　分析设置

分析设置主要在 General parameters 选项卡中进行（图 12.1）。可在该选项卡中更改分析名称，并将材料建模器从 Digimat-FE 切换到 Digimat-MF，反之亦然。

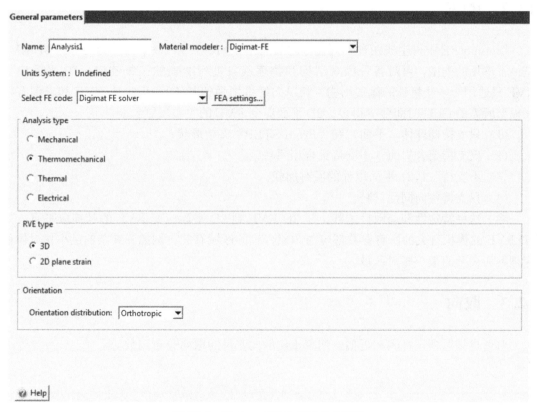

图 12.1　Digimat-FE 分析的常规参数

（1）有限元求解器选择

应在分析设置开始时选择待使用的有限元求解器。该选择将决定材料模型、建模和网格化选项的适用性。

（2）分析类型

分析类型选择决定待施加的载荷和已计算的物理属性，主要包含四种：

①机械

计算 RVE 的机械响应，须设置相应的机械载荷，输出应力/应变曲线、基体切线刚度等。

②热机械

计算 RVE 的热机械响应，须设置相应的热和机械载荷，输出应力/应变曲线、热膨胀系数张量等。

③热

计算 RVE 的热响应，须设置相应的热载荷，即温度梯度，输出热通量、热导率、温度场等。

④电气

计算 RVE 的电气响应，须设置相应的电气载荷，即电势梯度，输出为电导率、电流密度等。

12. 2　RVE

Digimat-FE 中可生成两种不同类型的 RVE：3D RVE 和 2D 平面应变 RVE。3D RVE 是最常参见的类型，可对各种微观结构和物理现象进行准确的三维建模；2D 平面应变 RVE 只适用于一些特殊的微观结构（长单向纤维增强的基体），但生成 RVE 和求解有限元模型所需的 CPU 时间要少得多。2D 平面应变 RVE 的主要限制：

（1）只支持椭球体（平面）和"From STEP"夹杂形状；

（2）仅支持聚合界面（不支持聚合相间）；

（3）不支持（1,2)-平面以外的所有加载；

（4）只支持各向同性材料。

除了这些特殊性和局限性之外，从 3D RVE 到 2D 平面应变 RVE 的延伸应平直。与 3D RVE 的体积有关的所有参数都应与 2D RVE 的区域有关。例如：夹杂的最小相对体积应理解为夹杂的最小相对区域。

12. 3　取向

可通过该选项选择闭和近似，用于重构取向张量的取向分布函数。

第 13 章　材　　料

13.1　聚合材料和脱粘

Digimat-FE 可用于模拟夹杂-基体、纤维-基体或绞合线脱粘等不同情况。对于夹杂或纤维-基体脱粘，采用相间脱粘和界面脱粘两种不同的方法进行模拟。值得注意的是，在 Digimat-FE 术语中，界面是夹杂与基体之间的表面，相间是基体相中受夹杂影响具有有限厚度的区域。

在有限元建模层面，为避免纤维尖端附近基体中存在不真实的单元变形，允许夹杂与基体之间存在脱粘。因此，如果基体中存在过度变形，则该方法可帮助解决聚合难题。但在黏性材料损伤很多的情况下，粘结单元的使用也可能使聚合更加困难。

13.1.1　相间脱粘

相间是指夹杂附近的基体区域，有一个有限的厚度。在 Digimat-FE 中设置聚合行为的界面，需要指定相间的厚度（相对或绝对）和聚合材料。Digimat-FE 中生成的相间（即涂层）由一层聚合单元（COH3D6）所取代。通过沿着该夹杂表面的法线挤出 2D 三角形网格，获取聚合单元。这种建模技术仅限于具有 C1 连续外表面的夹杂，即没有锐角的夹杂。同时也限于厚度不变的相间，且夹杂形状是球体和球柱体。

聚合单元通过约束条件与夹杂和基体相联，且基体、夹杂和聚合相间分别相互啮合。为确保夹杂与其聚合相间以及聚合相间与基体之间的充分接触，需要进行节点调整。如果聚合相间的厚度非常小（相对于基体和夹杂中的平均单元尺寸而言），则可能生成麻烦，需要增加相间厚度。

13.1.2　界面脱粘

界面是指夹杂与基体之间的表面，或为夹杂与其涂层（如有）之间的表面。当受夹杂影响的基体区域非常薄时，应使用界面脱粘。可使用两类模型：脱胶模型和聚合区模型。若使用其中一种，则只需在 Digimat-FE 中设置脱胶或聚合材料。

有限元建模可借助特殊表面相互作用特性对界面脱粘，类似于触点。在使用二阶单元建模时会出现聚合问题，因此，在模拟脱胶或基于表面的聚合行为时使用一阶四面体单元。

13.1.3　界面脱粘用脱胶模型

当使用脱胶模型对界面脱粘建模时，可借助所谓的黏性或胶接触条件将夹杂的外表面粘至周围的基体材料，从而防止物体之间的任何相关滑动接触。在机械加载时，这些胶或接触条件被破坏或抑制，满足以下标准时，夹杂-基体界面打开：

$$\begin{cases} \left(\dfrac{t_n}{S_n}\right)^2+\left(\dfrac{t_s}{S_t}\right)^2+\left(\dfrac{t_t}{S_t}\right)^2>1 & t_n>0 \\ \left(\dfrac{t_s}{S_t}\right)^2+\left(\dfrac{t_t}{S_t}\right)^2>1 & t_n\leqslant 0 \end{cases} \tag{13.1}$$

式中，t_n 为与夹杂-基体界面垂直的应力分量；t_s、t_t 为沿夹杂-基体界面作用的两个剪切应力分量；S_n 为仅受正应力时界面可承受的最大应力；S_t 为仅受剪切应力时界面可承受的最大应力。

13.1.4 相间或界面脱粘用聚合区模型

采用聚合材料模型模拟夹杂与基体之间区域（相间或界面）的力学行为，通常由拉伸-张开法则、损伤起始判别标准和损伤演化模型的弹性部分组成。

1. 线弹性拉伸-张开法则

拉伸-张开法则将拉应力矢量与聚合物粘结区域应变矢量关联。应力和应变向量都有三个三维分量，即一个垂直于表面的分量和两个剪切分量，具体表现在局部轴系中，其中 3 轴垂直于表面，1 轴和 2 轴相切。

根据聚合材料在相间或界面中的不同应用，拉伸-张开弹性参数将具有不同的含义。就相间脱粘而言，弹性行为可写成：

$$t=\begin{Bmatrix} t_n \\ t_n \\ t_n \end{Bmatrix}=\begin{bmatrix} K_{nn} & K_{ns} & K_{nt} \\ K_{ns} & K_{ss} & K_{st} \\ K_{nt} & K_{st} & K_{tt} \end{bmatrix}\begin{Bmatrix} \varepsilon_n \\ \varepsilon_s \\ \varepsilon_t \end{Bmatrix}=K\varepsilon \tag{13.2}$$

其中应变 ε 定义如下

$$\varepsilon_n=\frac{\delta_n}{T_0},\varepsilon_s=\frac{\delta_s}{T_0},\varepsilon_T=\frac{\delta_T}{T_0} \tag{13.3}$$

式中，δ_n、δ_s 和 δ_T 为聚合单元或接触开口的上下面之间的位移；T_0 为初始相间厚度。

Digimat-FE 不支持垂直分量与剪切分量之间的耦合行为。因此，上述表达式中弹性基体中的非对角项将始终为 0。这样就只剩下三个待定义的材料参数，即 K_{nn}、K_{ss} 和 K_{tt}。此外，两个剪切刚度分量在大部分时间都是相同的。在 Digimat-FE 创建的 Abaqus 模型中，始终根据节点坐标计算聚合层厚度。就界面脱粘而言，聚合界面的弹性行为的定义几乎与聚合相间相同，主要差异在于未定义厚度。因此，有必要直接使用间隙而非应变。此外，间隙不再是聚合单元上下表面的相对位移，而仅仅是接触开口和滑移。因此，可采用以下形式重写拉伸-张开弹性行为：

$$t=\begin{Bmatrix} t_n \\ t_n \\ t_n \end{Bmatrix}=\begin{bmatrix} K_{nn} & K_{ns} & K_{nt} \\ K_{ns} & K_{ss} & K_{st} \\ K_{nt} & K_{st} & K_{tt} \end{bmatrix}\begin{Bmatrix} \varepsilon_n \\ \varepsilon_s \\ \varepsilon_t \end{Bmatrix}=K\delta \tag{13.4}$$

2. 损伤起始判别标准

损伤起始判别标准有四种：

（1）最大应变：当最大应变比达到数值 1 时，损伤即开始出现。当与聚合相间一起使用时，损伤起始标准可表示为：

$$\max\left\{\frac{\langle\varepsilon_n\rangle}{\varepsilon_n^0},\frac{\varepsilon_s}{\varepsilon_s^0},\frac{\varepsilon_t}{\varepsilon_t^0}\right\}=1 \tag{13.5}$$

当与聚合界面一起使用时，间隙取代应变，损伤起始标准可表示为：

$$\max\left\{\frac{\langle\delta_n\rangle}{\delta_n^0},\frac{\delta_s}{\delta_s^0},\frac{\delta_t}{\delta_t^0}\right\}=1 \tag{13.6}$$

（2）最大应力：当最大应力比达到数值 1 时，损伤即开始出现。标准可表示为：

$$\max\left\{\frac{\langle t_n\rangle}{t_n^0},\frac{t_s}{t_s^0},\frac{t_t}{t_t^0}\right\}=1 \tag{13.7}$$

就聚合界面和聚合相间而言，其具有相同的表达式。

（3）最大二次应变：当涉及应变比的二次相互作用函数（定义见下文表达式）达到数值 1 时，即开始出现损伤。该标准可表示为：

$$\left\{\frac{\langle\varepsilon_n\rangle}{\varepsilon_n^0}\right\}^2+\left\{\frac{\varepsilon_s}{\varepsilon_s^0}\right\}^2+\left\{\frac{\varepsilon_t}{\varepsilon_t^0}\right\}^2=1 \tag{13.8}$$

当与聚合界面一起使用时，间隙取代应变。该标准可表示为

$$\left\{\frac{\langle\delta_n\rangle}{\delta_n^0}\right\}^2+\left\{\frac{\delta_s}{\delta_s^0}\right\}^2+\left\{\frac{\delta_t}{\delta_t^0}\right\}^2=1 \tag{13.9}$$

（4）最大二次应力：当涉及标称应力比（如以下等式定义）的二次相互作用函数达到 1 的值时，假设开始发生损伤。该标准可表示为

$$\left\{\frac{\langle t_n\rangle}{t_n^0}\right\}^2+\left\{\frac{t_s}{t_s^0}\right\}^2+\left\{\frac{t_t}{t_t^0}\right\}^2=1 \tag{13.10}$$

就聚合界面和聚合相间而言，其具有相同的表达式。

对于在相互粘合的相间使用的基于应变的标准而言，Digimat-FE 中定义的参数分别是 ε_n^0、ε_t^0 和 ε_s^0，在正常模式和剪切模式（第一和第二剪切方向）中的最大应变。当在黏性界面中使用时，Digimat-FE 中定义的参数是最大分离度 δ_n^0、δ_t^0 和 δ_s^0。

对于基于应力的标准而言，Digimat-FE 中定义的参数分别是 t_n^0、t_t^0 和 t_s^0，正常模式和剪切模式（第一和第二剪切方向）中的最大张拉应力。

3. 损伤变化定律

当累积损伤开始时，损伤变化定律控制相间的刚度如何变化。损伤程度由单个标量参数 D 表示。对于未损伤的材料，参数 D 为 0，而对于失效的材料，参数 D 为 1。拉伸-张开法则的应力分量受损伤变量的影响，公式如下：

$$t_n=\begin{cases}(1-D)\overline{t}_n & \overline{t}_n\geqslant 0;\ t_s=(1-D)\overline{t}_s;\ t_t=(1-D)\overline{t}_t\\ \overline{t}_n\end{cases} \tag{13.11}$$

对于损伤变量 D 而言，支持两种不同的演化规律。当与黏性界面或相互粘合的相一起使用时，两种变化定律相同。

（1）基于位移的变化

①线性软化

$$D = \frac{\delta_m^f(\delta_m^{max} - \delta_m^0)}{\delta_m^{max}(\delta_m^f - \delta_m^0)} \qquad (13.12)$$

其中，δ_m^f 是失效时的有效分离；δ_m^0 是损伤开始时的分离；δ_m^{max} 是在整个加载历史中达到的最大分离。在图形用户界面中指定的参数是损伤开始和失效之间的分离，即，

$$\delta_m^f - \delta_m^0 \qquad (13.13)$$

②指数软化

$$D = 1 - \left\{\frac{\delta_m^f}{\delta_m^{max}}\right\}\left\{1 - \frac{1 - \exp\left[-\alpha\left(\frac{\delta_m^{max} - \delta_m^0}{\delta_m^f - \delta_m^0}\right)\right]}{1 - \exp(-\alpha)}\right\} \qquad (13.14)$$

其中，α 是"损伤指数"。

需要注意的是，对于这两种损伤变化定律而言，参数 $\delta_m^f - \delta_m^0$ 是绝对值，并且具有长度尺寸，必须对应相间的初始厚度进行选择。

(2) 基于能量的变化

①线性软化

$$D = \frac{\delta_m^f(\delta_m^{max} - \delta_m^0)}{\delta_m^{max}(\delta_m^f - \delta_m^0)} \qquad (13.15)$$

其中，

$$\delta_m^f = \frac{2G^C}{T_{eff}^0} \qquad (13.16)$$

式中，G^C 是相间材料的断裂能量；T_{eff}^0 是损伤开始时的有效拉伸应力。

②指数软化

$$D = \int_{\delta_m^0}^{\delta_m^f} \frac{T_{eff}}{G^C - G_0} \qquad (13.17)$$

式中，G_0 是损伤开始时的弹性能量。

13.1.5 不连续纤维复合材料

在不连续纤维复合材料（DFC）中，碎片或绞合线可被视为特殊类型的夹杂，上述一些规律同样适用。由于 DFC 材料中基体材料占据的体积通常非常小，只能使用界面脱粘，且在应用上述的破裂胶或内聚力模型时，使用条件略有不同。由于网格始终为体素网格，无需施加任何接触或搭接条件，但使用黏性材料时需要注意收敛问题。

13.2 单相失效

Digimat-FE 中可用于模拟 RVE 内单相失效的选项涵盖所有类型的 RVE。可从 Digimat 树形结构中的失效（Failure）选项卡中进行访问（图 13.1）。在创建失效标准窗口时，选择相应的失效模型（图 13.2）：

(1) 最大分量（基于应力或应变）；

(2) Tsai-Hill 3D 横向各向同性（基于应力）；

（3）Tsai-Wu 3D 横向各向同性（基于应力）；

（4）Hashin 3D（基于应力）；

（5）Von-Mises（基于应力）。

另外，Digimat-FE 提供了两种方法自定义失效时的损伤行为（图 13.3）：

（1）在失效时不施加任何损伤：当 RVE 的积分点达到失效时，仅计算失效指数，而不对 RVE 施加任何损伤，失效指数在 0 和 1 之间。

（2）在失效时施加损伤：可选择残余的刚度，并立即将其施加达到失效的积分点上。残余刚度可在 0.01 和 1 之间选择。

如果是织物 RVE，由 Digimat-FE 求解器计算纱线层次的失效标准；如果是根据纱线微观部件（即树脂和/或纤维）定义的失效标准，应选择纱线微观部件的失效标准，以便其在纱线层次上形成封闭的失效表面。

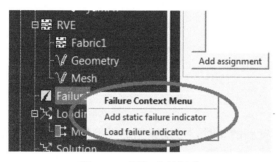

图 13.1　添加失效标准

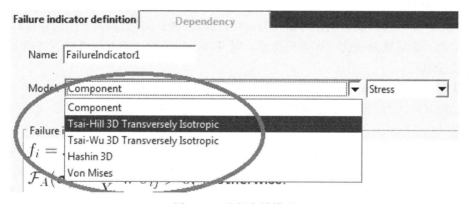

图 13.2　选择失效模型

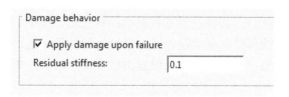

图 13.3　选择损伤行为

第 14 章　微观结构

14.1　设置

右键点击 Digimat 树形结构中的微观结构项，可获取 Digimat 图形用户界面中微观结构的设置。在三个不同的相选项卡中指定其参数：

（1）类型；

（2）参数；

（3）涂层。

14.2　类型

在类型选项卡中设置新的相时，可设置相的类型规范以及该相的材料属性：

（1）微观结构名称；

（2）相名称；

（3）相类型：

● 基体：如果选择该选项作为相类型，则待设置的唯一参数就是相应的相材料。

● 夹杂：如果选择该选项作为相类型，则可以访问参数选项卡，通过该选项卡可以设置所有夹杂选项。

● 孔隙：与夹杂相非常类似，唯一的区别是其无需指定相材料。

● 连续纤维：与规则夹杂之间的主要差异是只有直径才可确定夹杂形状（即假设纵横比为无限大）。

● 纱线：用于织物微观结构。虽然纱线由两种材料（基体和纤维）组成，但纱线的材料分配简化为纤维材料的单一材料分配。纱线内的基体材料自动从主要基体相中进行识别。因此，最终 FEA 模型中的纱线材料模型是基体和纤维材料模型的组合。支持的材料模型是线性弹性模型和弹塑性模型。在求解选项卡中创建输入时，Digimat-FE 会预先计算纱线的均匀行为。

● 绞合线：用于设置 DFC。在选择这种类型的相之后，在 RVE 选项卡中将提供 DFC 的特定工作流程，其中几何体和网格在生成体素网格的过程中进行组合。其他支持的具有绞合线的相为基体和孔隙。绞合线相可以设置为微观结构的唯一相，具有百分之百的体积分数。

（4）相间：该选项仅适用于夹杂、孔隙和连续纤维相类型。允许设置夹杂周围的相间层（即涂层）并且可以访问相间选项卡。

（5）相材料：通过下拉菜单可以选择相材料。所有之前验证的材料均可以选择，并且在不同的相中可多次使用同一材料。

14.3　参数

该选项卡仅适用于夹杂和孔隙相类型。可设置与该相类型有关的参数：

1）相分数：设置体积分数或相的质量分数。

2）相设置：

（1）指定最小夹杂数量：DIGIMAT 自动计算夹杂的大小，只有在周期几何体和夹杂没有相互渗流的情况下，或者在最小相对夹杂体积为 1 的条件下，该数字才可被验证；

（2）指定夹杂尺寸和纵横比：需要在形状参数和尺寸中指定夹杂的尺寸和纵横比；

（3）指定夹杂尺寸和直径：需要在形状参数和尺寸中指定夹杂的尺寸和直径。

3）形状参数：

（1）夹杂形状：通过下拉菜单可以选择预设值的夹杂形状或从 STEP 几何文件中加载夹杂形状（图 14.1）。存在以下限制：

● STEP 文件中只能包含一个实体；

● 相必须由夹杂数量进行指定，夹杂的尺寸由 STEP 文件中包含的几何体固定，需要调整体积单元的大小，以实现代表性。

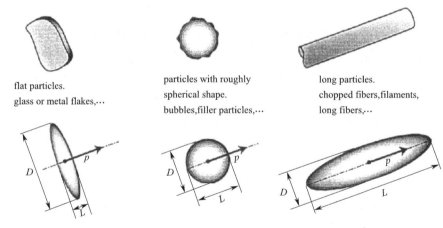

flat particles.
glass or metal flakes,…

particles with roughly
spherical shape.
bubbles,filler particles,…

long particles.
chopped fibers,filaments,
long fibers,…

图 14.1　具有不同纵横比的夹杂图示

（2）根据夹杂的形状，需要指定某些参数，以完全确定其几何体。

①呈现旋转对称性的夹杂形状应通过其纵横比或直径进行设置。

－纵横比：该形状参数定义了呈现旋转对称性的夹杂长度和直径之间的比率，长度沿着对称轴进行测量，而直径在正交平面中进行测量。球形夹杂的纵横比为 1，而纤维和薄片的纵横比分别大于 1 和小于 1。

－直径：该参数用于定义夹杂的形状。在夹杂呈现旋转对称性的情况下，其对应于夹杂的直径，而对于棱柱夹杂而言，其对应于长度 b，并且不可用于二十面体。注意：建议使用球柱形夹杂，而不是椭圆夹杂模拟纤维，以避免在 FE 中导入几何文件时出现问题。此外，球形、圆柱形和球柱形夹杂的生成算法比其他夹杂类型快得多。

②棱柱夹杂：需要使用两个纵横比（图 14.2）；

③二十面体：具有固定比例，没有纵横比参数（图 14.2）；

④1D 夹杂（直梁和曲梁）：纵横比或直径是计算夹杂等效体积所必需的尺寸，不支持涂层。

⑤曲梁：另外需要增加一个在 0 和 10 之间的参数弯曲度。不支持涂层和相互粘合的相间，且仅对于细长的夹杂具有意义（纵横比大于 25）。

⑥梁夹杂（直线和曲线）：用于模拟非常细长的纤维。

4）尺寸：只有在按尺寸指定夹杂相时，这部分才适用。有三个选项可供选择：

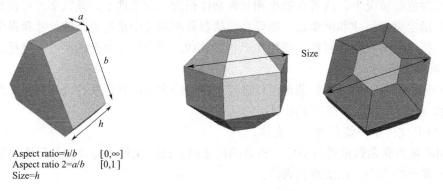

Aspect ratio=h/b [0,∞]
Aspect ratio 2=a/b [0,1]
Size=h

图 14.2　棱柱和二十面体夹杂形状的参数定义

（1）固定尺寸：设置夹杂的恒定绝对尺寸，指定值与 RVE 尺寸一致；

（2）随机：可生成大小均匀分布在下限和上限之间的夹杂；

（3）分布：可浏览包含给定尺寸分布的文件，从而定义夹杂相实验尺寸测量值。

（4）允许尺寸减小：当使用固定的夹杂尺寸并且夹杂不相互渗流时，勾选该选框可以减小尺寸。若在达到最大夹杂位置数量后没有找到满意的位置，并且生成过程随着减小的夹杂尺寸继续执行，则固定的夹杂尺寸将按照缩减因子进行缩放。

● 最大尺寸减少量：设置生成过程停止之前的最大尺寸减少量。

● 尺寸缩减因子：设置尺寸缩减比例因子。

根据夹杂相的设置方式，该选项的行为略有不同。对于"按数量"和"按尺寸和纵横比"设置的夹杂相而言，夹杂尺寸将会减小，纵横比将保持不变。因此，夹杂直径也会减小。对于"按尺寸和直径"定义的夹杂相而言，夹杂尺寸将会减小，直径将保持不变。因此，纵横比也会减小。

5）取向：指定夹杂的取向。就其方向单位向量而言，指定夹杂的取向。对于对称夹杂而言，该向量与对称轴对齐，而对于棱柱夹杂而言；其对应于挤出方向。有三种方法定义夹杂取向：

（1）固定：对体积单元中的所有夹杂施加恒定且相同的取向。取向向量由两个球面角 θ 和 φ 进行定义（图 14.3）。沿着 1 轴排列的夹杂符合 $(\theta,\varphi)=(90°,0°)$ 的球面角。

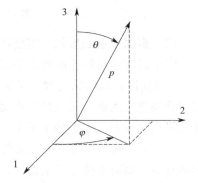

图 14.3　球面角 θ 和 φ 的定义

184

需要注意：对于不具有旋转对称性的夹杂而言，即棱柱和二十面体，必须使用第三个角（p向量的旋转）完全定义取向。当选择固定取向时，该角等于零。

（2）随机：选择随机 2D 或 3D 可以在（1，2）平面或空间中指定随机取向。相当于取向张量 $a=\mathrm{diag}(1/2,1/2,0)$ 和 $a=\mathrm{diag}(1/3,1/3,1/3)$。

（3）张量：通过取向张量指定取向相当于设置体积单元取向分布。取向张量是取向分布函数的二阶弯矩（ODF$\psi(p)$），其提供了沿给定取向的纤维概率。

$$a_{ij}=\int p_i p_j \psi(p)\mathrm{d}p \qquad (14.1)$$

取向张量对称，因此需要 6 个独立的分量进行完全设置，须验证以下统计规则：

● 轨迹（$T(a)$）等于 1：如果未验证该属性，但是线度在 $[1-\mathrm{tol}, 1+\mathrm{tol}]$ 的范围内，Digimat 将会发出警告并对对角项进行归一化，使线度等于 1。

$$a'=\begin{bmatrix} \dfrac{a_{11}}{T(a)} & a_{12} & a_{13} \\ a_{12} & \dfrac{a_{22}}{T(a)} & a_{23} \\ a_{13} & a_{23} & \dfrac{a_{33}}{T(a)} \end{bmatrix} \qquad (14.2)$$

如果线度超出范围 $[1-\mathrm{tol}, 1+\mathrm{tol}]$，则发出错误消息，误差设置为修改为 10^{-2}。

● 对角分量属于 $[0，1]$：如果任何对角分量不处于该范围内，则将其四舍五入到 0 或 1，使其属于 $[-0.001，0]$ 或 $[1，1.001]$，否则将发出错误消息。

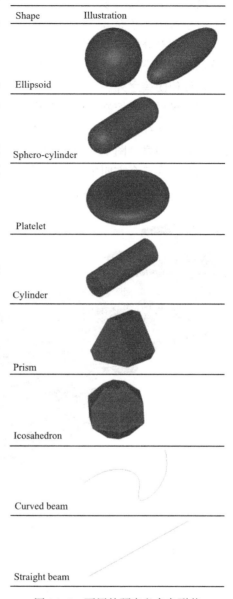

Shape	Illustration
Ellipsoid	
Sphero-cylinder	
Platelet	
Cylinder	
Prism	
Icosahedron	
Curved beam	
Straight beam	

图 14.4　可用的预定义夹杂形状

● 非对角分量的绝对值小于或等于 0.5：如果未验证该属性，将会发出错误消息。

14.4　高级参数

仅适用于夹杂、孔隙和连续纤维三种相类型。设置高级参数，可更好地控制生成的微观结构：

1）团簇

改变夹杂的默认空间定位（均匀随机分布），使夹杂聚集在团簇的中心周围。可根据需要设置一个相内的多个团簇，右键点击团簇列表，使用弹出的快捷菜单添加或删除团簇。对于每个团簇而言，可以修改以下参数：

（1）相对分数：设置待放置在当前团簇中的相的相对分数。一个相中所有团簇的相对分数总和必须小于或等于1。如果小于1，按照默认的均匀随机空间分布，将剩余的夹杂放置在任何团簇之外。

（2）纵横比：控制团簇的形状。默认设置为相纵横比或自定义值，当值为1时，可以创建具有恒定纤维取向且没有连续纤维的团簇。对于纤维纵横比为50，团簇中的相对相分数为0.8而言，图14.5和图14.6说明了默认值与1的差别：当团簇纵横比相当于纤维纵横比时，在三个方向中的纤维数量大致相同；当值为1时，在纤维方向中只有一根纤维，而在横向中只有几根纤维。

图14.5　纵横比对应于相纵横比的团簇示例　　　　图14.6　纵横比等于1的团簇示例

（3）取向：控制团簇取向（当纵横比不同于1时）。默认团簇取向可以从相取向中推导，也自定义恒定取向。当相取向定义为随机或按照张量进行定义时，从相取向推导出的团簇取向相当于取向张量的第一个特征向量。

（4）位置：团簇的默认位置是随机生成的，也可指定。

（5）纤维取向类型：在一个团簇内，可以强制对夹杂进行取向或不取向。

（6）纤维取向：控制团簇内的夹杂取向，只有在为纤维取向类型选择恒定取向时才可以使用。

当使用团簇并且所有团簇的总相对体积小于1时（即当相也具有夹杂而不是任何团簇的一部分时），首先生成团簇（全部同时生成），并且一旦完全生成所有团簇后，剩余的夹杂随机放置。如果需要对不同团簇生成序列进行更精细地控制，可以将不同团簇设置为不同的夹杂相从而实现这种需要。

2）设置夹杂位置/取向

手动设置所选相中的一些或全部夹杂的位置和取向，通常由 θ 和 φ 设置取向，但从CAD文件中导入的夹杂除外。在生成过程中，Digimat-FE 将开始使用提供的位置和取向

（而不是随机生成的位置和取向）。如果指定两个位置和取向，则其始终联合使用（即指数 i 处的位置与指数 i 处的取向相关联）。其中包含以下几项含义：

（1）如果提供的位置和/或取向的数量小于夹杂的数量，则剩余的夹杂将随机放置；

（2）对于自定义的位置和/或取向的夹杂而言，执行与随机放置的夹杂相同的检查。如果自定义的夹杂违反一些生成限制，则舍弃该用户定义的夹杂，通过勾选忽略相体积/质量分数选项，可避免该类行为。

在多层 RVE 的情况下，表中提供的 Z 坐标可解释为相对于当前层（而不是相对于全局 RVE）。可由以下选项控制指定位置的方式：

（1）忽略相体积/质量分数：即使相体积/质量分数高于指定值，仍将使用所有指定位置和取向。

（2）使用的指定位置/取向的数量：仅使用指定的数量。

（3）禁用所有几何检查：即使违反 RVE 选项卡上指定的限制，仍将使用所有指定位置和/或取向。

（4）自定义位置使用：确定是否在 RVE 生成期间顺序或随机地使用指定位置。

3）基体接触

在 Digimat-FE 中对圆柱形夹杂网格划分（不使用共享节点选项）时，不能使用使纤维尖端与基体接触，允许夹杂的圆柱面与基体相接触。影响 Digimat-FE 生成的 FEA 输入，但不影响几何体。选中该选项后，两个平面（夹杂尖端）不会接触到基体上。

另外，在进行热学分析或电学分析的情况下，高级参数选项卡中也提供渗流参数。

14.5　相间

在类型选项卡中激活相间后，访问相间选项卡定义涂层参数。

1）相间名称：定义相间的名称。默认名称是 CoatingN，其中 N 是代码自动生成的增量编号。每个相间必须有不同的名称，其不包含任何空格或引号。

2）材料：选择相间材料。列表中的可用材料是之前已验证的材料。

3）相间分数：相对于体积单元的其他相而言，相间的重要性可以通过以下其中一个选项进行设置：

（1）体积分数：设置体积单元中相间的体积分数。

（2）质量分数：输入材料密度后定义体积单元中相间的质量分数。

（3）相对厚度：设置相间层相对于夹杂半径的厚度。夹杂半径可确定为其纵横比除以夹杂尺寸的一半。

（4）绝对厚度：设置相间的绝对厚度。通过夹杂半径的规范固定单位，其相当于椭球夹杂的两个短轴之一。

4）相间形状：有两种方法定义相间形状（而对于圆柱形夹杂而言，有三种方法）：

（1）恒定厚度：相间层具有恒定的厚度，产生与夹杂不同的纵横比（纵横比等于 1 除外）。

（2）恒定纵横比：相间层具有与夹杂相同的纵横比。

（3）与夹杂相同的长度：仅适用于圆柱形夹杂。选择该选项后，相间层的长度将与圆柱形夹杂的长度完全相同，圆柱形夹杂的两个平面不会被相间层覆盖。

第 15 章 RVE

15.1 CPU 时间

Digimat-FE 中的 RVE 生成过程是迭代过程。通常一次添加一种夹杂（如果存在，也添加其涂层）。对于每种夹杂而言，生成步骤和过程如下所示：

1）生成初级夹杂：初级夹杂始终以原点为中心，其主轴在全局 Z 轴上对齐。对于所有呈现旋转对称性的夹杂而言，主轴是旋转轴；对于棱柱夹杂而言，其为挤压轴。

2）如有必要，应用尺寸转换。

3）根据夹杂相的取向定义，进行旋转。

4）进行平移。平移如下：

（1）如果未设置团簇，则随机均匀分布；

（2）如果设置团簇，则随机非均匀分布，夹杂更可能放置在团簇中心附近。

5）如果不允许相互渗流，则对夹杂进行相交检查。

（1）如果放置的夹杂与其他已经放置的夹杂相交，则返回至步骤 3）执行算法。

（2）按照步骤 6 执行算法。

6）检查剩余的约束条件：与已安置夹杂之间的最小距离和待安置夹杂的最小相对体积。

（1）如果所有检查都正常，则算法进行到步骤 7）。

（2）如果不正常，则算法返回到步骤 3）。

7）到达步骤 7）即表明已在在建 RVE 中成功安置夹杂，该算法将更新当前体积分数。

8）如果尚未达到所需的体积分数，则算法将从步骤 1）开始重新执行程序。

9）如果达到所需的体积分数，则算法停止。

在该过程中，最耗费时间的步骤是步骤 5）和步骤 6），因为它们重复了很多次，可能达到几千次。因此，交叉检查和距离计算的成本变化很大程度上取决于夹杂的类型。以下列表对涉及步骤 5）和步骤 6）的内在成本的夹杂进行了分类。按照最小成本到最大成本的顺序排列如下：

（1）球体

（2）球柱体

（3）圆柱体

（4）椭圆体

（5）棱柱体

（6）二十面体

（7）片状

（8）CAD 文件中的夹杂

球体、球柱体和圆柱体的成本几乎相同，都很低。其余类型的夹杂成本也几乎相同，但要高得多。另外，当允许相互渗流时，需要进行交点计算，花费昂贵。在大多数情况下，在使用允许渗流选项时，花费的 CPU 时间会更长。

15.2　达到高体积分数

由于这种迭代随机过程缘故，达到高体积分数可能需要花费很长的 CPU 时间。以下是一些尽可能达到高体积分数的提示：

1）使用"稳固"夹杂：即首选球柱体或圆柱体，以及椭圆体或片状。

2）通过使用该"稳固"夹杂，可增加"随机安置的最大尝试次数"，且不出现任何问题。默认值是 400，但是高达 5000～6000 的值仍然是合理的，并且将有助于达到更高的体积分数。

3）允许减小夹杂尺寸：根据夹杂相的定义方式，该选项的行为略有不同。

（1）对于"按数量"和"按尺寸和纵横比"定义的夹杂相而言：夹杂尺寸将会减小，纵横比将保持不变。因此，夹杂直径也会减小。

（2）对于"按尺寸和直径"定义的夹杂相而言：夹杂尺寸将会减小，直径将保持不变。因此，纵横比也会减小。

4）取向对可达到的最大体积分数有很大的影响：取向越随机，可达到的最大体积分数越低。纵横比越高，效果越强。图 15.1 显示了随机 3D 取向下，椭圆形夹杂的估算渗流阈值。

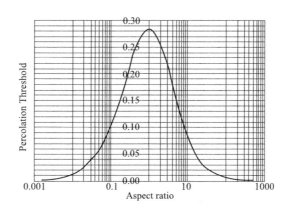

图 15.1　随机 3D 取向下椭圆形夹杂的近似渗流阈值

5）避免使用以下选项。如有必要，尽量使用尽可能小的值。

（1）夹杂之间的最小相对距离；

（2）最小相对体积；

（3）团簇。

15.3 单层与多层 RVE 之间的关系

在 Digimat-FE 中有两种类型的 RVE 可供选择（图 15.2）：（1）单层；（2）多层。

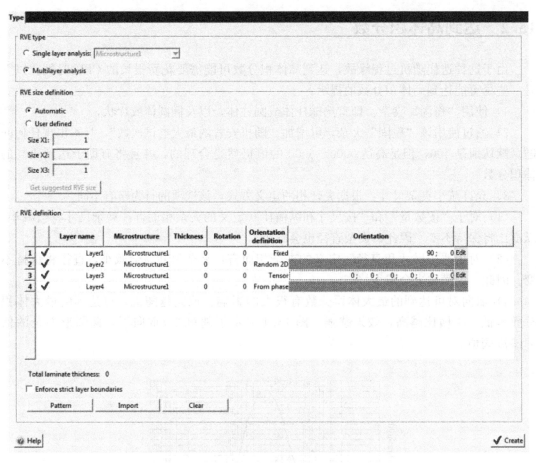

图 15.2 RVE 类型选项卡

15.3.1 RVE 尺寸

Digimat-FE 生成的 RVE 尺寸可根据复合材料的微观结构定义自动计算或通过 3D 模式手动指定。

1）自动：Digimat-FE 自动计算 RVE 的适当尺寸，以便能沿 RVE 的三个轴线中的其中之一安置至少 3 到 5 个夹杂，并考虑：

（1）每个夹杂相的尺寸和形状；

（2）每个夹杂相的取向。

一般建议使用自动计算的尺寸，但以下特定情况除外：

（1）当不同夹杂相的夹杂尺寸之间存在较大差异时；

（2）夹杂尺寸和夹杂数量定义的夹杂相存在于同一个分析中时。

2）自定义：RVE 尺寸的默认值是 1×1×1。

15.3.2　单层微观结构

RVE 由一个或若干夹杂相增强的基体相构成。微观结构项下设置的微观结构名称须与 RVE 相关联。默认情况下，按所创建的所有微观结构的字母顺序排列的第一种微观结构项与 RVE 相关联。

15.3.3　多层微观结构

RVE 由多个层组成，每一层都与之前定义的微观结构相关联。而且，在 RVE 定义中，可在不改变微观结构参数的情况下对每一层重新定义夹杂的取向。创建多层 RVE 的方法有多种。

多层 RVE 的每一层都由以下属性进行定义：

（1）层名称：定义层的名称。默认情况下，LayerN（层 N）是第 N 层的名称。由于层是通过名称来标识，因此每个层都须有不同的名称。

（2）微观组织：可通过此下拉菜单在已定义的微观结构中选择一种微观结构来定义当前层。默认情况下，该层的取向视为微观结构夹杂相种定义的取向。然而有两种方法可改变夹杂相的取向，而不会生成另一种微观结构：

● 旋转：用来定义（1，2）-平面中的一个额外旋转，该项旋转将应用于夹杂相取向定义。但只适用于指定为固定的取向或由向量指定的取向。

● 取向定义：根据层、覆盖而定，或并非微观结构定义中给出的取向定义。

– 源自相：夹杂相的取向由与当前层相关的微观结构中定义的取向赋予。

– 固定：允许自定义球面角 φ 和 θ，通过打开取向列中的对话框来描述纤维的取向。

– 随机 2D/随机 3D：选择在（1，2）平面或 RVE 3D 空间内随机分布纤维取向。

– 张量：允许通过打开取向列中的对话框来定义描述纤维取向的取向向量。

（3）厚度：定义层的真实厚度或应与整个 RVE 厚度有关。该值须为正值，不使用预先定义的值。

（4）方向：如果取向是固定的，则该选项将定义球面角或在重新定义夹杂相的取向时输入取向向量分量。旋转可应用于固定取向或自定义的取向向量，点击编辑按钮。

15.3.4　多层 RVE 创建方法

Digimat GUI 中有三种补充方法可用于创建多层 RVE：

1）方法 1：右键点击

右键点击 RVE 设置表，同时将鼠标悬停在层（下文称为选定层）上，将出现层快捷菜单。提供了若干选项来添加、删除、复制或移动 RVE 定义表中的层。

2）方法 2：使用模式工具

左键点击 RVE 定义表底部的模式按钮，打开一个对话框，通过该对话框使用复制/对称/反对称工具创建多层微观结构。

（1）复制模式工具：选定待复制的微观结构层之后，可选择模式应复制的次数以及应复制到现有结构中的位置。

（2）反对称和对称模式工具：通过这两个选项可以构建一个反对称或对称的层压板。选定待模式化的层、对称类型和对称层之后，点击确定按钮更新多层微观结构。

3）方法3：从取向文件中导入

左键点击位于 RVE 定义表下方的导入按钮，将打开一个对话框，从格式化的文件中加载多层 RVE 定义。

（1）文件格式：有四种文件格式可供选择：Moldflow Midplane1（*. xml）、Moldflow Midplane 1（*. ele）、Digimat 1（*. dof）；最后的格式（*. csv 文件）在下文中有描述，并激活一些特殊性质。

（2）文件：该字段允许用户指定载有 RVE 定义的文件路径。

（3）取向：在每层表层上给出源自取向文件的取向向量，但该向量不适用于每一层，即 N 层 RVE 有 $N+1$ 表层。除外层之外，可通过对各层表层的取向向量进行平均化来计算层的取向向量。就外层而言，有三个选项可用于计算取向向量：

- 源自下一层：将表层 2 和 N 的取向向量归入层 1 和 N。
- 用作给定值：通过对表层的取向向量进行平均化来计算外层的取向向量。
- 随机 2D：使用极端表层中的随机 2D 取向定义来计算外层中的取向。

（4）单元 ID：选择应提取的取向向量。默认值是 1。如何选择包含二阶单元取向定义的 Digimat 取向文件（*. dof），需要确定所选单元的第一个积分点。

（5）微观组织：与已导入层压板相关的微观结构名称。

CSV 层压文件（*. csv）具有特定的取向文件格式，其中包含单层压板（或多层 RVE）的设置。可通过该格式取消激活处理表层的取向和单元 ID 框。CSV 层压文件格式的用法如下：

```
LayerName,Thickness,Rotation,a11,a22,a33,a12,a23,a13
LayerName,Thickness,Rotation,theta,phi
# Hash-starting and empty lines are ignored.
# Each line must contain 5 or 9 entries.
# The entries can be separated by semicolons, commas, blankspaces or tabulations.
# All entries are numeric values, except LayerName(text without blankspaces).
# Thickness must be strictly positive.
# AdditionalRotation, theta and phi are expressed in degrees.
```

可通过该文件格式定义每个层的名称、厚度、旋转和取向。取向设置在固定和向量之间自动切换，但不管理其他取向设置。

15.4 织物 RVE

设置织物微观结构仍需生成 RVE 几何体。按 F5 或点击工具栏中的生成图标，按照与常规 Digimat-FE 微观结构相同的方式完成操作。

织物微观结构可与相容和非相容（体素）网状结构相啮合。体素网状结构是织物 RVE 的默认选项。相容网状结构也可投入应用，并通过与体素网状结构相比较而具备主要优势。

为准备适用于有效相容网状结构的几何体，可使用以下两个选项：

（1）纱线间距比：纱线之间的距离与纱线厚度的比率。其保证了纱线之间的树脂区域。该参数由 0 到 1 之间的值表示。默认值是 0。其与织物内纱线的默认位置相对应。数值 1 与纱线之间纱线厚度顺序的距离相对应。即使纱线间距比保持在 0 默认值（通常与纱线渗流相对应），求解器也会切割相交的纱线区域，以便执行相容的网格（图 15.3）。

（2）纱线卷曲：描述纱线弯曲度。默认值为 0.5，表明经纱和纬纱的弯曲度为 50%。如图 15.4 所示，数值 1 表明经纱的弯曲度为 100%，纬纱的弯曲度为 0。

spacing ratio=0　　　　　　　　　spacing ratio=0.25

图 15.3　纱线间距比

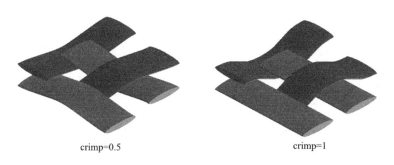

crimp=0.5　　　　　　　　　crimp=1

图 15.4　纱线卷曲

在生成适用于织物 RVE 的网格时，需遵守以下规则：

（1）相容网格：采用适用于纱线间距比的非零值；在界面上设置共享节点；如果将轻型相容网格作为目标，则使用无内部粗化或曲率控制的线性单元。

（2）体素网格：当织物 RVE 视为无弹性相时，建议使用全积分单元。

15.5　RVE 几何设置

通过该选项指定不同的用于生成 RVE 的几何体约束条件（图 15.5）。可在整体或特定相层面设置这些约束条件。通过点击表格的相应单元格来设置特定相的局部几何体选项，然后，通过弹出窗口设置一组新的局部参数。

15.5.1　几何选项

（1）周期性几何体：用于生成周期性几何体，即与 RVE 的其中一个面相交的任何夹杂将定期在 RVE 中安置补充物，以便相反的面看起来相同（图 15.6）。

（2）允许渗流夹杂（图 15.7）。

（3）允许涂层渗流（图 15.7）。

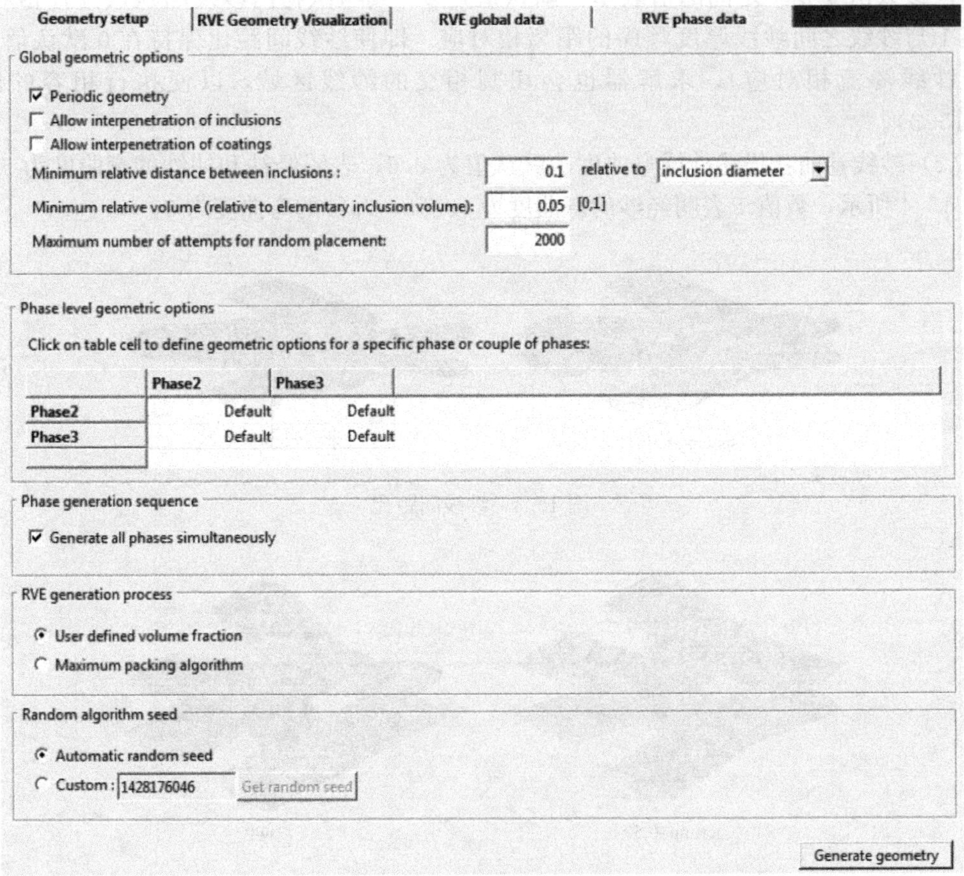

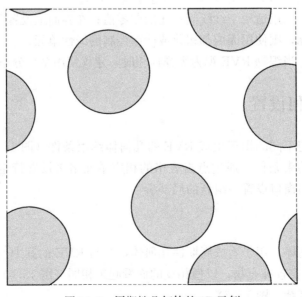

图 15.5　RVE 设置选项卡

图 15.6　周期性几何体的 2D 示例

（4）夹杂之间的最小相对距离（与夹杂尺寸有关）（图 15.8）。

（5）最小相对体积（与单元夹杂体积有关）：用于为已安置夹杂指定一个最小的体积。当夹杂与 RVE 的表面相交或与其他夹杂互相渗流时，将去除夹杂的一部分。如果剩余部分的体积小于指定值，则将丢弃该夹杂。指定值与当前夹杂初始体积有关。如果指定值为 1，则夹杂与 RVE 的面之间不会相交，即所有夹杂将完全位于 RVE 内部（图 15.9）。

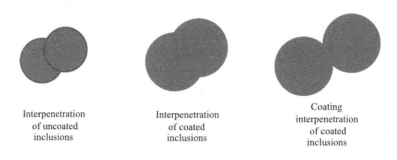

图 15.7　相互渗流选项的示意图

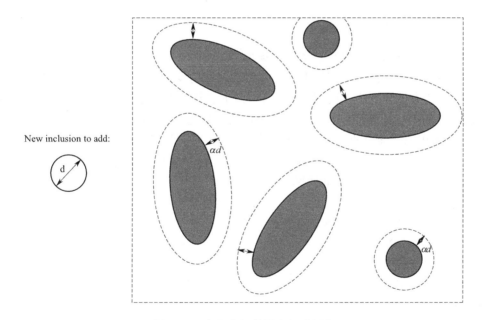

图 15.8　夹杂之间的最小相对距离

需要注意：对于周期性 RVE 而言，最小相对体积约束条件适用于 RVE 中所有夹杂。因此，如果需要周期性几何体，则将最小相对体积设置为 50%，防止夹杂与 RVE 面相交。

（6）随机安置的最大尝试次数：Digimat-FE 使用随机安置技术将夹杂依次安置在 RVE 中。每个夹杂的位置源于迭代过程的收敛。一旦验证夹杂位置的所有约束条件，夹杂的位置即为合格，例如，夹杂的位置不会与相邻夹杂互相渗流。如果迭代过程所需的随机安置尝试次数超过指定的最大次数，则 Digimat-FE 将在发出错误消息后停止生成流程。增加此参数有助于生成复杂的微观结构约束。

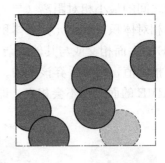

图 15.9　最小相对体积概念示意图

15.5.2　相生成顺序

默认设置将同时生成所有有效夹杂相，还可能依次生成不同的夹杂相。在这种情况下，可使用列表和按钮指定生成序列。

15.5.3　RVE 生成过程

有两种方法可控制 RVE 生成流程的类型：

1）自定义体积分数：几何体生成将按照微观结构设置的要求以体积分数为目标；

2）使用最大包装算法：使用默认的 RVE 生成算法达到其设定的内容值。最大包装算法从 RVE 的中心到外部包装夹杂，从而降低夹杂之间的空间，须注意：

（1）不考虑赋予每个夹杂作为目标的体积分数，而是试图达到可能的最高体积分数。

（2）由于既定体积分数不是目标，则所获得的体积分数将主要受夹杂之间的最小距离给出的值以及夹杂的形状和取向所影响。

（3）如果设置了所需夹杂数量，则不会在生成的 RVE 中验证 GUI 中显示的夹杂尺寸。

（4）同时生成所有相选项须处于活跃状态。

（5）每个已生成夹杂的 CPU 时间通常比默认算法稍高。

（6）不可与以下选项一同使用：

- 夹杂尺寸缩小选项。
- 允许夹杂互相渗流选项。
- 夹杂团簇选项。

15.5.4　随机算法种子

有两个选项用于控制随机数生成算法的种子参数：（1）自动随机种子：当创建分析时，即生成一次随机种子。然后将该种子的值与其他分析参数一起存储。这意味着除非已修改某些相或分析参数，否则重新运行分析将生成完全相同的 RVE。（2）自定义：可使用获取随机种子按钮生成新的随机种子。

15.5.5　渗流

如为电和热分析，则 Digimat-FE 可用来预测既定微观结构的渗滤阈值。可在两个层面上定义渗滤：（1）全局 RVE；（2）局部相层面。全局渗滤参数是分析参数的一部分，而局部渗滤参数则在相层面。

15.6　几何可视化

在 Digimat 树的 RVE 可视化项目中执行的操作如下：

（1）生成新微观结构；

（2）加载以前的分析结果；

（3）导出几何体文件；

（4）RVE 可视化设置；

（5）工具栏操作；

（6）RVE 全局数据；

（7）RVE 相数据。

通过右键点击 Digimat 树中的 RVE 可视化项目，在快捷菜单中执行这些操作（图 15.10）。

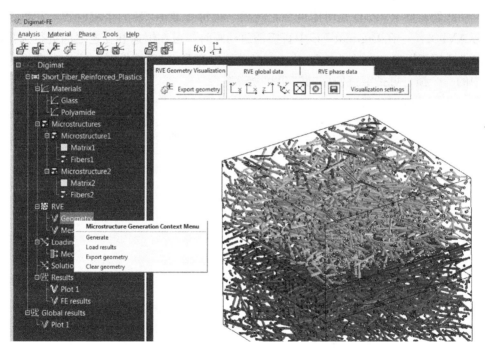

图 15.10　右键点击 RVE 可视化树项目时，将显示微观结构生成快捷菜单

可左键点击 Digimat 树中的名称来访问 RVE 树可视化项目和 RVE 3D 效果。每个夹杂相对应一个给定的颜色。

1）生成新的微观结构

可通过在 Digimat 树项目中提交 Digimat-FE 工作，或通过左键点击图 15.10 所示的快捷菜单来启动生成新微观结构。

2）加载以前的分析结果

如果工作目录中存在几何体文件（＊. brep 文件），并且已经在 GUI 中加载了分析，则可在 GUI 中加载以前的分析结果，了解几何体。

3）导出几何文件

Digimat-FE 分析完成后，可按照不同的格式标准导出生成的几何体，以便将其导入到有限元预处理器中。可用格式标准为：

（1）Parasolid（＊. xmt_txt）；

（2）Step（＊. step）；

（3）Iges（＊. iges）。

4）工具栏操作

（1）选择默认的预定义视图；

（2）在平行和透视投影模型之间切换；

（3）清除可视区；

（4）将可视区内容导出为图像文件；

（5）将生成的模型导出至几何体文件或 FE 预处理器。

5）RVE 可视化设置

可在此处调整 RVE3D 几何体可视化选项，也可重放 RVE 的生成流程，并将该动画保存为 AVI 文件。在 Digimat-FE 中直接播放动画时，可在恒速和变速之间进行选择，也可自定义适用于恒速和变速的速度因子。当动画保存到 AVI 文件时，每个夹杂将对应于 AVI 中的一个帧，可指定待使用的帧频和分辨率。

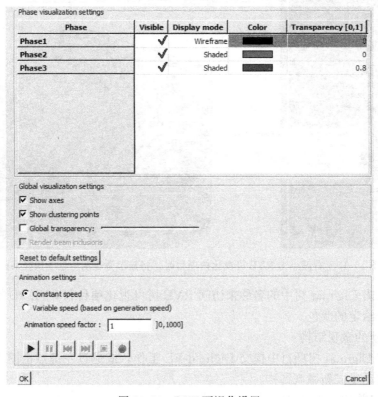

图 15.11　RVE 可视化设置

6）RVE 全局数据

（1）Digimat-FE 分析的 CPU 时间；

（2）分析运行的日期和时间；

（3）使用的 Digimat-FE 版本；

（4）就每个夹杂相而言，显示如下数据：

● 夹杂的数量；

● 有效的体积分数；

● 参考体积分数。

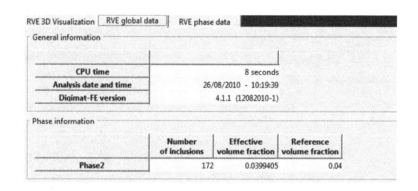

图 15.12　RVE 全局数据

7）RVE 相关数据

可通过此选项卡在 RVE 生成流程中后处理 Digimat-FE 在相层面上存储的所有数据。这些数据适用于 RVE 中每个相中的每个夹杂，包含以下数据：

● 取向：用于重新计算 RVE 中夹杂相的有效取向向量，并将该有效向量与所要求的有效向量进行比较。

● 位置：用于计算最近邻体之间距离的分布（以生成空间定位的随机性图像）。

● 尺寸：用于绘制夹杂尺寸分布，有效的尺寸分布可与所要求的尺寸分布进行比较，以查找两者之间的差异。

● 体积/面积：绘制夹杂体积/面积分布。

每个数据都在专用面板上显示和汇总，适用于每个夹杂相。这些面板共享相同的布局（图 15.13、图 15.17）。左上角有一个完整数据集的摘要（通常是一份具有平均值、最小值、最大值和标准偏差值的表格）。左下角有一个绘图区域。只有在需要时才显示该绘制区域，即如果当前相中所有夹杂的值都是常数时，则不会显示该绘制区域。右侧有一张带完整数据集的表格。该表中的第一列始终是夹杂 ID。如后处理的 RVE 是周期性 RVE，则夹杂 ID 的格式为 i, j，其中 i 是夹杂 ID，j 是周期性 ID。当周期性 ID 与 1 不同时，则表明已复制该夹杂。对于非周期性 RVE 而言，夹杂 ID 只是一个整数（从 1 开始）。

（1）取向

图 15.12 显示了该面板的一个示例。此面板不适用于纵横比为 1（球体）的椭球夹杂。摘要数据显示实际取向向量（基于每个单一夹杂的取向重新计算）和参考取向向量。

根据以下公式计算全局误差指标：

$$\sqrt{\sum_{ij}(a_{ij}^{actual}-\overline{a_{ij}^{ref}})^2},i,j \in \{11,22,33,12,13,23\} \tag{15.1}$$

面板右侧表格中显示的数据是定义每个单一夹杂取向的 θ 和 φ 角度值。

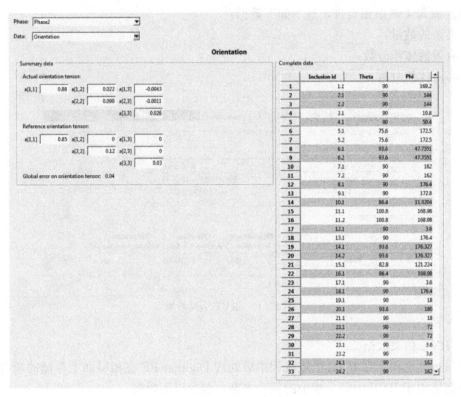

	Inclusion id	Theta	Phi
1	1.1	90	169.2
2	2.1	90	144
3	2.2	90	144
4	3.1	90	10.8
5	4.1	90	50.4
6	5.1	75.6	172.5
7	5.2	75.6	172.5
8	6.1	93.6	47.7551
9	6.2	93.6	47.7551
10	7.1	90	162
11	7.2	90	162
12	8.1	90	176.4
13	9.1	90	172.8
14	10.1	86.4	11.0204
15	11.1	100.8	168.98
16	11.2	100.8	168.98
17	12.1	90	3.6
18	13.1	90	176.4
19	14.1	93.6	176.327
20	14.2	93.6	176.327
21	15.1	82.8	121.224
22	16.1	86.4	168.98
23	17.1	90	3.6
24	18.1	90	176.4
25	19.1	90	18
26	20.1	93.6	180
27	21.1	90	18
28	22.1	90	72
29	22.2	90	72
30	23.1	90	3.6
31	23.2	90	3.6
32	24.1	90	162
33	24.2	90	162

图 15.13　夹杂取向的后处理面板

（2）位置

图 15.13 中显示了该面板的一个示例。有三个不同的绘图可用，它们在每个夹杂的几何中心的三个主平面（XY、XZ 和 YZ）上显示投影。每个点对应一个夹杂，实线显示 RVE 的边界。面板右侧表格中显示的数据是每个单一夹杂几何中心的 x、y、z 坐标。

（3）最近邻体

图 15.14 显示了该面板的一个示例。此处显示的数据根据每个夹杂的几何中心的位置计算得出。根据该类信息，可计算每个夹杂与最近邻体之间的距离。该面板右侧的表格显示了每个夹杂中最近的夹杂 ID 以及与该夹杂之间的距离。

（4）尺寸

图 15.15 给出了该面板的一个示例。如果已在夹杂相定义中指明尺寸分布，则将其与实际尺寸分布一起绘制该分布。如未指明尺寸分布（即，如果所有夹杂具有相同的尺寸），则不显示直方图。对于弯曲的夹杂而言，可使用三个类似的面板。第一个面板使用"直线"尺寸，即连接夹杂两端的直线尺寸。第二个面板使用"曲线"尺寸，第三个面板使用直线与曲线之间的定额尺寸（因此该比率始终在 0 和 1 之间），可通过该比率了解"夹杂相的弯曲度"。

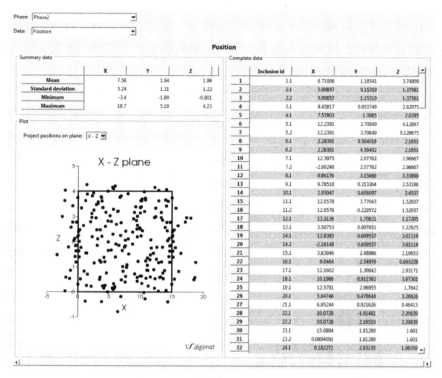

图 15.14　夹杂位置的后处理面板

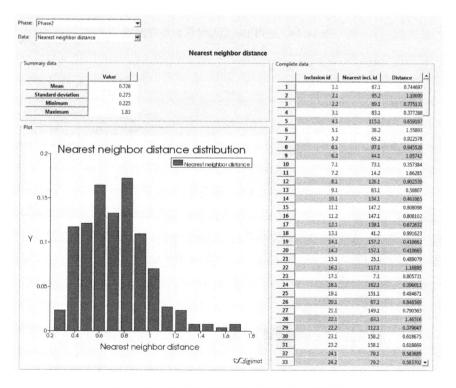

图 15.15　适用于最近邻体距离的后处理面板

（5）体积

图 15.16 给出了该面板的一个示例。该面板在不需要时可不用，即对于束流夹杂（体积等于零）而言不可用。该面板右侧表格中显示的数据是每个夹杂的体积和外表面。如为平面应变 RVE（即 2D 夹杂），则只有表面可用。

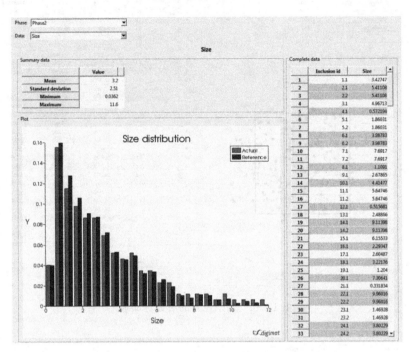

图 15.16　适用于夹杂尺寸的后处理面板

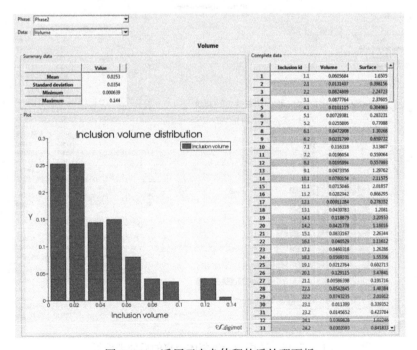

图 15.17　适用于夹杂体积的后处理面板

15.7 网格

根据 FE 求解器的选择，将以两种不同的方式处理生成的 RVE 的网格划分。

（1）当在求解器 Abaqus/Standard、Ansys Classic、LS-Dyna 或 Marc 求解器中使用 Digimat-FE 建模时，将使用内置网格划分器对生成的 RVE 进行网格划分。

（2）在使用 Abaqus 或 Ansys 求解器并选择通过脚本导出（Export via script）选项时，将分别由 Abaqus/CAE 和 Ansys Workbench 处理网格划分。但是，Digimat-FE 生成的导出脚本将使用 Mesh（网格）树下指定的参数，完全控制网格划分流程。

15.7.1 Digimat-FE 网格划分器

1）相容网格

Digimat-FE 生成的相容网格使用一阶或二阶四面体单元（或适用于 2D 平面应变 RVE 的三角形单元）。以下参数控制相容网格的生成（图 15.18）：

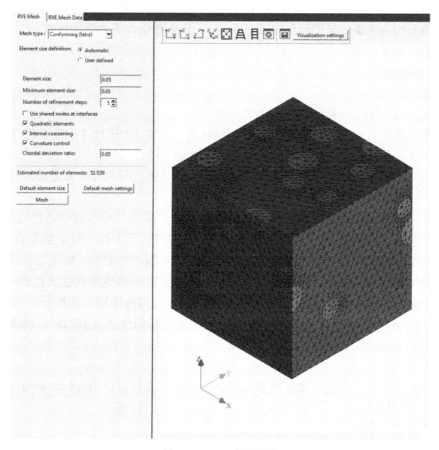

图 15.18 一致性网格

（1）单元尺寸：指示性单元尺寸，有效的单元尺寸在某些位置可能较小。

（2）最小单元尺寸：不会生成小于该尺寸的单元。

（3）黏性单元尺寸比例：仅在使用黏性单元时可用，可通过其设置黏性单元的尺寸（与常规单元尺寸有关）。默认使用比常规单元精细 5 倍的黏性单元。

（4）细化步骤的次数：控制网格化迭代的最大允许次数。在每次迭代结束时，在以下迭代中使用经缩减的单元尺寸（和最小单元尺寸），对无法使用指定单元尺寸（和最小单元尺寸）成功网格化的所有几何体重新进行网格化。在每次迭代中，尺寸均减小 0.75 倍。

（5）使用界面上的共享节点：一旦勾选，则将在相界面上生成一个连续的网格，即单个节点将安置在界面上，并由界面两侧的单元共享。该选项的默认值处于停用状态，这意味着将单独对每个相进行网格划分。然后通过绑定网格约束条件将不同的相绑定在一起。

（6）二次单元：一旦勾选，则将生成二阶四面体（或三角形）。

（7）内部粗化：一旦勾选，则当与边界表面和边缘之间的距离增加时，体积内生成的单元尺寸也将随之增加。

（8）曲率控制：激活曲线边缘和表面上的单元尺寸控制。

（9）弦偏差率：弦偏差率是弦偏差（即有限元边缘与几何体曲线边缘之间的距离）与曲线段长度之间的比率。其控制曲线边缘如何离散化。

在网格设置下显示的预估单元数量粗略估计了利用提供的单元尺寸生成的单元数量。假设所有单元均为完美的正四面体（或三角形），且未考虑以下参数的影响：

（1）最小单元尺寸；

（2）内部粗化；

（3）弦偏差率。

两个按钮均可用于恢复网格设置的默认值：

（1）默认单元尺寸：将单元尺寸重置为默认值。根据 RVE 尺寸、夹杂尺寸和直径计算该默认尺寸，最小单元尺寸的默认值是单元尺寸的 1/5。

（2）默认网格设置：将所有网格设置重置为其默认值，但尺寸（和最小尺寸）除外。

2）体素网格

体素网格是规则、非一致性的实体单元集合。每个单元分配了其中心所在的相材料。体素网格适用于复杂的 RVE，其中一致性网格的单元形状不太好。对于给定的自由度数，如果因常规单元模式而选择迭代求解器，则所得到的有限元作业的求解通常比使用一致性网格生成器所得求解快得多。网格密度可以使用沿每个方向的单元数量或者使用每个方向的单元尺寸进行设置，默认设置为每个方向 50 个体素。勾选使用全部积分单元（Use full integration elements）选框，可将单元从减少切换成全部积分（图 15.19）。体素方法目前不支持包含界面的孔隙和夹杂。

3）划分网格

点击网格按钮，通过进度条和网格化对话框提供进度信息。当运行时，可随时按下取消按钮，中止网格化过程。网格化分完成时，显示生成的网格。

4）RVE 网格数据

显示有关生成的网格的一些常规信息（网格生成的 CPU 时间、节点和单元的总数），还提供相层次的信息。对于各相而言，将显示：

（1）单元的数量；

（2）在网格上计算的有效体积分数；

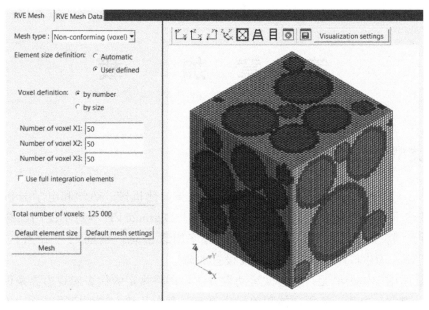

图 15.19 体素网格

（3）在几何体上计算的有效体积分数。

比较最后两个值（即网格和几何体上的体积分数），可以看出网格离散化对 RVE 中各相的体积分数的影响。在某种程度上，这也表明了网格质量。

两个可用的网格质量指标（只适用于一致性四面体或三角网格）：gamma 和 rho。gamma 网格质量指标指内接球直径（或 2D 单元的圆）与外接球（或圆）直径之间的比率。缩放正四面体，使其等于 1，即始终在 0 和 1 之间。rho 网格质量指标是单元的最短边缘和最长边缘之间的比率，也始终处于 0 和 1 之间。对于每个指标而言，提供最小值、最大值和平均值，以及显示完整网格分布的正视图。

15.7.2 用于 Abaqus 和 Ansys 求解器的网格选项

以下网格设置可用于控制 Abaqus/CAE 和 Ansys Workbench 中的网格划分：

（1）单元类型：一阶和二阶四面体单元可用；

（2）初始颗粒粒度：用于全局模型颗粒的初始颗粒粒度，其默认值取决于 RVE，适用于大多数分析；

（3）细化步骤数：在网格化过程中执行的网格细化步骤的授权数；如果在网格化过程中，生成的单元未能通过质量检查，则失效夹杂上的局部颗粒（具有较小颗粒）的使用次数将为该细化步骤次数。

当处理 Abaqus/CAE 时，可以使用其他设置：

（1）多层 RVE：模型层界面将节点施加在各层之间的界面处。如果在 RVE 的不同层的基体中使用不同的材料，须强制执行。

（2）在界面处使用共享节点：在夹杂和基体相之间的界面处使用连续式网格。如果未选中，则使用 * tie 对界面建模（即在基体上和界面的夹杂侧使用单独节点）。

第16章 加　　载

16.1 类型

Digimat-FE 提供了四种不同类型的分析：机械、热机械、热学和电学分析。对于每种类型的分析而言，均需要设置适当的边界条件。Digimat-FE 本身不使用加载信息，而有限元代码（将模型导出到该代码中）使用该加载信息，当前的边界条件仅可用于Abaqus/CAE。为生成微观结构，不需要设置加载。

将加载应用于体积单元，须遵循运动学方法，即将规定的代表宏观边界条件的局部场强（位移、温度、电势）施加在体积单元边界上。存在几种方法可应用这种边界条件，其中在 Digimat-FE 中可使用三种方法：分别是狄利克雷边界条件类型、混合边界条件类型和周期性边界条件类型。

16.1.1 狄利克雷边界条件

使用狄利克雷边界条件，场边界条件将应用于体积单元的所有面上。在未规定域值的面上，垂直于体积单元面的场变量或其分量必须恒定。在有限元模型的层次上，利用多点运动实施这种类型的边界条件。位于 RVE 八角处的八个节点可作为控制节点，可直接对其施加位移，其值取决于加载类型、峰值应变和加载历史。位于 RVE 外表面的所有其他节点的位移并不受直接控制，而是从角节点的位移内插：对于 6 个外表面而言，位于该面上的所有节点的位移均以双线性方式从该面上四个角节点的位移内插。

16.1.2 混合边界条件

使用混合边界条件，场边界条件将应用于体积单元（其中规定相关条件）的面上。其他不会应用场边界条件，确保自由状态。在有限元模型的层次上，使用六个参考节点和一组将外表面上节点的自由度与参考节点的自由度相关联的方程式，实施这种类型的边界条件。根据加载类型，激活其中一些方程式，其他方程式则不激活（作用在必须保持自由表面上的等式）。

图 16.1 说明了在机械加载情况下狄利克雷边界条件和混合边界条件之间的差异。体

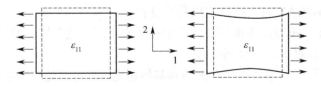

图 16.1 狄利克雷边界条件和混合边界条件类型的对比

积单元受单轴加载（具有平均单轴峰值应变 ε_{11}）的影响。所有面在第一次加载情况下保持直线，因为垂直于该面的位移场分量从角节点的位移内插，而一些局部效应防止其在第二次加载情况下保持直线，其中该位移分量自由（无应力边界条件）。

16.1.3　周期性边界条件

使用该选项将在体积单元的所有面上施加周期性边界条件。周期性边界条件须确保场变量通量（位移、温度、电势）相对于体积单元的面是周期性的。通过一大组方程式实现，该方程式将位于一面上的节点自由度与位于相反面上的相应节点的自由度相关联（以 2 乘 2 的方式）。节点重复用于防止因非周期性网格而引起的问题。图 16.2 说明了在机械加载（具有宏观单轴峰值应变 ε_{ij}）情况下周期性边界条件的定义。

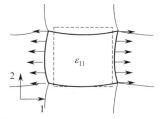

图 16.2　周期性边界
条件类型

与狄利克雷边界条件和混合边界条件类型相比，周期性边界条件通常会产生最好的预测。随着体积单元尺寸的增加，周期性边界条件也显示出更快的收敛速度，但是为解决有限元问题而增加了 CPU 时间和内存要求。

注意：周期性边界条件仅适用于周期性几何体。当将具有周期性边界条件的周期性模型导出到 Abaqus/CAE 时，需要通过部件实例创建模型，即 cae_no_parts_input_file＝ON 不得出现在环境文件中。

16.1.4　面内周期性边界条件

使用该选项将周期性边界条件仅施加在 x 和 y 方向的面上。z 方向的面保持自由。该边界条件特别适合于多层 RVE，其说明想要表示的所有结构的厚度。

16.2　机械加载

Digimat-FE 提供各种机械加载，以模拟不同类型的宏观应变场。在机械加载（Mechanical loading）选项中具体说明了相关内容：

1）名称：定义加载名称，其中不得包含任何空格或引号。

2）边界条件类型：该项包含两个下拉菜单。第一个下拉菜单定义第二个下拉菜单中定义的边界条件在体积单元的有限元模型中的应用方式。

3）加载源：

（1）Digimat：加载类型将是 Digimat 中预定义的加载类型之一。

（2）宏观有限元模型：在 RVE 上应用的加载将是由"宏观"有限元模型的一个积分点所见的加载。该积分点所见的精确应变张量及其详细的历史将被应用在 RVE 上。

（3）自动属性评估：用户选择由求解器自动评估的属性。求解器自动应用所需要的加载和后处理，以便计算所要求的 RVE 属性。

如果选择的加载源是 Digimat，则可用的加载类型如下所示：

● 单轴 1：施加 1 方向中的宏观单轴应变状态（宏观单轴应力状态）；

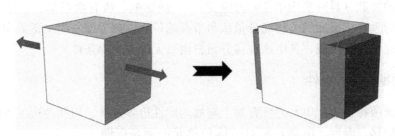

图 16.3　UNIAXIAL_1（单轴_1）加载图示

- 单轴 2：施加 2 方向中的宏观单轴应变（宏观单轴应力状态）；
- 单轴 3：施加 3 方向中的宏观单轴应变（宏观单轴应力状态）；
- 双轴 1-2：施加 1 和 2 方向中的宏观双轴应变（宏观双轴应力状态）；

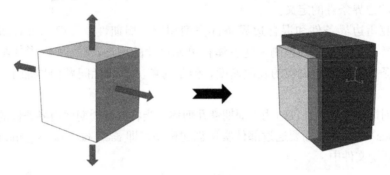

图 16.4　BIAXIAL1_2（双轴 1_2）加载图示

- 双轴 1-3：施加 1 和 3 方向中的宏观双轴应变（宏观双轴应力状态）；
- 剪切 12：施加（1,2）平面内的宏观剪切应变；

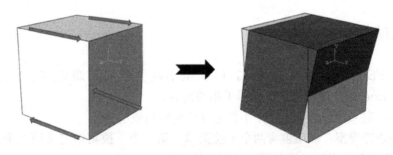

图 16.5　SHEAR_12（剪切_12）加载图示

- 剪切13：施加（1,3）平面内的宏观剪切应变；
- 剪切 23：施加（2,3）平面内的宏观剪切应变；
- 双轴 1-12：施加 1 方向中的宏观单轴应变和（1,2）平面内的宏观剪切的组合；
- 双轴 1-13：施加 1 方向中的宏观单轴应变和（1,3）平面内的宏观剪切的组合；
- 双轴 1-23：施加 1 方向中的宏观单轴应变和（2,3）平面内的宏观剪切的组合；
- 双轴 2-12：施加 2 方向中的宏观单轴应变和（1,2）平面内的宏观剪切的组合；
- 双轴 2-13：施加 2 方向中的宏观单轴应变和（1,3）平面内的宏观剪切的组合；

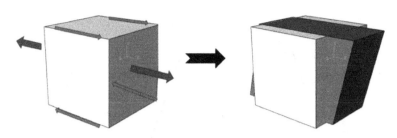

图 16.6　BIAXIAL1_1 2(双轴 1_1 2)加载图示

- 双轴2-23：施加 2 方向中的宏观单轴应变和（2，3）平面内的宏观剪切的组合；
- 双轴 3-12：施加 3 方向中的宏观单轴应变和（1，2）平面内的宏观剪切的组合；
- 双轴 3-13：施加 3 方向中的宏观单轴应变和（1，3）平面内的宏观剪切的组合；
- 双轴 3-23：施加 3 方向中的宏观单轴应变和（2，3）平面内的宏观剪切的组合；
- 常规-2D：在（1，2）平面中施加宏观 2D 应变。须指定 3 个应变分量；
- 常规-3D：在 RVE 的边界上施加宏观 3D 应变状态。须指定 6 个应变分量。

使用常规-2D 和常规-3D 加载，可以禁用某些分量（点击第一列中的绿色勾选标记）。禁用的分量相当于自由应力条件（对于该分量而言）。常规-3D 加载可以禁用 6 个分量，从而获得纯无应力状态。这对于计算 RVE 的 CTE 非常有用（结合热机械分析中的温度加载）。

16.2.1　加载历史类型

除指定加载类型外，还须指定加载遵守的历史类型。历史类型定义了缩放加载的时间因子 $f(t)$：

$$\xi(\sigma | \varepsilon, t) = f(t) L(\sigma | \varepsilon) \tag{16.1}$$

可用的选项有单一、循环、自定义加载。

1）单调加载

从初始加载值到为每个加载分量指定的峰值，均会应用斜坡加载。

2）循环加载

循环加载包括从初始加载值到其峰值和负峰值的连续加载/卸载（图 16.7）。

3）自定义的加载

自定义的加载方案可指定特定的时间因子 $f(t)$，随着模拟的进行，该时间因子可以缩放加载。这种常规的历史类型可使用户在 RVE 的边界上应用复杂的加载。为设置自定义的加载方案，须创建函数并将其分配给加载类型。可以相对或绝对地应用该函数，即缩放或覆盖定义的加载峰值。这种加载方案提供了广泛的加载可能性。例如，可以定义循环加载，每个循环具有不同的应变率，并且不同方向中的加载（具有不同峰值）可在不同时刻达到其峰值。

（1）对于单轴 1 应变加载类型而言，时间因子应用于宏观应变张量 $\varepsilon_{11}(t)$ 的 11 分量。

（2）对于剪切-12 应变加载类型而言，时间因子应用于宏观应变 $\varepsilon_{12}(t)$ 的 12 分量。

（3）对于双轴加载而言，时间因子应用于宏观应变张量中的每个特定分量。可以将不同的时间因子应用于应变张量分量。在这种情况下，因为应用加载，应变张量分量之间的

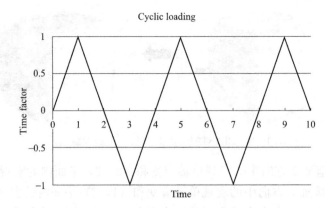

图 16.7　循环加载图示：时间因子与时间的关系

比率并不恒定。

需要注意的是：对于每个 x-y 函数而言，初始时间和最终时间必须相同。而且，在时间 $t=0$，将从加载函数中直接进行计算初始应变/应力/温度。

（4）对于常规-2D 应变加载类型而言，应该将时间因子应用于宏观应变张量 $\varepsilon_{11}(t)$、$\varepsilon_{22}(t)$ 和 $\varepsilon_{12}(t)$ 的每个分量（1，2）-平面分量中。

（5）对于常规-3D 应变加载类型而言，应该将时间因子应用于宏观应变张量的所有 6 个分量中。根据所选定的应用于体积单元的宏观应变状态，需要输入 2 个（单轴）或 3 个（双轴）参数。

● 初始应变：定义在有限应变分析的情况下，即在加载步骤开始时的初始宏观应变或变形梯度，初始应变必须等于零。

● 峰值应变：定义在有限应变分析的情况下，即在加载步骤结束时的变形梯度的最终宏观应变，加载步骤为斜坡型。该应变对应于第一个加载方向；即在双轴加载情况下的拉伸或压缩应变。在剪切加载的情况下，其对应于剪切应变的两倍。

● 应变比率：定义沿第二加载方向的峰值应变与沿第一加载方向的峰值应变之间的比率。

16.2.2　加载源

加载源可以是 Digimat、宏观有限元模型或自动属性评估。

当使用 Digimat 作为加载源时，应用的加载是以上列述的预定义加载之一，所有参数必须自定义（初始应变、峰值应变等）。

当使用宏观有限元模型作为加载源时，所应用的加载和加载历史是宏观有限元模型中给定积分点所见到的加载和加载历史。该功能目前仅限于 Abaqus 和 Marc 结果（＊.odb，＊.t16）。须选择 ODB 文件指定：

（1）部件名称；

（2）单元 id；

（3）积分点数（如果指定为 0，则将使用单元上的平均应变）。

如果 Abaqus ODB 文件包含多个步骤的信息，则可以在所有步骤或一个特定步骤中提取应变历史。提取该积分点所见到的详细应变历史，Digimat 使用该信息定义常规-2D（壳模型）或常规-3D（实体模型）加载，并具有正确的值和历史。

源自宏观有限元模型的加载存在一些限制：

（1）只适用于机械加载；

（2）对于涉及大应变的有限元模型而言，Digimat 将使用 ODB 或 t16 文件中的对数应变措施，但将其解释为工程应变。

如果加载源是自动属性评估，必须选择由求解器评估的 RVE 属性。该功能包括执行 RVE 生成的所有工作流程，直至后处理获得的结果，从而计算所需要的工程常数。该功能涉及 Digimat-FE 支持的所有微观结构，采用的工作流程如下所述：

（1）RVE 的设置：定义材料、相、微观结构；

（2）在加载层次，选择自动属性评估并选择自动评估的属性（图 16.8）；

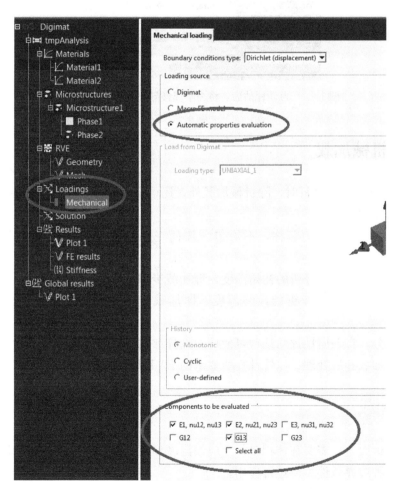

图 16.8　在机械加载情况下的自动属性评估

（3）提交分析有两个选项：如果已经生成 RVE 及其网格化，则从主分析页面或解决方案树形结构中提交分析；

（4）所有的流程均会自动运行，直至进行后处理。所需要的结果存储在 eng 文件中；

（5）当评估所有 RVE 属性时，可以将获得的工程常数导出到给定的 FEA 代码中（Marc、Abaqus 和 Ansys 可用）（图 16.9）。

在评估 RVE 属性时，假设 RVE 正交对称。在 RVE 定义期间，须尊重该假设。如果检测到不一致性，则显示警告消息。另外，对每个评估的工程常数计算不匹配。这种不匹配评估了与正交对称性的差距。如果就计算的给定属性而言，不匹配超过 5%，则在分析结束时显示警告消息。在工程常数窗口中的 eng 文件和图形用户界面中报告计算出的不匹配。

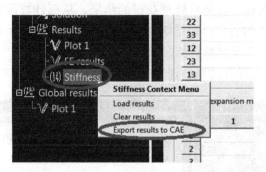

图 16.9　自动评估后，将力学属性导出到 FEA 代码中

16.3　热-机械加载

当进行热-机械记载分析时，除机械加载外，还可定义温度变化。需要指定 3 个参数，以充分设置温度加载。

（1）名称：设置加载的名称，不得包含任何空白或引号，且不得与机械加载名称不同。

（2）初始温度：设置分析的初始温度，即加载步骤开始时的温度。

（3）最终温度：设置分析的最终温度，即加载步骤结束时的温度，加载步骤为斜坡型。

在加载部分，自动属性评估选项可使用户选择评估所需的热力学属性。求解器自动应用所需要的加载和后处理，以便计算所要求的 RVE 属性。

16.4　热加载

对于热分析而言，需要在体积单元上应用温度梯度。这种加载是单轴加载，可以按照之前定义的三种边界条件类型进行应用。

（1）名称：定义加载的名称。

（2）边界条件类型：与 16.1 节所述相同。

而加载类型有以下几种：

（1）单轴 1：施加 1 方向中的宏观温度梯度。

（2）单轴 2：施加 2 方向中的宏观温度梯度。

（3）单轴 3：施加 3 方向中的宏观温度梯度。

（4）温度梯度：

● 初始温度梯度：加载步骤开始时的温度梯度，默认值是 0；

● 峰值温度梯度：加载步骤结束时的温度梯度，默认值是 1。

在加载部分，自动属性评估选项可选择评估所需要的热学属性。求解器自动应用所需要的加载和后处理，以便计算所要求的 RVE 属性。

16.5　电气载荷

对于电学分析而言，需要在体积单元上施加电压梯度。这种加载是单轴加载，可以按照之前定义的三种边界条件类型进行应用。

（1）名称：设置加载的名称。

（2）边界条件类型：与 16.1 节相同。

而加载类型有以下几种：

（1）单轴 1：施加 1 方向中的宏观电压梯度；

（2）单轴 2：施加 2 方向中的宏观电压梯度；

（3）单轴 3：施加 3 方向中的宏观电压梯度；

（4）电压梯度：

● 初始电压梯度：加载步骤开始时的电压梯度，默认值是 0；

● 峰值电压梯度：加载步骤结束时的电压梯度，默认值是 1。

在加载部分，自动属性评估选项可选择评估所需要的电学属性。求解器自动应用所需要的加载和后处理，以便计算所要求的 RVE 属性。

第 17 章　求解方法

17.1　使用内部 Digimat-FE 网格的求解方法

使用内部 Digimat-FE 网格划分器，可以无缝生成有限元求解器输入文件，提交有限元作业，监视其变化，并且对于内部有限元求解器和 Marc 而言，在完成后将 Digimat 内的结果进行可视化。

17.1.1　求解器参数

（1）CPU 数量：用于有限元作业的 CPU 数量。

（2）最大内存（MB）：有限元求解器的最大内存容量，默认值为总内存的 3/4。

（3）求解器类型：

● 直接：非常可靠，但需要较大的内存容量。

● CASI 迭代（仅用于内部有限元求解器和 Marc）：允许以较低的计算成本来解决大型系统，需要收敛容差。

● 迭代：替代 CASI 迭代求解器。

（4）有限元求解器作业名称和工作目录：控制有限元作业将在何处开始。

求解器作业表（图 17.1）列述了当前会话期间创建的所有有限元作业。右键点击表格的一行，可在快捷菜单中对所选作业执行各种操作（运行、终止、查看求解器输入等）。所选作业的求解器状态文件的内容显示在表格下方的文本区域中。第二个选项卡可访问高级参数：

（1）每 n 个增量写入字段输出（*Write field output every n increment*）：控制结果存储在有限元输出文件中的频率。默认将结果保存在每个增量处，但这会导致大量的输出文件用于涉及大量增量的分析。

（2）迭代求解器容差（*Iterative solver tolerance*）：只有在选择迭代求解器或 CASI 迭代求解器时才可见。

（3）有限应变（*Finite strain*）：激活有限元求解器的大应变选项。一旦使用超弹性材料，将执行自动检查。

（4）黏性失效稳定的黏度（*Viscosity for cohesive failure stabilization*）：为黏聚力模型增加人工黏度，以帮助收敛。只有在使用 DFC 材料中脱粘的绞合线时才可用，默认设置为 0.01。图 17.2 显示了在使用内部有限元求解器（配有迭代求解器）时，不同应用中解决方案相的指示性内存消耗。

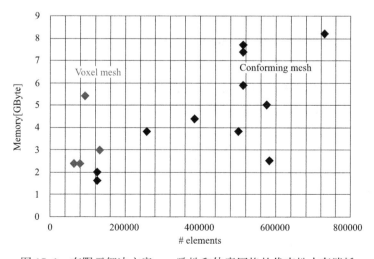

图 17.1　有限元解决方案：求解器作业创建和监测

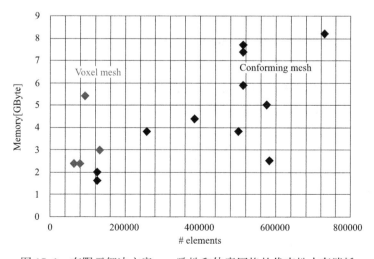

图 17.2　有限元解决方案：一致性和体素网格的代表性内存消耗

17.1.2 FEA 求解器的常规功能

根据所选的 FEA 求解器，可以使用不同的功能。

1）内部有限元求解器和 MARC

（1）可用的材料模型如下：

- （热）弹性：各向同性，横向各向同性；
- 超弹性：Mooney-Rivlin、Neo-Hookean、Ogden；
- 夹杂-基体脱粘的黏聚力和脱胶模型；
- 用于在 DFC 材料中绞合线脱粘的脱胶模型；
- （热）弹塑性：具有各向同性硬化的 J2-塑性；
- 弹黏塑性：具有各向同性硬化和初始屈服 Norton 蠕变定律的 J2-塑性；
- Fourier：各向同性，横向各向同性；
- Ohm：各向同性，横向各向同性。

（2）不支持梁夹杂。

（3）不支持并行执行作业，其中涉及 DFC 材料中的绞合线脱粘。

2）abaqus/Standard

（1）可用的材料模型如下：

- （热）弹性：各向同性，横向各向同性；
- （热）超弹性：Mooney-Rivlin、neo-Hookean、Ogden；
- 适于夹杂-基体和绞合线脱粘的黏聚力模型；
- （热）弹塑性：具有各向同性硬化的 J2-塑性；
- 弹黏塑性：具有各向同性硬化和所有蠕变模型（不包括时间定律）的 J2-塑性；
- Fourier：各向同性，横向各向同性；
- Ohm：各向同性，横向各向同性；

（2）不支持梁夹杂。

3）Ansys class

（1）可用的材料模型如下：

- （热）弹性：各向同性，横向各向同性；
- （热）超弹性：Mooney-Rivlin、neo-Hookean、Ogden；
- 黏聚力模型（DFC 材料中绞合线脱粘除外）；
- （热）弹塑性：具有各向同性硬化的 J2-塑性；
- Fourier：各向同性，横向各向同性；
- Ohm：各向同性，横向各向同性。

（2）不支持梁夹杂。

（3）不支持黏性相间。

4）LS-DYNA

（1）可用的材料模型如下：

- （热）弹性：各向同性，横向各向同性；
- （热）超弹性：Mooney-Rivlin、neo-Hookean、Ogden；

- 脱胶模型（DFC 材料中绞合线脱粘除外）；
- （热）弹塑性：具有各向同性硬化的 J2-塑性；
- 弹黏塑性：具有各向同性硬化和所有蠕变模型（不包括时间定律）的 J2-塑性；
- Fourier：各向同性，横向各向同性。

（2）不支持梁夹杂。

（3）不支持电学分析。

（4）热分析：仅支持混合边界条件。

（5）2D RVE 分析：仅支持混合边界条件。

（6）热力学分析：无法定义材料参数温度对杨氏模量和泊松比的相关关系。

（7）不支持黏性相间。

17.2   并行计算

为使用内部有限元求解器在 Windows 下启动并行计算，且当不使用 CASI 迭代求解器时，必须安装并运行 Intel-MPI 服务。在 Digimat 安装过程中可以自动执行该操作，检查服务是否开始并正常运行，这可以在 Windows 任务管理器中完成（图 17.3）。

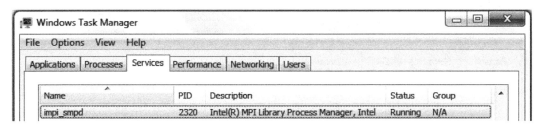

图 17.3   检查 Intel-MPI 服务是否开始并正常运行

如果 Intel-MPI 服务未运行，则安装和运行 Intel-MPI 服务的过程如下所述：

（1）在开始菜单中，以管理员的身份打开命令提示符（图 17.4）。

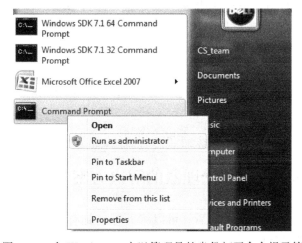

图 17.4   在 Windows 7 中以管理员的身份打开命令提示符

（2）输入"cd DIGIMAT_INSTALL \ Digimat \ 2017. 0 \ external64 \ FESolver \ intelmpi \ win64 \ bin"（其中 DI- GIMAT_INSTALL 是 Digimat 安装目录，例如 C:\DIGIMAT）。

（3）输入"ismpd. exe -install"。

（4）输入"wmpiregister. exe"并输入用户名（包括域名，例如 E-XSTREAM \ username）及其密码，点击注册后将其保存在注册数据库中（图 17.5）。

（5）开始服务并正常运行，并将在每次启动计算机时开始运行。

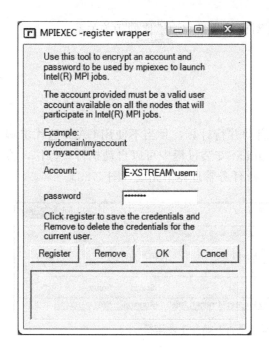
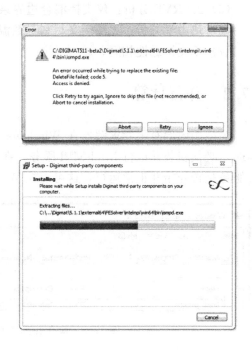

图 17.5　在 Intel-MPI 注册数据库中注册用户　　图 17.6　在安装 Intel-MPI 服务期间出现错误

当卸载 Digimat 时，Intel-MPI 服务不会停止，并且不会从计算机上删除 ismpd. exe 文件。为在卸载 Digimat 时删除服务，首先必须按照以下步骤停止服务：

（1）开始菜单中，以管理员的身份打开命令提示符（图 17.4）。

（2）输入"cd DIGIMAT_INSTALL \ Digimat \ 2017. 0 \ external64 \ FESolver \ intelmpi \ win64 \ bin"（其中 DI-GIMAT_INSTALL 是 Digimat 安装目录，例如 C:\DIGIMAT）。

（3）输入"ismpd. exe -remove"，删除文件。

17. 3　具有外部有限元预处理器的解决方案

在 Digimat-FE 几何体生成完成后，可以将其导出到有限元预处理器中，然后导出到有限元求解器中。将整个 Digimat-FE 分析导出到选择的 CAE 软件包中，其中包括材料参数的定义、加载和边界条件。通过（一组）脚本完成导出，其将在网格化过程和有限元模型定义过程中引导 CAE 软件包。该函数相关代码，支持以下两种有限元软件代码：

（1）Abaqus/CAE

（2）Ansys Workbench

1）导出到 Abaqus/CAE

导出到 Abaqus/CAE 须使用 Python 脚本和 zip 文件，其中存储由 Digimat-FE 生成的所有几何文件。使用运行脚本命令，可以在 Abaqus/CAE 中重新运行该 Python 脚本。

（1）必须使用 Abaqus/CAE 版本 6.7 或更高版本，以运行 Python 脚本。

（2）并非所有的 Digimat 材料模型均可用，因为有些材料模型在 ABAQUS 中没有等效的模型运行。对于每种不受支持的材料而言，在 Abaqus/CAE 中创建空心材料以及实体部分。

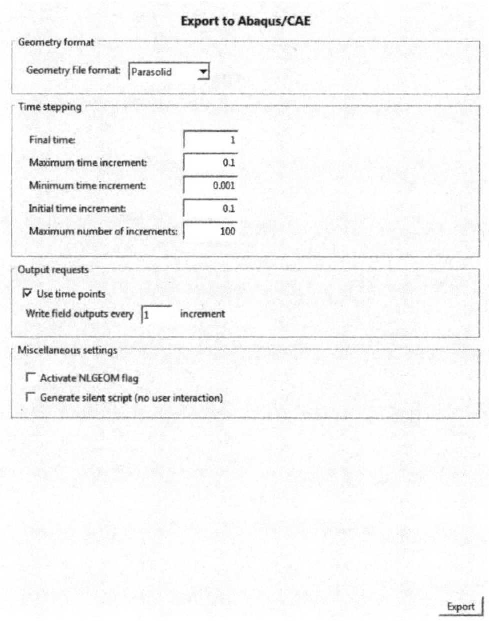

图 17.7　将 Digimat-FE 分析导出到
Abaqus/CAE 中的设置

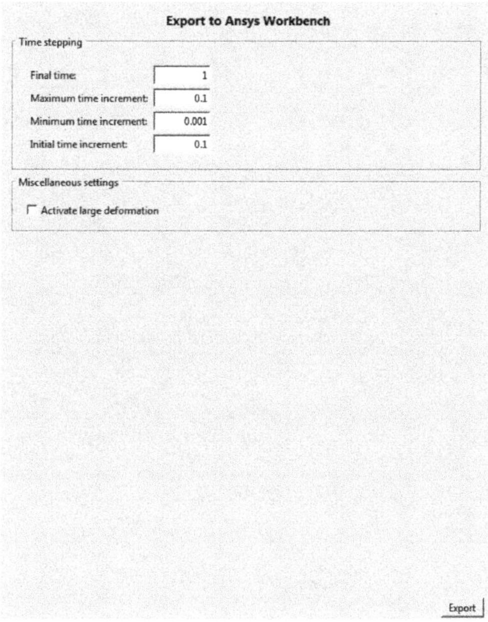

图 17.8　将 Digimat-FE 分析导出到
Ansys Workbench 中的设置

2）导出到 Ansys Workbench

通过 Python 脚本和 Java 脚本完成导出，其将引导 Ansys Workbench、Ansys Mechanical 以及在某些情况下的 Ansys Design Modeler。为从 Ansys Workbench 中重新运行导入过程，须使用 Ansys Workbench 中的 Digimat 菜单。在 Digimat 安装过程中，该菜单将被添加到 Ansys Workbench 中。

（1）并非所有的 Digimat 材料模型均可用：对于每种不受支持的材料而言，在 Ansys Workbench 中创建空心材料。

（2）支持内聚力模型，但仅使用 Digimat-FE 中的黏性界面（即 Ansys Workbench 不支持黏性相间）。

（3）不支持梁夹杂。

219

3）各种导出设置也可以用于调整分析：

（1）时间步调参数。

（2）输出请求：微调 odb 中的输出时间点。

（3）其他设置（用于导出到 Abaqus/CAE）：激活 NLGEOM 标记。

（4）其他设置（用于导出到 Ansys Workbench）：激活较大的变形。

第 18 章   结果提取

18.1   渗流

渗流现象主要是由于复合材料中的电传导而产生。在以导电夹杂强化的复合材料中，已经通过实验观察到复合材料的电导率严重相关于夹杂的体积分数。对于低体积分数而言，复合材料的电导率主要取决于基体的电导率。对于较高的夹杂体积分数而言，当体积分数达到给定阈值时，复合材料的电导率将增加若干个数量级。该阈值被称为渗流阈值，并取决于夹杂和材料的形状。复合材料电导率的大幅增加是因渗流团簇的出现而造成，即处于电接触状态的夹杂群（即，彼此接触或紧密靠近，以使电子能够从一个夹杂跳跃到下一个夹杂-电子隧道效应）。如图 18.1 所示。

当夹杂的体积分数较低时，每个夹杂均为互相孤立，并远离相邻的夹杂。当体积分数接近渗流阈值时，更多的夹杂则会处于电接触状态。当一组接触夹杂从 RVE 的一侧跨越到另一侧时，其将从传统行为（即基体为主）切换到并联连接，其中具有最大电导率的连接占主导地位。

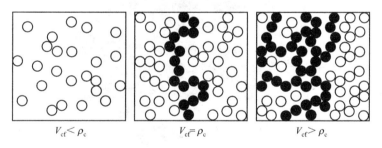

图 18.1   在渗流阈值以下（左）和以上（右）的复合材料，以黑色绘制渗流团簇

尽管给定微观结构的渗流阈值不是严格定义的常数值，但其显示出数值之间的极小变化。影响渗流阈值的主要参数是夹杂的形状（即纵横比）及其取向。对于恒定的纵横比而言，更随机的取向将会降低渗流阈值。对于恒定的取向而言，较大的纵横比将会降低渗流阈值。

Digimat-FE 中的渗流建模基于渗流距离的概念。当两种夹杂比该渗流距离更接近时，其应该处于电接触状态。可以将渗流阈值指定为 0，在这种情况下，如果两种夹杂相互渗流（直接或通过其涂层），则视为两种夹杂处于电接触状态。如果使用涂层，则在涂层外表面之间计算距离。可以在两个不同的互斥层次上进行渗流建模：

（1）在分析层次定义的全局渗流：所有的夹杂相均应参与渗流过程。

（2）在相层次定义的局部渗流：只有属于一个特定相的夹杂才会被考虑用于检测渗流

阈值。

Digimat-FE 采用以下选项，在相层次进行渗流建模（图 18.2）。无论渗流是全局渗流（分析层次）还是局部渗流（相层次），这些选项均相同。

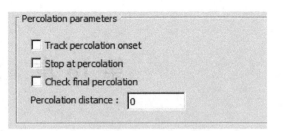

图 18.2　Digimat-FE 中的渗流参数

（1）跟踪渗流开始（Track percolation onset）：每次添加新夹杂时，检查是否存在渗流团簇。如果发现渗流团簇，则将在日志文件中打印以下类型的信息：

- ♯Digimat 有限元信息：在相 2 中发现的渗流团簇；
- 渗流方向：Y，Z；
- 渗流团簇数量：2；
- 渗流团簇中的夹杂数量：15，9。

（2）渗流停止（Stop at percolation）：一旦检测到第一项渗流团簇，立即停止 RVE 生成过程。如果选中该选项，还会自动勾选跟踪渗流开始（Track percolation onset）选项。

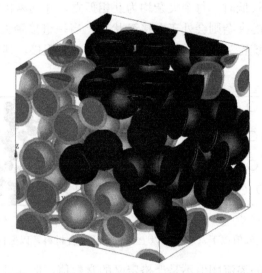

图 18.3　具有渗流团簇的 RVE（以黑色显示）

（3）检查最终的渗流（Check final percolation）：在每次添加新夹杂时，若无需检查渗流，则可以使用该选项，但仅在 RVE 生成结束时使用。

（4）渗流距离（Percolation distance）：绝对距离。如果两种夹杂比渗流距离更加接近，则可将这两种夹杂视为相互连接。

使用渗流建模（Percolation modeling）选项涉及 RVE 生成过程中的一些馏出物，因为对每个夹杂而言，Digimat-FE 必须跟踪与其相交的所有夹杂。

Digimat-FE 渗流建模能力的典型应用是对 Digimat-MF 中两个可用的渗流模型参数进行逆向工程。对于给定的复合材料而言，可以运行若干个微观结构生成，以充分了解渗流阈值，然后转移到 ABAQUS 并在不同的体积分数中（大部分体积分数接近并在渗流阈值之上）运行有限元模拟。可以从这些有限元模拟中提取不同体积分数中的电导率值，并作为输入对 Digimat-MF 渗流模型中使用的渗流指数进行逆向工程。

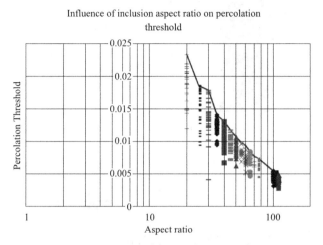

图 18.4　计算的各种纤维纵横比的渗流阈值

18.2　CAE 结果局部后处理

使用 Digimat-FE 局部后处理工具能够打开 Digimat-FE 内的有限元分析结果，并将其可视化。适于使用 Digimat-FE 内置求解器和 Marc 进行的有限元分析。

18.3　CAE 结果全局后处理

主要用于分析 Digimat-FE 分析（使用任何求解器进行）结果。右键点击 Digimat 树形结构中的 Plot n（绘图 n）项，访问 CAE 结果后处理工具。后处理任务管理器展示如何执行以下三个后处理任务（图 18.6）：
（1）体积平均值（在单元集上）；
（2）算术平均值（在节点集上）；
（3）分布（在单元集上）。
这些可生成不同类型的输出，为有限元均匀化所特有，并且在通用有限元后处理器中并不总是可用。
1）后处理任务管理器
图 18.6 显示了后处理任务管理器的屏幕截图。右键点击树形结构中的 Plot n（绘图 n）项，对其进行访问（图 18.5）。请注意，当前分析必须是 Digimat-FE 分析，从而通过右键点击访问该功能。该菜单展示如何后处理内部求解器结果文件（＊.t16）、ABAQUS 结果文件（＊.odb）、ANSYS 结果文件（＊.rst/＊.rth）或 Marc 结果文件（＊.t16）。请注意，为后处理 ANSYS 的结果，需要 .db 文件和 .rst 或 .rth 文件。
选择其中一个操作将触发后处理器的第一轮运行，在此期间，将查询用于所有可用节

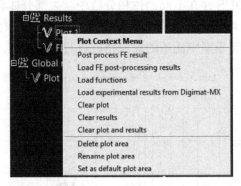

图 18.5　右键点击 Plot（绘图）树形结构项出现快捷菜单

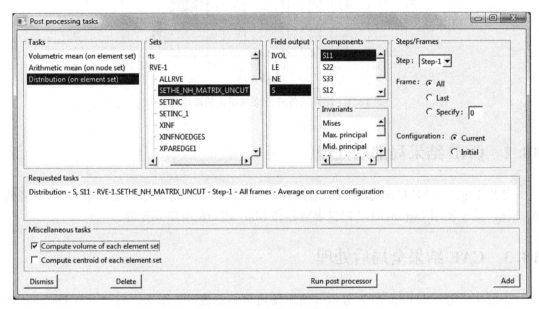

图 18.6　后处理任务管理器

点和单元集以及场输出的 CAE 结果文件。然后这些结果显示在后处理任务管理器窗口中，以进行选择。后处理按任务进行组织。一项任务是若干个单位的组合：

（1）任务栏：一种类型的输出（体积平均值、算术平均值或分布）；

（2）集合栏：一个节点集或单元集（在该集合上计算所需的输出）；

（3）场输出栏：一个场输出；

（4）对于非标量场输出而言：所选场输出的一个不变量或一个特定分量；

（5）步骤/框栏：执行任务的步骤和框，以及应该使用的配置。

每个单元集的体积和质心也可以由后处理器计算。一旦定义任务，点击添加按钮，可将任务添加到请求的任务列表中（最右边一栏）。可以定义许多必要的任务。当创建了所有需要的任务时，点击运行后处理器按钮，开始计算所有需要的任务。计算所有请求任务所需要的时间取决于任务数量和网格尺寸，还取决于 CAE 结果文件中的框数。

每个后处理任务将生成一个输出文件（ASCII）。还会创建日志文件。所有这些文件均会被收集到单独的 zip 归档文件中，而不是在图形用户界面中加载。该归档文件名称基于 CAE 结果文件名称以及后处理的日期和时间。例如：odbName_PostPro_date_time.zip。

在后处理器完成任务后，右键点击树形结构中的 Plot（绘图）项，然后选择 Plot（绘图）快捷菜单的加载有限元结果，从而将结果加载到 Digimat 图形用户界面中。在默认情况下，这些结果将会自动加载到图形用户界面中。通过在工作目录中创建的 ASCII 文件，跟踪后处理操作。其中可以找到：

（1）后处理器的输入卡；

（2）日志文件；

（3）结果文件。

2）任务

Digimat-FE 后处理器可以执行三项特定的任务：

（1）体积平均值：只能在积分点上可用的场输出上执行该任务，因此须在单元集上执行任务。场的体积平均值按下式进行计算：

$$\bar{F} = \frac{\sum_i \upsilon_i F_i}{\sum_i \upsilon_i} \tag{18.1}$$

其中，i 表示属于所考虑的单元集中的单元指数；υ_i 为单元体积。当 RVE 不连续时（例如，包含真实的孔隙或带有脱粘的界面），体积平均值可能会产生与正常预期相反的结果。

（2）算术平均值：只能在节点上可用的场输出上执行该任务，因此须在节点集上执行任务。这种类型的任务仅适用于 Abaqus .odb 结果文件。

（3）分配：只能在积分点上可用的场输出上执行该任务，因此须在单元集上执行任务。其计算所选单元集上指定的场输出分量的统计分布，即概率（图 18.7）。其中计算了 RVE 中的等效应力分布：x 坐标轴表示选择的场输出，即等效应力；而 y 坐标轴是在给定 x 值的基础上所考虑单元集的概率或百分比。

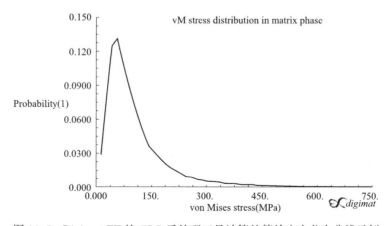

图 18.7 Digimat-FE 的 ODB 后处理工具计算的等效应力分布曲线示例

18.4 绘图工具

Digimat 树形结构中的 Plot（绘图）项所执行的操作，可以绘制 Digimat 分析的输出。

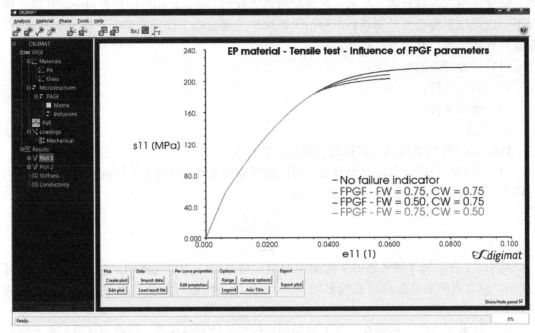

图 18.8 Digimat 的图形用户界面（GUI）-绘图区

1）加载分析结果

在绘图区绘制任何曲线前，需要将待绘制的结果加载到图形用户界面中。右键点击 Digimat 树形结构中的绘图 n 项（其中 n 表示绘图编号），通过加载结果选项加载以当前分析和作业名称命名的结果，但前提条件是这些结果在当前工作目录中可用。

如果在图形用户界面中定义了若干个分析，则作业名称通用于 Digimat 树形结构中定义的所有分析，并与用于区分的分析名称相反。当前分析是上次选择的分析。如果在工作目录中没有可用的结果，则应该首先运行结果后处理工具。

2）结果绘图

一旦将结果加载到图形用户界面中，不同的输出变量将用于绘图，一个变量相对于另一个变量。若要访问绘图工具，应选择树形结构中的绘图 n 项（图 18.9）。可以执行以下所述的若干个操作。

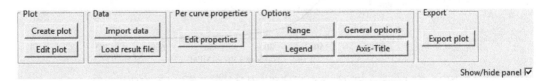

图 18.9 绘图工具

（1）创建绘图

该按钮可打开一个窗口，其中包含图形用户界面中加载的结果列表（图 18.10）。然后，用户须选择绘制的相对应的数据、x 数据和 y 数据，或者选择须显示的分布曲线。

（2）编辑绘图

该界面窗口与创建绘图窗口非常相似，可以删除和替换绘图区中当前显示的曲线。

（3）导入数据

存储在 ASCII 文件中的表格数据可以导入图形用户界面中，以便在绘图区内进行绘图，但前提条件是这些栏通过空格或制表符进行分隔。

（4）加载结果文件

该选项可加载 Digimat-FE 结果文件，无论该结果是复合材料层次还是相层次的结果。

（5）编辑属性

点击编辑属性按钮，打开界面窗口，从中可以修改每条曲线的图例项以及其符号和颜色。

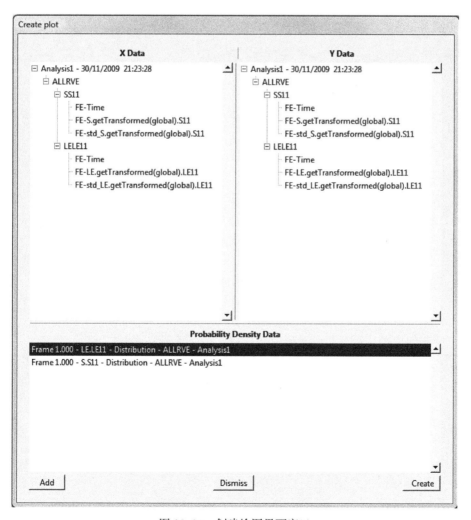

图 18.10　创建绘图界面窗口

- 范围

可以手动指定 x 坐标轴和 y 坐标轴的下限和上限。

- 图例

打开图例对话框，访问图例显示中的几个选项：尺寸和位置是否显示/放入选框内。

- 常规选项

访问线条厚度、符号尺寸以及对数和小数轴之间的选择。

- 坐标轴标题

该选项对话框可使用户自定义坐标轴标签以及绘图标题和沿每个坐标轴的刻度数。

（6）导出绘图

通过该功能，可将绘图区域导出到图像文件或 ASCII 文件中。

第4部分 DIGIMAT 辅助工程设计-CAE

Digimat-CAE 为多尺度材料和结构建模提供了综合、准确和高效的方法，能够缩小模拟和对结构进行的预测（如隐式和显式结构有限元分析和寿命预测）之间的差距。界面处理每个单元的数据，说明了因纤维取向、残余应力甚至温度场所产生的各种影响，从而进一步对结构部件进行最准确的预测。考虑到最终部件结构有限元分析中的工艺诱导材料微观结构。

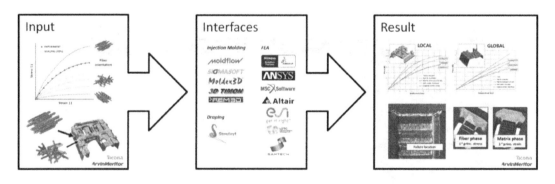

第 19 章　界 面

19.1　Digimat-CAE 与结构有限元分析软件耦合

Digimat-CAE 提供具有结构有限元分析软件的界面，并提供用于各个界面的材料库，可利用一个或多个 Digimat 材料模型进行有限元分析。

19.2　Digimat-CAE 与疲劳分析软件耦合

Digimat-CAE 提供了具有疲劳分析软件的界面，可以根据复合材料的各向异性和每个单元的局部 S-N 曲线，从而提高金属部件的寿命预测准确性。

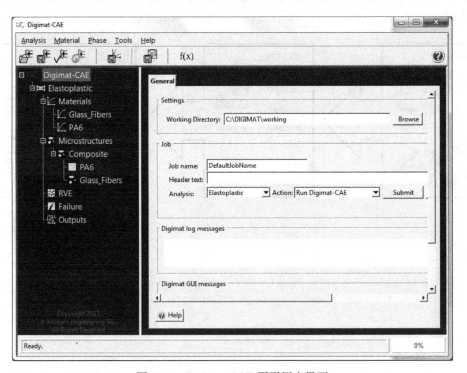

图 19.1　Digimat-CAE 图形用户界面

19.3　求解方法

Digimat 能够开展三种主要的多尺度模拟方法：

（1）微观（微观-宏观多尺度强耦合）（Micro（Full micro/macro multiscale modeling））
- 线性和非线性材料属性
- 微观和宏观输出
- 在相和复合材料层次中的疲劳和 FPGF 标准

（2）混合（微观-宏观弱耦合）（Hybrid（Reduced micro/macro multiscale coupling））
- 线性和非线性材料属性
- 宏观输出
- 在相和复合材料层次中的疲劳和 FPGF 标准

（3）宏观（微观-宏观弱耦合）（Macro（Reduced micro/macro multiscale coupling））
- 线性材料属性
- 宏观输出

19.3.1　微观方法（微观-宏观强耦合）

Digimat 交互式计算材料属性，每次迭代计算都与结构代码进行通信，以便利用均匀化技术计算材料宏观力学响应，并不断更新复合材料的切线刚度。该方法可模拟不同类型的各向异性、非线性、应变率和温度相关性材料力学行为，亦可分析 Digimat-MF 中的不同失效指标。

19.3.2　混合方法（微观-宏观弱耦合）

Digimat 预先计算宏观材料属性，然后在 Digimat-CAE 界面中使用该属性，在整体计算的每次迭代都与结构代码进行通信。该方法具有以下优势：

（1）CPU 明显加速；
（2）增加耦合模拟的鲁棒性；
（3）适用于整体范围取向张量的 3D 失效指标（Digimat-MF 中改进的 FPGF 方案）。
该方法也可用于并行计算材料宏观属性，即：
（1）（应变速率相关）（非）线性应力-应变曲线；
（2）（应变率相关）失效指标（基于应力和应变）；
（3）对于具有热相关性的材料，这些宏观材料特性也是温度相关性。

另外，该技术需要在分析开始之前执行 Digimat-CAE 预处理步骤，计算存储在 .mat 文件末尾的混合参数。由于在使用自定义子程序中的 FEA 求解器进行 I/O 操作期间仅考虑了预先计算的宏观材料特性，使得 CPU 计算时间增加。混合参数根据所选择的材料文件，通过大量的 Digimat-MF 模拟计算得到给定数量的方向和载荷。因此，预处理步骤相当于在不同的方向和载荷上开展大规模实验测试活动。对于每一个取向，识别出介观模型，并设置宏观模型。在以下情况下，可以观察到与微观（微观-宏观强耦合）方法的差异性：

（1）壳体单元：适于具有 a13 和 a23 重要分量的取向以及主要方向是第三方向的情况；

231

（2）黏弹性-黏塑性材料模型：不满足相关应变率和松弛时间条件；使用 Cowper-Symonds 模型中高应变率。

值得注意的是：在 Digimat-CAE 耦合有限元分析中，混合方法的输出仍将反馈到复合材料的宏观力学反应上。有关材料状态的信息包含两个状态变量（如 Abaqus 中的 SDV，Ansys 中的 SVAR 等）：一个提供复合材料的等效塑性变形，另一个提供失效指标。

19.3.3　宏观（微观-宏观弱耦合）

Digimat 预先计算宏观材料属性，然后整体计算的每次迭代都与结构代码共同使用该属性。该方法仅限于以下材料行为：

（1）弹性；

（2）热弹性。

尽管通过 Digimat 界面与材料属性进行通信，但是在结构软件运行期间并没有材料属性的交互式计算。因此，Digimat 和有限元求解器之间并不会更新材料属性，且只能使用线性弹性材料。对于非线性材料而言，这种计算非常有限，且不太精确。

第 20 章　GUI 基本操作

20.1　概述

Digimat-MX 模块（Digimat 自带材料数据库，可参阅相关帮助文件）可以将 Digi-mat-MF 与注塑或者结构 CAE 代码相耦合。图形截面提供了不同选项用于生成执行此类计算所需要的界面文件。

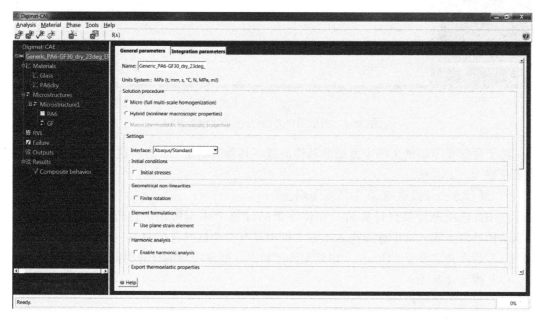

图 20.1　图形用户界面-分析参数窗口（a）

使用 Digimat 材料设置耦合分析，有两个可用的选项（从菜单栏或右键点击 Digimat-CAE 树形结构项）：

（1）启动宏观分析：使用宏观模拟方法设置耦合分析

- 源自材料数据；
- 源自 Digimat-MX；
- 源自文件。

（2）启动微观/混合分析：使用微观或混合模拟方法设置耦合分析

- 源自 Digimat-MX；
- 源自文件。

1）微观方法（微观-宏观多尺度强耦合）

有两种失效过程可以选择：一是直接使用输入文件中提供的参数，二是使用输入文件中提供的参数启动预处理步骤。

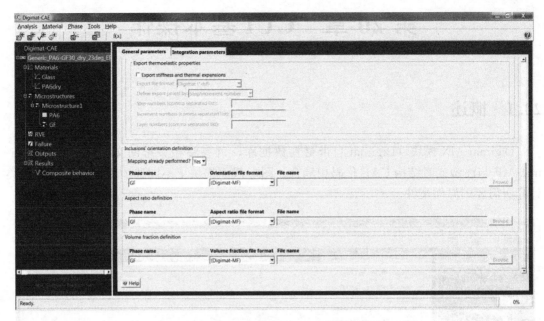

图 20.2　图形用户界面-分析参数窗口（b）

对于存储在非加密文件中弹塑性基体而言（其角度增量为 12），这种预处理步骤通常需要花费 10～15min。

2) 混合方法（微观-宏观多尺度弱耦合）

使用此选项进行耦合计算时，相位等级的计算结果不可用。运行 Digimat-CAE 时，将启动预处理步骤。对于存储在未加密文件中具有弹塑性基体的材料（角度增量为 6）而言，该步骤通常需要 5～10min。如果文件已加密，则该步骤的计算时间将增加；

（1）弹塑性基体；

（2）存在失效情况；

（3）失效参数与应变率或温度有关；

（4）热相关材料；

（5）角度增量的数量增加。

对于不平衡织物材料而言，计算时间将减少，并且根据材料的应变速率/热相关性，织物材料的计算时间将减少到更小。计算出的混合参数存储在 .mat 文件的末尾，且这些参数的生成需要使用 Digimat-CAE 结构界面的许可证。在涉及失效模型参数生成期间，可能会出现以下三个错误：

（1）错误 1：无法计算材料强度。

（2）错误 2：过早触发材料失效（第一步）。

（3）错误 3：失效应变的识别过程中遇到负值。

在第（1）种情况下，应改变失效指标（由给定类型和相关强度定义）或失效应变范围，以便可在最大失效应变范围内针对所有载荷（张力和剪切）及所有可能的纤维取向张

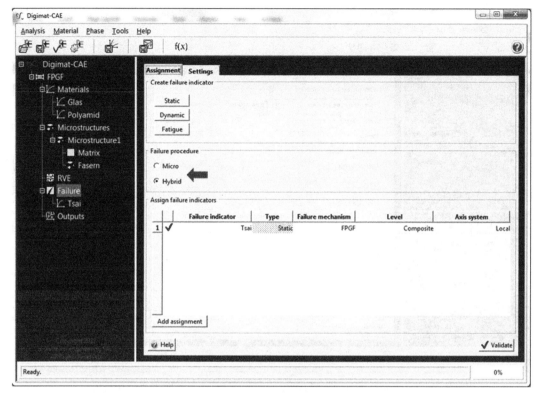

图 20.3　选择失效过程（微观或混合）

量，且在所有空间方向上达到失效标准；在第（2）种情况下，应更改失效指标（由给定类型和相关强度定义），以便在第一步之后达到失效标准；在第（3）种情况下，材料定义的基于应变的失效面与混合中假定的失效面完全不同，唯一的解决方法是使用基于应力失效表面。

3）宏观方法（微观-宏观多尺度弱耦合）

该选项只能与线性热弹性材料一起使用，具体可参见 5.2 节内容。

20.1.1　从材料数据定义耦合分析

根据材料数据设置耦合分析，可通过直接指定基体和纤维的线性材料数据来设置，见图 20.4。一组普通纤维增强型热塑性材料通用参数包含：

（1）基体和纤维材料

- 密度；
- 杨氏模量；
- 泊松比。

（2）微观结构

- 夹杂内容：体积或质量分数；
- 夹杂纵横比。

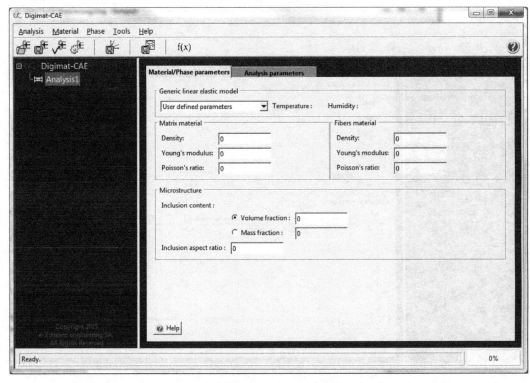

图 20.4　宏观（微观-宏观弱耦合）方法定义分析材料和微观结构参数

20.1.2　加载 Digimat 分析文件

Digimat 分析文件（＊.daf）需要包含材料和微观结构。Digimat-CAE 的 GUI 允许可视化 Digimat 分析文件中设置的不同材料参数，但不能对其进行修改。＊.daf 文件可源自多个来源，可通过多种方式进行加载。

（1）＊.daf 文件来源

● Digimat-MF：定义材料属性和微观结构参数并将其保存在 Digimat 分析文件中；

● Digimat-MX：查询 Digimat-MX 数据库，以提取与其正在建模的材料相对应的 Digimat 分析文件。

（2）＊.daf 文件加载方式

● 顶部菜单栏和分析选项；

● 右键点击 Digimat 树项目。

20.1.3　选择界面类型

可通过 Digimat 树的分析项目定义所有必要选项，以生成界面文件和准备耦合计算模型。

20.1.4　应用分析设置

在运行耦合分析之前需要调整几个设置：

（1）界面：通过下拉菜单选择 Digimat 耦合 CAE 结构代码。

（2）初始应力：如果初始应力用于耦合模拟中，则 Digimat 须初始化与这些初始宏观应力有关的微观场，可激活该标记完成相关操作。

（3）几何非线性：在激活 nlgeom 标记的情况下，应启用 Digimat-CAE/Abaqus 耦合模拟的该选项。

（4）单元公式：在 FE 模型中使用平面应变单元公式时，使用此选项。

（5）动态分析：在 Digimat-CAE/Abaqus 耦合模拟（其中需要频率相关的材料行为）情况下启用该选项。

（6）导出热弹性属性：Digimat 可要求在加载部件的过程中导出材料的热弹性属性。

（7）夹杂取向定义：如果要在耦合模拟中使用注塑成型代码所预测的取向张量，则应在适当的场中指定取向文件路径，即与结构计算中使用的结构网格相关的路径。

（8）孔隙度定义：如果要在耦合模拟中使用由注模代码预测的孔隙度数据，则应在适当的场中指定孔隙度文件路径，即与结构计算中使用的结构网格相关的路径。

（9）纵横比定义：如果要在耦合模拟中使用由注塑成型代码预测的纤维长度数据，则应在适当的场中指定纤维长度文件路径，即与结构计算中使用的结构网格相关的路径。如果为纵横比定义选择 Moldflow 软件中平面格式，则还须输入为 Moldflow 注塑分析选择的纤维直径。纤维直径的单位须与 Moldflow 模拟过程中计算的纤维长度一致。

（10）体积分数定义：如果要在耦合模拟中使用由注塑成型代码预测的体积分数数据，则应在适当的场中指定体积分数文件路径，即与结构计算中使用的结构网格相关的路径。

20.1.5　设置适当的分析参数

可通过 Digimat 调整与有限元软件中实施不同算法相关的分析参数。有关所有参数的详细说明，可参考 18.3 节。

20.2　分析参数

20.2.1　常规参数

分析的 General parameters 选项卡分为两部分：CAE 界面（图 20.5）和夹杂的取向文件（图 20.6）。

1）CAE 界面类型

默认情况下会打开生成界面文件（Generate interface file）选项。通过该选项，CAE 软件和 Digimat 之间建立了一项强大的耦合：FE 模型的各积分点都由 Digimat-CAE 中的 RVE 表示。每增加一个积分点，CAE 代码将调用 Digimat，执行所有与材料相关的计算（非线性均匀化）。表明当运行 Digimat-CAE 时，将会生成一个包含要添加到 CAE 软件输入中的 USER MATERIAL 选项的特定文件。

另一种选项生成热弹性材料属性（Generate thermoelastic material properties），只能与线性热弹性材料一起使用。当打开此选项时，Digimat-CAE 将生成具有弹性刚度基体的文件，并在适用情况下生成各积分点处计算的热膨胀因子基体。当 CAE 代码在 Digi-

237

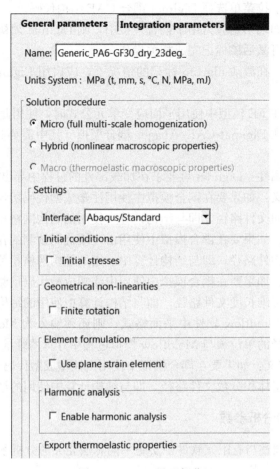

图 20.5　CAE 界面部分

mat 中运行而非执行完全均匀化计算时，存储在该文件中的刚度和热膨胀数据将用于计算材料响应。如果在 CAE 代码中需要多个增量，则可能会导致减少重要的 CPU 时间。当打开此选项时，只需指定界面和刚度数据的文件格式。有两种文件格式可用：

（1）Digimat（＊.dsf）：基于 HDF5 的二进制格式。主要优点是尺寸缩小（与 ASCII 文件相比）。

（2）ASCII（＊.stf）：文本格式。就各积分点而言，将生成一行。每行包含基体形式的刚度张量的所有 21 或 36 个分量，以及（如适用）温度和热膨胀基体的 6 个分量。

2）界面

FE 模型的各积分点在 Digimat-CAE 中由 RVE 表示。可在以下 CAE 界面中指定所接收的应用于本积分点的局部加载条件：Abaqus/Standard、Abaqus/Explicit、Ansys、LS-DYNA/Explicit、LS-DYNA/Implicit、Marc、MSC Nastran SOL700、PAM-CRASH、RADIOSS/Explicit、SAMCEF、nCode DesignLife 或 LMS Virtual. Lab Durability。

3）初始状态

可通过该选项在耦合分析中考虑初始应力。对于涉及超弹性和黏弹性相的所有材料而言，暂时禁用该选项。

4）几何非线性

当在 Abaqus 输入卡上将选项 nlgeom 设置为 ON 时，须选择几何非线性（Geometrical Non-Linearities）。在 Abaqus 求解分析中，该情况默认适用于 Abaqus/Explicit 计算。

5）单元公式

当 Digimat 材料用于 CAE 软件中的平面应变单元时，须检查使用平面应变单元（Use plane strain element）选项。这表明 Digimat 应使用平面应变公式来代替平面应力公式。

6）动态分析

当需要运行耦合模拟频率相关材料的力学行为时，须打开动态分析（Harmonic analysis）字段。在 Abaqus/Standard 中，该情况适用于 ＊ Steady State Dynamics，direct 程序。

7）导出热弹性属性

通过导出热弹性属性（Export thermoelastic properties）选项定义一些点，这些点上的切线刚度基体和热膨胀基体将导出到文件。有两种文件格式可用：

（1）Digimat（＊.dsf）：基于 HDF5 的二进制格式。主要优点是尺寸缩小（与 ASCII 文件相比）。

（2）ASCII（＊.stf）：文本格式。就各积分点而言，将生成一行。每行包含基体形式的切线刚度张量的所有 21 或 36 个分量，以及（如适用）温度和热膨胀基体的 6 个分量。

可用两种不同的方式来定义导出点：

（1）按步骤和增量：该方法不适用于外显 FEA 代码的界面。须指定逗号分隔的步数和增量列表导出刚度数据。如果指定若干步骤和若干增量，则将根据所有指定步骤的指定增量导出数据。

（2）按时间：此方法适用于所有界面。须指定逗号分隔的时间点列表导出刚度数据。

对于这两种方法而言，还可指定导出刚度的层（只适用于 MoldFlow/Midplane 界面）。

8）夹杂取向定义

该取向可源自 Digimat-MF 或注塑成型模拟软件。在第一种情况下，将使用 Digimat-MF 中相位等级定义的取向。在第二种情况下，将使用由注塑软件预测的纤维取向张量（Moldflow/Midplane、MoldFlow3D、SigmaSoft、Moldex3D、Moldex3D Midplane、REM3D 和 3D TIMON）。

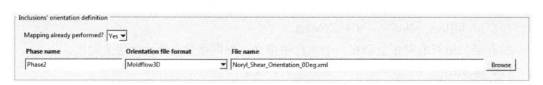

图 20.6　夹杂取向部分

还支持另一种通用取向文件格式，即 Digimat 取向文件（＊.dof）。这些文件由 Digimat-MAP 创建。Digimat 取向文件基于 HDF5 文件格式。如果取向定义源自 Digimat-MF，则无需指定任何文件。在所有其他情况下，有必要指定定义取向张量的文件。需注意事项：

（1）Digimat（＊.dof）

包含一个根据网格（壳体和实体单元）积分点获得的方向张量。使用 Digimat 格式文件的原因：

● 在网格中使用线性或二次单元时，将根据积分点获得取向张量，但不会获得所有单元积分点的平均取向张量数据，可提高模型的准确性。

● 可通过使用线性或二次单元（而非简化单元）减少网格中的单元数量，而不会丢失关于纤维取向的数据。

选择该选项不同于选择 Digimat-MF。使用 Digimat-MF 时，将根据相应相中定义的取向，将独特的纤维取向应用于所有积分点。如果 Digimat 数据文件根据体积图形数据生成，并且决定保存取向张量和体积分数，则也须选择 Digimat 数据文件作为相体积分数数据（图 20.7）。

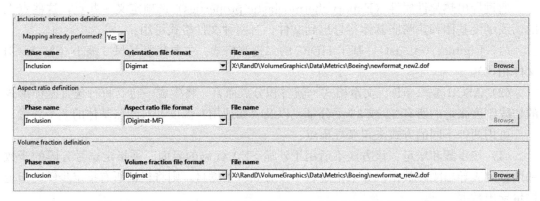

图 20.7　在相位取向选框和相位体积分数选框中选择体积图形数据

（2）SigmaSoft（＊.XML）

所有取向张量都在一个文件中设置，须给出该文件的完整路径名。

（3）Moldflow/Midplane（＊ele.0xx）

取向张量在若干 Moldflow 文件（至少 3 个文件）中给出。所有文件都有相同的根名，以及不同的文件扩展名（文件编号形式，3 个字符），例如：

● 根名：moldflowJob.ele；

● 文件名：moldflowJob.ele.001，…，moldflowJob.ele.021。

须指定第一个文件的名称，Digimat-CAE 自动选择具有相同根名的所有文件。

（4）Moldflow/Midplane（＊.XML）

所有层的所有取向张量都在一个文件中定义，取向张量在单元等级上给出。

（5）体积图形（＊.csv）

所有取向张量都定义在一个文件（＊.csv）中。须指定该文件的完整路径。体积图形文件须由体积图形（使用 Digimat 格式）创建，或使用相同格式，即至少 9 列的 CSV 数据和一个标题行。在这些栏中，必须以相同的顺序包含以下数据：

● 取向张量.xx

● 取向张量.xy

- 取向张量.xz
- 取向张量.yy
- 取向张量.yz
- 取向张量.zz
- 纤维体积分数（%）
- 计数（Digimat 不使用）
- 单元 ID

忽略所有其他各栏。当从体积图形中导出＊.csv 文件时，可以选择包含在文件中的数据。体积图形文件的特殊性在于其包含了关于取向张量和体积分数的信息（图 20.8）。

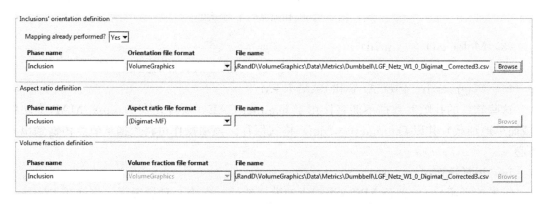

图 20.8　体积图形数据

9）孔隙度定义

孔隙度可源自 Digimat-MF 或注塑成型模拟软件。在第一种情况下，将使用 Digimat-MF 中相位等级上定义的孔隙度。在第二种情况下，将使用注塑代码预测的孔隙度数据，并且该相的孔隙度的纵横比将设置为 1。还支持另一种通用孔隙度文件格式，即 Digimat 孔隙度文件（＊.dof）。

图 20.9　孔隙度

在所有其他情况下，有必要指定定义孔隙度数据的文件。需注意以下事项：

（1）Digimat（＊.dof）

包含一个根据网格（壳体和实体单元）积分点获得的孔隙度数据。

- 在网格中使用线性或二次单元时，将根据积分点获得孔隙度数据，但不会获得所有单元积分点的平均孔隙度数据，提高模型的准确性。
- 使用线性或二次单元（而非简化单元）减少网格中的单元数量，而不会丢失有关孔隙度的数据。

选择该选项不同于选择 Digimat-MF。当使用 Digimat-MF 时，孔隙度的体积分数将应用于所有积分点。

（2）Moldflow/Midplane（*.xml）

所有层的孔隙度数据都将在一个文件中设置。孔隙度数据将在单元等级上给出。该文件是 xml 格式，须由 Moldflow 创建。如要通过 Digimat 使用源自 Moldflow Midplane 的孔隙度数据，须在 Digimat-CAE 中输入用于 Moldflow 注塑模拟的孔隙度的平均密度（图 20.10）。

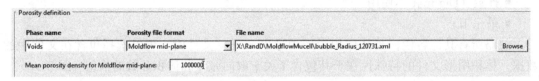

图 20.10　孔隙度的平均密度

（3）Moldex3D（*.m2d）

孔隙度数据将在一个文件（.m2d）中定义，须指定该文件的完整路径。

（4）Magmasoft、ProCAST 和 PAM-RTM

这些软件的孔隙度数据不能直接用于 Digimat-CAE。须首先在 Digimat-MAP 中映射（或简单地加载）并以 Digimat（*.dof）格式保存。该项操作可将数据从节点传输到单元质心。

10）纵横比定义

纵横比可源自 Digimat-MF 或注塑成型模拟软件。在第一种情况下，将使用 Digimat-MF 中相位等级处定义的纵横比。在第二种情况下，将使用注塑软件预测的纵横比数据。支持的注塑成型软件有 MoldFlow/Midplane 和 Moldex3D。

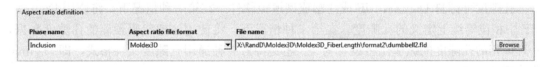

图 20.11　纵横比

还支持另一种通用的纵横比文件格式，即 Digimat 纵横比文件（*.dof）。这些文件由 Digimat-MAP 创建。Digimat 纵横比文件基于 HDF5 文件格式。如果在 Digimat-MF 中定义纵横比，则无需指定任何文件。在所有其他情况下，有必要指定定义纵横比数据的文件。需注意以下事项：

（1）Digimat（*.dof）

包含一个根据网格（壳体和实体单元）积分点获得的纵横比数据。您可通过 Digimat-MAP 以此特定格式导出纵横比数据。

● 在网格中使用线性或二次单元时，将根据积分点获得纵横比数据，但不会获得所有单元积分点的平均纵横比数据，提高模型的准确性。

● 使用线性或二次单元（而非简化单元）减少网格中的单元数量，而不会丢失有关纵横比的数据。选择该选项不同于选择 Digimat-MF。当您使用 Digimat-MF 时，恒定纵横比将应用于所有积分点。

（2）Moldflow/Midplane（*.xml）

所有层的纵横比数据都将在一个文件中定义。纵横比数据将在单元等级上给出。该文件是 xml 格式，须由 Moldflow 创建。如要通过 Digimat 使用源自 Moldflow Midplane 的纵横比数据，须在 Digimat-CAE 中输入用于 Moldflow 注塑模拟的纵横比的平均密度（图 20.12）。

图 20.12　平均纤维长度

纵横比数据都将在一个文件（.m2d）中定义。须指定该文件的完整路径。

11）体积分数定义

体积分数可源自 Digimat-MF 或注塑成型模拟软件。在第一种情况下，将使用 Digimat-MF 中相位等级上定义的体积分数。在第二种情况下，将使用注塑软件预测的体积分数数据。支持的注塑软件是 Moldex3D。源自 Moldex3D 的体积分数数据不能直接用于 Digimat-CAE。须首先在 Digimat-MAP 中映射（或简单地加载），并以 Digimat（*.dof）格式保存。该项操作可将数据从节点传输到积分点。Digimat 体积分数文件基于 HDF5 文件格式。

图 20.13　体积分数部分

如果在 Digimat-MF 中定义体积分数，则无需指定任何文件。在所有其他情况下，有必要指定定义体积分数数据的文件。

20.2.2　积分参数

1）均匀化方法控制＋载荷平衡控制

2）增广拉格朗日算法控制

在不可压缩性约束中涉及的增广拉格朗日式方法中使用目标误差，可应用于超弹性材料。误差量化了 Digimat 混合解决方法中所能接受的最大平均体积变化。最大迭代次数控制增广拉格朗日算法中允许的最大迭代次数。如果计算过程中达到收敛的迭代次数超过此参数的值，则 Digimat 将引起时间步长减少。这些误差和迭代参数的最大数量有默认值。在某些情况下，根据分析中涉及的所有参数，Digimat 将修改默认值，以获得更好的结果或避免无意义的计算（即不会改变结果的计算）。计算中使用的有效误差和最大迭代次数将在 Digimat 日志文件中编写。如要施加给定误差或最大迭代次数，则须勾选所考虑参数前面的选框，并更改文本字段中出现的值。

3）高周期疲劳控制

高周期疲劳控制仅适用于疲劳分析，且疲劳失效指标已经过定义并分配给复合

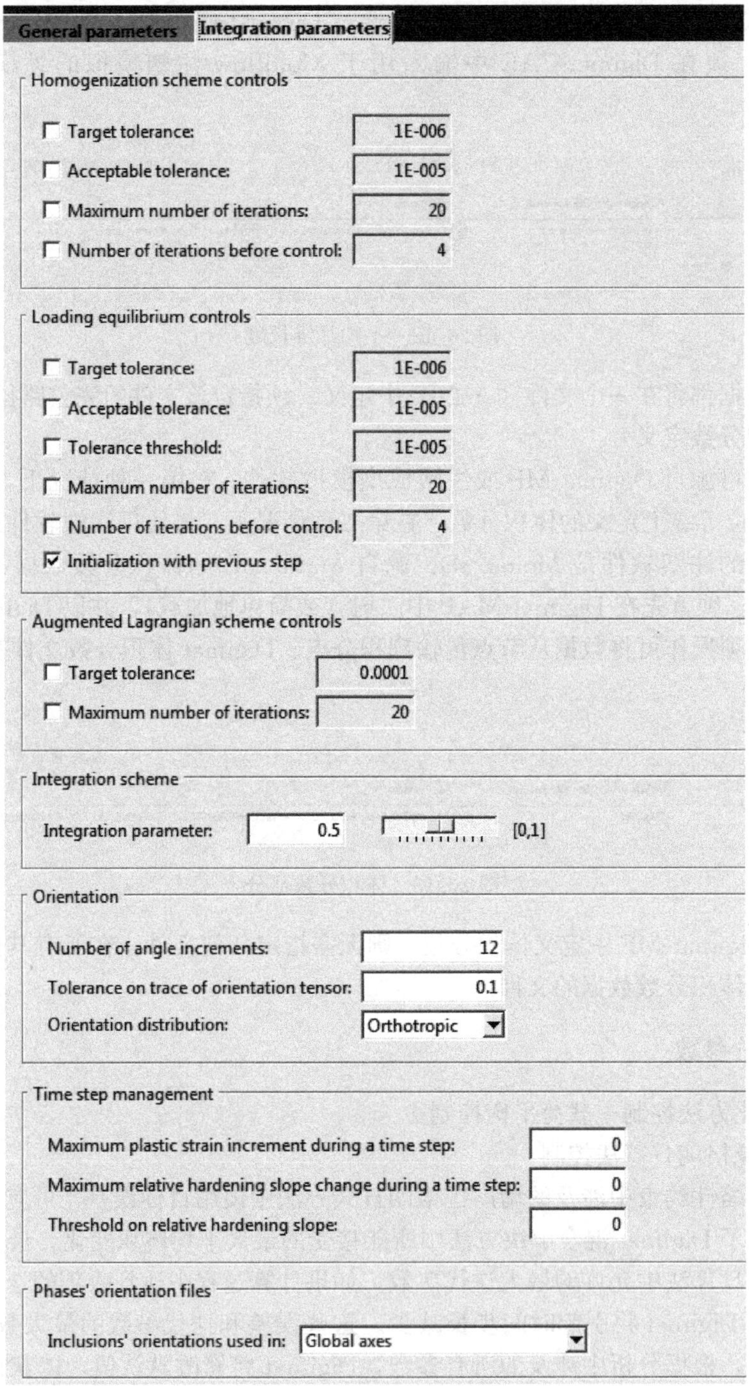

图 20.14　积分参数选项

材料。

4）积分方案

积分参数 α 仅在使用平均场均匀化时有意义，且是定义时间积分参数的实数。α 大于

0，小于或等于 1。默认值 0.5 与隐式中点规则时间积分方法相对应。在进行显式计算时，通常使用 1.0 的值。在所使用的代码的基础上，Digimat-CAE 生成界面文件时，根据是否隐式或显式工作，Digimat 会自动调整此参数。但对于 Digimat-MF 而言，由于求解器是隐式，所以应保持为 0.5。

5）刚度更新延迟

当使用显式 FEA 代码（Abaqus/Explicit、LS-DYNA，PAM-CRASH 和 RADIOSS/Explicit）的 Digimat 界面时，可使用刚度更新延迟（Stiffness update delay）来延迟更新复合材料的刚度张量（通过平均场均匀化来计算）。通常而言，在各单元的各积分点处，在每一步的各增量中，Digimat 都将使用平均场均匀化来计算当前材料的刚度以及其他属性和信息。通过延迟刚度更新，不必一直更新复合材料的刚度，而是就给定数量 n 的增量使用相同刚度张量（从而延迟更新）。在这 n 个增量中，将使用相同刚度张量来计算应力（仅限宏观等级）。经过 n 个增量后，考虑到材料在 n 个增量中经历的应变历史，复合材料的刚度以及由 Digimat 计算出的所有其他信息和属性将再次得到更新。该项功能涉及两个参数：

（1）复合材料刚度的两次更新之间增量的数量 n。为激活该方法，该参数须大于或等于 2。如果值为 0，则表明该方法未激活。

（2）延迟流程开始的时间。时间必须为正。在第一次增量期间，不能启动延迟。

在涉及显式 FE 求解器的分析中，延迟刚度更新对于节省 CPU 时间非常有用（因为在涉及延迟的 n 个增量期间不执行均匀化）。当然，延迟刚度更新近似于材料行为，须小心使用。但在许多情况下，2 到 10 之间 n 的值会给出可接受的结果。当使用弹塑性复合材料时，最优值（即在精度和 CPU 减少量之间取得良好的平衡）通常高于弹黏塑性复合材料。

6）波速计算

波速安全因子用于控制复合刚度的上限，将用于显式 FEA 代码（Abaqus/Explicit 除外）界面中的波速和时间步长计算中。在很多情况下，无需执行均匀化（如对于零应变增量而言），但仍然需要执行稳定的时间步长并将其发送回 FEA 代码。在这些情况下，需要复合刚度的上限，以便以保守方式估计时间增量。通过使用等于 1 的安全因子，可获得稳定的时间增量，但如果估计过于保守，稳定的时间增量可能过小，由此产生大量计算时间。可使用小于 1 的因子来降低材料刚度的上限，这将增加时间增量并减少 CPU 时间。该因子设定为小于 1 的最常见情况是复合材料，其中夹杂比基体更坚固，并且代表复合材料的低质量分数。

7）取向

（1）角度增量的数量

如果定义的非线性复合材料内的夹杂采用非固定取向（即取向张量或随机 2D/3D），则取向空间须离散化。为可视化该离散化步骤，可用球体来表示角度空间。该球体表面上的各点都可用两个角度来标识，类似于地球上的经度和纬度。因此，可通过使用恒定角度增量离散角度，将该球体分成小区域。

角度增量的数量参数给出了用于离散化的角度增量的数量。其须在范围 6～36 内，其中 6 是默认值。通过使用更多角度增量，从而提高计算的准确性，但也增加了计算时间。对于快速计算而言，默认值 6 是一个很好的起始值，而 12 通常是精度和计算时间之间的良好折衷。最后须注意的是，对于 FPGF 失效指标而言，其中伪颗粒的数量取决于角度增量的数量（建议值为 12），以提供更好的失效预测准确度。

（2）取向张量轨迹上的误差

该参数定义了使用取向文件时计算的方向张量迹线的误差。取向张量的轨迹须等于 1。如果轨迹不等于 1，但在定义的误差范围内（默认值设置为 0.1），则 Digimat 会自动校正取向张量，以便轨迹等于 1，具体如下所示：

$$a = \begin{bmatrix} a_{11} & a_{12} & a_{13} \\ a_{21} & a_{22} & a_{23} \\ a_{31} & a_{32} & a_{33} \end{bmatrix} \tag{20.1}$$

该取向张量经过校正，以便轨迹等于 1，因此获得如下张量：

$$a' = \begin{bmatrix} \dfrac{a_{11}}{\text{trace}(a)} & a_{12} & a_{13} \\ a_{21} & \dfrac{a_{22}}{\text{trace}(a)} & a_{23} \\ a_{31} & a_{32} & \dfrac{a_{33}}{\text{trace}(a)} \end{bmatrix} \tag{20.2}$$

如果轨迹超出容许范围，则 Digimat 拒绝接受取向张量，且计算停止。

（3）取向分布

提供两种闭合方法管理计算期间的取向分布。默认参数称为混合方法。另外一种是拟合正交各向异性闭合方法。可在 Digimat-MF 和 Digimat-FE 中使用混合方法。

8）时间步长管理

时间步长（MPSI）期间的最大塑性应变增量定义了给定时间步长的塑性应变增量的最大误差。在使用 Digimat 弹塑性、弹黏塑性、具有损伤的弹塑性和 Drucker-Prager 材料时：

$$p_{t_{n+1}} - p_{t_n} \tag{20.3}$$

该参数可用于限制隐式代码中的最大塑性应变增量。如果塑性应变增量大于指定误差，则 Digimat 要求减小时间步长，从而限制塑性应变增量。

时间步长（MRHS）最大相对硬化斜率变化定义了给定时间步长的相对硬化增量的最大误差。在使用 Digimat 弹塑性、弹黏塑性、具有损伤的弹塑性和 Drucker-Prager 材料时：

$$\frac{\left(\dfrac{\mathrm{d}R}{\mathrm{d}p}\right)_{t_{n+1}} - \left(\dfrac{\mathrm{d}R}{\mathrm{d}p}\right)_{t_n}}{\left(\dfrac{\mathrm{d}R}{\mathrm{d}p}\right)_{t_{n+1}}} \tag{20.4}$$

该参数可用于限制硬化斜率。该参数须与"相对硬化斜率阈值"一起使用。相对硬化斜率阈值（TRHS）定义了材料硬化到杨氏模量的限值。

$$\frac{\dfrac{\mathrm{d}R}{\mathrm{d}p}}{E} \tag{20.5}$$

此参数须与上述两个参数时间步长期间最大塑性应变增量和时间步长期间最大相对硬化斜率变化一起使用，以限制给定时间步长的塑性应变增量。通过 Digimat 减少时间步长，从而减小塑性应变增量，但前提是：

$$\begin{cases} \dfrac{\dfrac{\mathrm{d}R}{\mathrm{d}p}}{E} > TRSH \\[4mm] \dfrac{\left(\dfrac{\mathrm{d}R}{\mathrm{d}p}\right)_{t_{n+1}} - \left(\dfrac{\mathrm{d}R}{\mathrm{d}p}\right)_{t_n}}{\left(\dfrac{\mathrm{d}R}{\mathrm{d}p}\right)_{t_{n+1}}} > MRHS \end{cases} \tag{20.6}$$

或

$$\frac{\dfrac{\mathrm{d}R}{\mathrm{d}p}}{E} \begin{cases} \dfrac{\dfrac{\mathrm{d}R}{\mathrm{d}p}}{E} > TRSH \\[4mm] p_{t_{n+1}} - p_{t_n} > MPSI \end{cases} \tag{20.7}$$

该积分参数选项卡的第一个区域与微观方法的积分参数的区域 1、3、4 和 7 相对应。这四个区域的所有参数对耦合计算无影响，只在混合参数的预计算中使用。唯一例外情况是，底部和顶表层取向选项只影响耦合的 Digimat-CAE 计算，不影响混合参数预计算。最后一个区域仅针对混合方法，以下参数均可用：

（1）应变范围的刚度识别：将确定刚度混合参数的应变范围。默认值是 0.1。如果需要更为相关的应变范围来模拟耦合 Digimat-CAE 计算期间应变范围内的非线性硬化（弹塑性）或应变率相关行为（弹黏塑性），则可调整此值。无需增加该值来模拟线性硬化，模型将假定，一旦超过用于识别的应变范围，硬化即为线性。如果要在所有情况下增加该值以达到失效，首先应提前尝试改进材料模型（例如失效描述和硬化）。

（2）失效应变范围：将识别失效混合参数的失效应变范围。默认值是 0.1，但织物值是 10。如果复选框未激活，则将通过程序自动识别失效应变范围。

（3）通过相对硬化斜率变化阈值增加时间步长：相对硬化斜率变化阈值用于增加时间步长。默认值是 0.01。该值用于测试硬化斜率是否可为线性。当为线性时，时间步长增加，以减少大应变范围的计算时间。

（4）数值准静态应变率：对于弹黏塑性的模型而言，将识别描述材料的弹塑性行为（即忽略黏性影响时的反应）的混合参数的速率。默认值是 10^{-6}，单位等于 $[\text{时间}]^{-1}$，其中 $[\text{时间}]$ 是选择用于所有其他材料参数的时间单位。

（5）动态应变率：将识别描述材料的动态行为（即弹黏塑性行为）的混合参数的速率。默认值是 100，单位等于 $[\text{T}]^{-1}$，其中 $[\text{T}]$ 是用于所有其他材料参数的时间单位，可调整。在 Digimat-CAE 耦合模拟中建议使用希望获得最佳预测的应变率值。对于弹黏塑性材料而言，该值应根据松弛时间来计算。

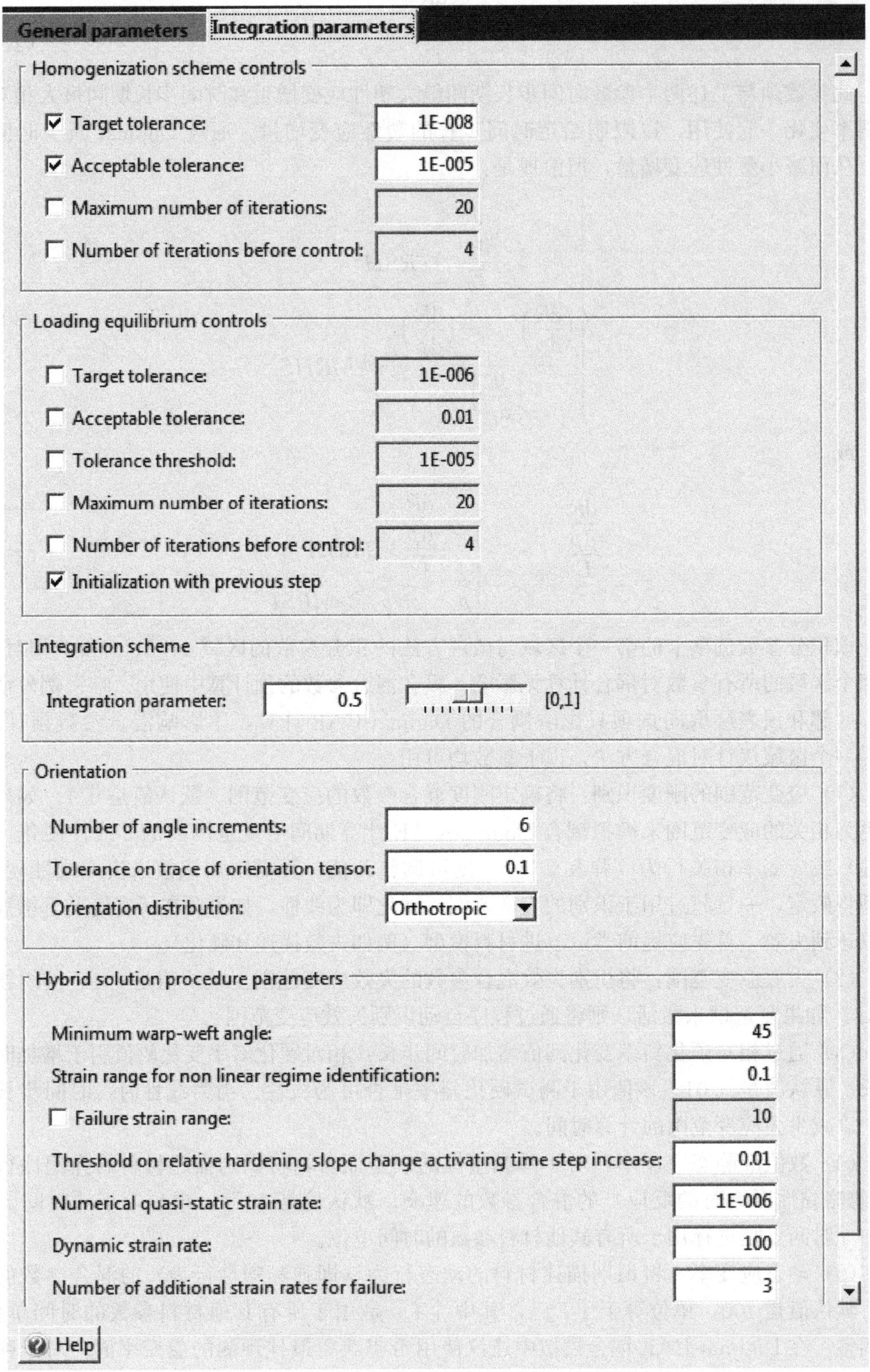

图 20.15　包含混合解决方案方法的分析参数的积分参数选项卡的区域示图

（6）应变率的数量：将用于识别材料的失效参数的应变率相关性的应变率的数量。默认值是 3。如果 n 是选定数字，则将使用 $n+1$ 应变率识别失效参数。第一个数字是用于定义参考参数集的动态应变率。然后，使用 n 个应变率 $\dot{\epsilon}_d/10$ 至 $\dot{\epsilon}_d/10^{n-1}$ 加上准静态应变率，以确定描述应变率相关性的参数。根据图 20.15 给出的参数，使用 100、10、1 和 10^{-6}。如果材料是弹塑性材料，则只能使用准静态应变率。

（7）最小经纬度：对于织物而言，针对纱线之间角度的若干值（范围从最小值到 90°之间）计算材料参数。默认值是 45°，须小于 90°。

（8）自定义用于识别的温度：如果选择该选项，则将识别的宏观材料属性的温度即为输入到温度内的温度。如未选择该选项，则将识别的宏观材料属性的温度即为各种温度相关性下使用的温度。

（9）温度（按升序排列并用逗号分隔）：按升序排列，用逗号分隔，用于识别宏观材料的属性。

（10）相的取向文件：允许使用全局坐标轴或局部坐标轴中源自 Moldflow 的取向张量。仅在 Moldflow 3D 取向文件涉及耦合 Digimat-CAE/Abaqus 标准分析时使用。该选项的默认值是全局坐标轴，也可设置为局部坐标轴。

20.2.3　失效参数

可在失效分配选项中定义几组失效相关的参数（图 20.16）。根据分析中指定的失效指标以及所使用的求解方法（微观、混合等），该选项提供了多个参数框：

（1）"在达到静态或动态失效时行动"选框包含了控制以下各项的复选框：
- 停止隐式模拟分析；
- 显式模拟的单元删除；
- 所有标准和 FPGF 失效指标的隐式模拟的刚度降低。

如果激活刚度降低选项，则可使用最大损伤选项。如果激活单元删除，则最大损伤触发单元删除。如果未激活单元删除，则最大损伤控制最小残余刚度。默认情况下，将就显式代码激活单元删除，并停用允许单元删除的隐式代码。对于隐式代码而言，将停用因 FPGF 失效而终止的分析。

（2）"首个伪颗粒失效控制"选框包含适用于 FPGF 指标的控制。

（3）"渐进失效控制"选框包含适用于渐进失效指标的控制。

对于显式求解器而言，可触发优化算法，适用于具有渐进失效指标的 UD 或正交织物复合材料的最常见情况。通过该优化算法，CPU 时间降低了 4 到 10 倍。

另一方面，该选项只提供少量的宏观输出：
- 六个损伤变量（D11，D22，D33，D12，D23，D13）；
- 失效标准输出（FC）；
- 校准指标（IA）；
- 失效状态（FS）；
- 已失效积分点百分比（PFP）；
- 删除状态变量。

如果满足上述条件，则将就所有显式代码默认激活此优化算法。但对于 LS-Dyna 和

249

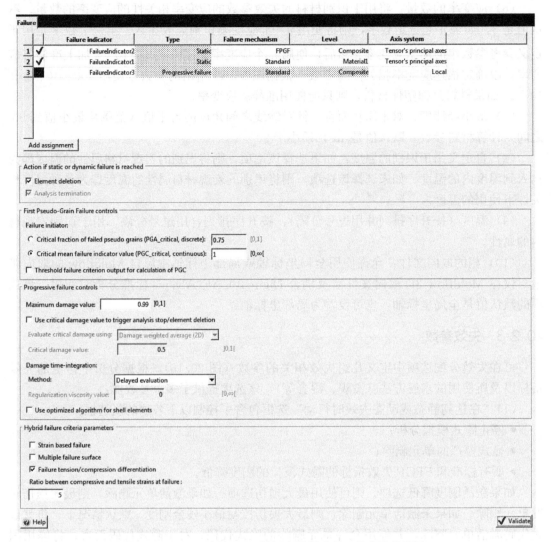

图 20.16　用于监控 CAE 模拟失效影响的一些参数的设置

Nastran/SOL700 而言，可使用"使用壳体单元优化算法"复选框启用或停用优化。对于具有这些求解器的实体单元而言，优化算法并不成熟。

（4）"混合失效标准参数"选框包含适用于具有混合失效的微观程序和混合程序的控制。

● 基于应变的失效：如果选择该选项，则将根据应变失效标准来识别失效参数。否则，将以应力失效标准为基础。只有当值等于 1 时，才能比较混合中基于应变（基于应力）的失效准则和微观中用于确定混合参数的基于应力（应变）的失效准则。实际上，基于应变的失效指标的变化呈线性，而基于应力的失效指标的变化与应力-应变曲线呈非线性。当比较微观（或 Digimat-MF）和混合求解方法时，可观察到图 20.17 所示的行为。在该情况下，Digimat-MF 中的失效指标基于应变，并且已用于识别混合中基于应力的失效指标。

● 多重失效表面：选择此选项，混合参数将在材料模型中包含每个失效指标的一个失

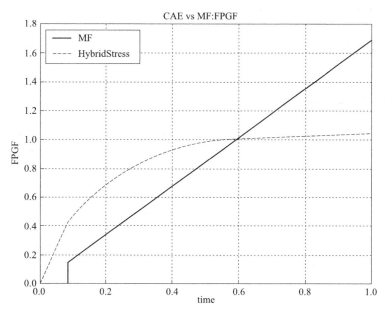

图 20.17　高周疲劳控制选框

效表面。就织物材料而言，该选项是强制执行选项。

● 拉伸/压缩失效差异：选择该选项，失效混合参数将包含拉伸/压缩差异。如果材料包含具有拉伸/压缩差异的 FPGF 指标，则执行该选项。

● 压缩和拉伸的失效应变之间的因子：只有在检查失效拉伸/压缩差异框，以及模型未包含具有拉伸/压缩差异的 FPGF 指标时才会出现此选项。在该情况下，使用大于 1 的值会在混合中强制实施拉伸/压缩差异化。默认值是 1。应根据压缩和拉伸失效应变之间对比率的估计改变该值。建议选择接近 5 的值。该强制实施拉伸/压缩差异化的实用方法不适用于 UD 和织物复合材料。对于后一种情况，直接在失效指标中强制实施张力/压缩差异，并使用参数的默认值 1。

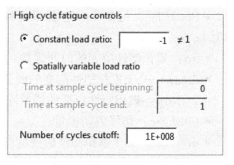

图 20.18　高周疲劳控制选框（包含适用于高周疲劳分析的控制，其中包括疲劳失效指标）

（5）"高周疲劳控制"选框（图 20.18）包含适用于高周疲劳有限元分析的控制，其中包括疲劳失效指标。该分析涉及 2 个可能的 FE 载荷定义，这些载荷定义与载荷变化率有关。

● 恒定载荷比：当在一个或多个循环载荷峰值之后定义 FE 载荷时，则将使用恒定载荷比将相应的应力场转换为幅值，最后转换为临界周期次数。该载荷比与其在 Digimat-MF 疲劳载荷相对应。

● 空间可变载荷比：当 FE 载荷明确表示一个或多个周期时，采样周期开始的时间和结束的时间将用于定义识别极值的采样周期。这些极值产生应力幅值和所需的平均应力，以确定该采样周期的临界次数。此外，这些时间用于计算具有黏弹性材料模型的等效频率和相应的代表性刚度。

20.3 状态变量结果

20.3.1 状态变量中需要的输出

在相位等级处输出时，使用 Digimat-CAE 的耦合有限元分析（FEA）比使用 Digi-mat-MF 的分析需要的场更多。因此，在大多数情况下，Mori-Tanaka 和 Free-stress 算法在时间 t_n 时需要一些补充信息，以计算 t_{n+1} 时的场。具体取决于分析类型：$\varepsilon(t_n)$、$\sigma(t_n)$、$\varepsilon^p(t_n)$、$F(t_n)$ 等。每种材料的耦合有限元分析所需的特定场为：

（1）热弹性模型

● 相位等级：考虑到杨氏模量、泊松比或热膨胀系数以及初始应力时的温度相关性，需要输入体积模量、剪切模量和热膨胀系数。

（2）黏弹性材料

● 宏观层面：Laplace-Carson 变换需要指定内部状态变量 ISV；

● 相位等级：VSS 系指黏性剪应力；VBS 系指黏性体积应力。

（3）（热）-弹塑性（J2-塑性和 Drucker-Prager）／（热）-弹塑性-黏弹性/黏弹性-黏塑性模型：

● EP：塑料应变；

● Cglob：刚度基体；

● PlastFlag：可塑性标记-如果材料位于屈服面内，则为 0；如果材料位于屈服面上，则为 1；

● dp：累积塑性应变的时间导数；

● dRdp：关于累积塑性应变的硬化应力的导数；

● Inc$p$dp：累积塑性应变的增量除以累积塑性应变的时间导数；

● tan$shear$：切线剪切模量；

● d$visc$dp：关于累积塑性应变的黏性函数的导数。

（4）适用于离散仿射方法和弹塑性材料

● d$visc$dS：关于 Von Mises 应力的黏性函数的导数；

● X：Chaboche 塑性模型需要的背部应力；

● dam-D，r：损伤参数，使用 Lemaître-Chaboche 损伤模型时需要输入。

20.3.2 特定字段

（1）FPGF 损伤方案：如果使用 FPGF 损伤模型，则即使在相位等级定义 FPGF，在 RVE 等级也需要 PG。

（2）渐进失效：如果在任何等级使用渐进失效标准，则在相应等级需要损伤变量 D。

（3）离散仿射方法：

相位等级：S_{Aff}——需要仿射应力，仅适用于（热）弹黏塑性材料和黏弹黏塑性材料。

（4）二阶法：

● STri. h——试验压力的静态部分；

● STri. eq2——试验压力的均方 Von Mises 范数。

（5）热分析：

● ITemp——初始温度。

（6）显式分析：

● 删除——添加删除单元。

（7）壳体单元的取向张量：

● 相位等级：OT——取向张量。

从一般性观点来看，除使用壳体单元之外，E 和 S 的复合材料在宏观层面无需始终作为输出参数。如果用户忽略为耦合 FEA 定义必填字段，则 Digimat-CAE 将在 *. log 文件中打印一条警告信息，并添加该参数；如果使用均匀材料进行耦合有限元分析，则可在宏观层面使用塑性场。对于复合材料而言，在相位等级需要这些参数。

20.3.3　状态变量中可用的输出

1）取向文件

在用 Digimat-CAE 进行耦合有限元分析的过程中定义取向文件，则可输出模型的每个积分点上的取向张量，而不论取向文件类型如何。

2）复合材料输出

可通过 Digimat-CAE 的输出部分中的新窗口提供。

（1）A1——取向张量的第一个特征值；

（2）APS——所获得的可能的最大刚度；

（3）IA——应力和取向之间的一致性指标；

（4）PFP——失效积分点的百分比；

（5）EPMT——主要机械和热应变；

（6）显式模拟中计算这些输出的时间。默认值是 1000；

（7）FS——失效状态；

（8）等效应变率（用于具有失效的 EVP 分析）；

（9）三轴（用于具有张力-压缩差异化的材料和失效模型）；

（10）损伤（刚度降低激活时）。

复合材料输出概要：可用性和默认值　　　　　　　　　表 20.1

输出	FEA 求解器	解决方案	材料	单元	默认
A	全部	微观/混合	全部	全部	是
IA	全部	微观/混合	全部	全部	否
APS	全部	微观/混合	全机械	全部	是
PFP	全部	微观	UD 和织物	壳体	是
PFP	全隐式	混合	全部	全部	是
损伤	全隐式	混合	全部	全部	是
三轴	全部	混合	具有张力-压缩差异化	全部	是
应变率	全部	混合	具有失效的 EVP	全部	是

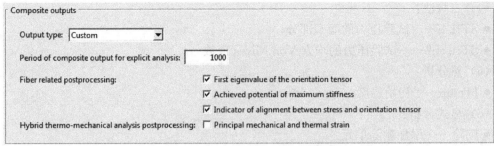

图 20.19　Digimat-CAE：复合材料输出

默认选择 A1 和 APS，IA 是自定义输出。纤维相关的后处理输出的值在 0 和 1 之间，仅适用于两相复合材料，且仅以弹性增量计算。

对于给定加载和给定取向，APS 给出了有效获得的最大刚度的分数。对纤维方向上加载的 UD，其在给定的积分点 i 上计算为实际等效刚度与等效刚度之间的比率：

$$\frac{E_{eq}^{i}}{E_{eq}^{UD}} \tag{20.8}$$

其中，

$$E_{eq} = \frac{\sigma_{eq}}{\varepsilon_{eq}} \tag{20.9}$$

其中，等效应力和应变是 Von Mises 应力和应变。等效应变计算如下

$$\sqrt{\frac{2}{3}\varepsilon^{dev} : \varepsilon^{dev}} \tag{20.10}$$

该值很大程度上与材料属性有关。IA 给出了取向张量和应力张量之间的一致性关系，由应力张量的单位特征向量 σ_{β} 和方位张量 a_{α} 之间的特征值的绝对值的乘积加权，通过应力张量的特征值的绝对值之和来标准化，以便位于 0 和 1 之间的范围内：

$$\frac{\sum_{\alpha}\sum_{\beta}a_{\alpha}|\sigma_{\beta}\|(\dot{\sigma}_{\beta} \cdot \hat{a}_{\beta})|}{\sum_{\beta}|\sigma_{\beta}|} \tag{20.11}$$

就以下材料和微观结构属性的情况而言，可用参考值。

（1）基体

- 密度等于 1140 kg/m^3；
- 杨氏模量等于 3027MPa；
- 泊松比等于 0.4。

（2）夹杂

- 密度等于 2540 kg/m^3；
- 杨氏模量等于 72000MPa；
- 泊松比等于 0.22；
- 质量分数等于 0.35；
- 纵横比等于 25。

在方向 1 上可参考适用于标准取向和单向加载的以下值。对于 R2D 及 R3D 的任何加载，将获得适用于 2D 随机性平面内任意加载的相同值。对于这些特殊情况而言，三个输出值非常接近。

标准取向上方向 1 上单轴加载的新输出值　　　　　　　　表 20.2

α_{11}	α_{22}	α_{33}	α_{12}	A1	APS	IA
1	0	0	0	1	1	1
0.8	0.2	0	0	0.8	0.77	0.8
R2D				0.5	0.53	0.5
R3D				0.33	0.42	0.33

在不同角度参考适用于具有单轴载荷的对齐纤维的以下值。对于这些特殊情况而言，三个输出值完全不同。取向张量的第一个特征值始终为 1，对准指标简化为加载角的余弦值，在该情况下，所获得的可能的最大刚度直接取决于加载中测量的杨氏模量和纤维取向。

具有单轴载荷的对齐纤维在不同角度下的新输出值　　　　　　表 20.3

加载角度(°)	APS	IA	加载角度(°)	APS	IA
0	1	1	60	0.30	0.5
15	0.63	0.966	75	0.31	0.259
30	0.39	0.866	90	0.32	0
45	0.37	0.707			

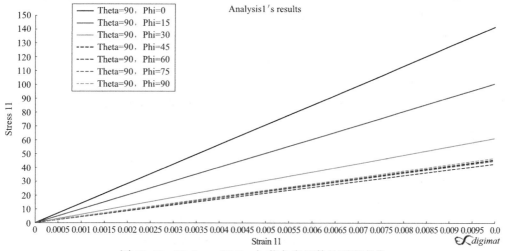

图 20.20　Digimat-CAE：加载角度函数的刚度变化

PFP 给出了单元中失效积分点的百分比，为每个单元积分点存储相同的值而进行计算。在微观方法中，该选项可用于 UD 和织物复合材料以及壳体单元，对于实体单元而言，如果选择输出，则输出值将始终为 0。在混合方法中，默认给出输出，且在隐式分析中激活单元删除和/或强度降低时不能删除。

FS 仅适用于具有渐进失效的 UD 复合材料。材料未受损，则输出 0；如果只有基体受损，则输出 1；如果纤维受损，则输出 2。

EPMT 仅适用于采用混合求解方法的热机械分析，输出主要力和热应变。

20.4　复合材料行为

该部分包含一个图表，可在该图表中将微观的行为可视化，或将微观与混合进行各种取向和加载比较。

1）可用两种类型的加载

(1) 单轴 1

(2) 剪切 12

2) 可用两种敏感性

(1) 标准输出包含：

- UD——在纤维方向上加载；在距离纤维方向的 45°处加载；沿横向取向加载。
- 平衡织物——在纤维方向上加载；在距离纤维方向的 45°处加载。
- 不平衡织物——在经向上加载；在距离经向的 45°处加载；在纬向上加载。
- SFRP 取向——与加载取向对齐；R2D；R3D；与加载方向垂直。

(2) 加载角度（适用于非 SFRP）和 a11（适用于 SFRP）：

- UD——在纤维方向上加载；在距离纤维方向的 15°处加载；在距离纤维方向的 30°处加载；在距离纤维方向的 45°处加载。
- 平衡织物——在纤维方向上加载；在距离纤维方向的 15°处加载；在距离纤维方向的 35°处加载；在距离纤维方向的 45°处加载；在距离纤维方向的 60°处加载；在距离纤维方向的 75°处加载；在距离纤维方向的 90°处加载。
- 不平衡织物——在经向上加载；在距离经向的 15°处加载；在距离经向的 35°处加载；在距离经向的 45°处加载；在距离经向的 60°处加载；在距离经向的 75°处加载；在距离经向的 90°处加载。
- SFRP 的取向 $a_{11}=1-\dot{X}-a_{33}$ 和 $a_{22}=\dot{X}$，$\dot{X}$ 范围从 0 到 1，每步长为 $\frac{1-a_{33}}{10}$。a_{33} 的两个值均可用：0 和 0.1。

20.5　输出文件

为连接 Digimat-MF 与 CAE 代码，Digimat-CAE 生成界面文件和 *.mat 文件。界面文件提供与 Digimat 所连接代码相关的信息，并具有反映 CAE 代码名称的扩展名，而 *.mat 文件包含对 Digimat 而言，为描述材料和 Digimat 分析参数所需的全部信息。以下列出了耦合 Digimat-CAE 分析中可能涉及的不同文件。

(1) *.mat：Digimat 输入卡-包含 Digimat 树中定义的所有信息。

(2) *.log：Digimat 日志文件-包含 *.mat 文件的反馈，并列出分析执行注释。

(3) *.aba：ABAQUS 的 Digimat 界面文件-包含耦合模拟运行之前输入的指令。

(4) *.ans：ANSYS 的 Digimat 界面文件-包含耦合模拟运行之前输入的指令。

(5) *.dmp：疲劳分析软件的 Digimat 界面文件-包含 Digimat 材料文件的路径以及 FE 结果文件的路径。

(6) *.dyn：LS-DYNA 的 Digimat 界面文件-包含耦合模拟运行之前输入的指令。

(7) *.marc：MARC 的 Digimat 界面文件-包含耦合模拟运行之前输入的指令。

(8) *.nas：MSC Nastran 的 Digimat 界面文件-包含耦合模拟运行之前输入的指令。

(9) *.pam：PAM-CRASH 的 Digimat 界面文件-包含耦合模拟运行之前输入的指令。

(10) *.rds：RADIOSS 的 Digimat 界面文件-包含耦合模拟运行之前输入的指令。

(11) *.scm：SAMCEF 的 Digimat 界面文件-包含耦合模拟运行之前输入的指令。

第 21 章 与有限元软件 （FE） 耦合分析

21.1 有关若干个界面的常见方面

将 Digimat 与有限元软件耦合，可以在有限元分析的框下，利用 Digimat-MF 模型模拟复合材料的行为。具体而言，应用 Digimat-MF 模型从有限元软件接收到的加载，即在给定的有限元分析增量处的应变或应力张量。因此，关于该过程的大部分信息通用于 Digimat-MF （见第 3 章）。主要概念上的差异在于用于界面联系的有限元软件。除此之外，不同软件的使用情况也不尽相同。尽管如此，几个有限元软件界面仍然具有一些特殊的方面，即主要体现在如下几个方面：

（1）SMP 或 DMP 方法并行计算；

（2）高周疲劳分析，其中进一步转化为寿命预测的应力状态并不符合周期性分析的单个增量处的应力预测；

（3）动态分析中考虑的频率相关的材料行为；

（4）宏观方法中刚度属性的输出。

21.1.1 SMP 或 DMP 的使用

在涉及 Digimat 的有限元分析中，当使用并行计算时，根据有限元代码，可采用两种方案：

（1）SMP （共享式内存并行）；

（2）DMP （分布式内存并行）。

根据有限元模型类型、尺寸和计算设置，虽然 SMP 比 DMP 消耗内存少，但对于 CPU 运行时间，最有效的方法可能会有所不同：

（1）对于包含大量自由度的大型有限元模型而言，并在大量线程上的单个节点上运行，SMP 花费的 CPU 时间最短。

（2）对于包含少量自由度的小型有限元模型而言，并在有限数量的线程上运行，DMP 花费的 CPU 时间较少。

（3）对于中间情况而言，SMP 和 DMP 方法所花费的 CPU 时间类似。

21.1.2 高周疲劳

高周疲劳 （HCF） 系指由于长期重复进行加载而导致材料的弱化，并最终导致材料失效，最简单的重复是恒定的振幅加载。在此情况下，可以根据单个样本周期期间的应力状态预测临界失效周期数。尤其这种单独疲劳有限元分析并不需要应用疲劳分析软件包提供的应力组合方法。

1）原理

Digimat 中的 HCF 结构建模相关于混合微观力学/拓扑模型，主要适用于 SFRP。这种模型考量了疲劳材料属性的纤维取向敏感性（即适于 SFRP）和空间变化性，主要通过疲劳失效指标将应力场（自身对纤维取向的敏感性）转换成多个周期。在单独疲劳有限元分析框架内，通过 2 种与加载率变化相关的加载定义预测这种应力场。

（1）考虑到恒定载荷比：在一个或多个峰值周期加载后设置加载，主要通过 Digimat 材料文件以额外输入提供的加载率，将应力场（代表最大应力）转换成振幅。

（2）考虑到加载率具有空间变化性：加载明确表示一个或多个周期。主要根据绝对最大主应力确定代表样本周期极值的应力场。将这些极值转换成所需的应力振幅和平均应力，以确定该样本的临界周期数。

对于循环作用下的 3 点弯曲梁而言（加载率为 0.1），在梁的底部出现临界周期数。实际上，在一个加载样本周期的峰值力的作用下，梁底部将承载峰值应力（图 21.1）。鉴于局部纤维取向和转换后的振幅，这些应力会在整个梁中产生最少的周期数（图 21.2）。

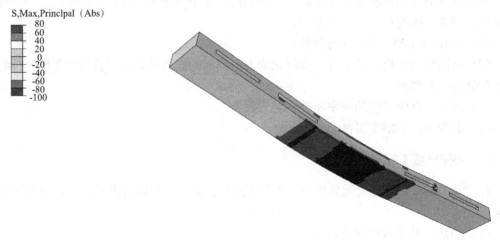

图 21.1　3 点循环弯曲下的梁底部承载峰值应力

图 21.2　峰值应力产生整个梁的最小周期数

若有限元加载恒定载荷比,可以一次分析符合不同峰值力的多个周期加载。实际上,在每个增量处,确定有限元分析中的单调力加载可以绘制所施加的力与最小周期数之间的关系图,特别是如果这种最小值一直出现在相同的单元中(图 21.3)。

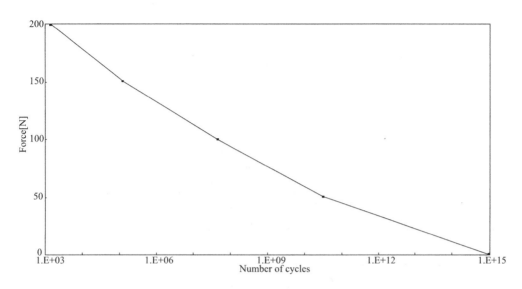

图 21.3　力与最小周期数之间的关系图

若有限元加载采用具有空间变化性的加载率,由于接触或材料属性引起的非线性,造成最大主应力的最小值和最大值之间的绝对比率与所施加的力最小值和最大值之间的比率(之前介绍的示例中的 0.1)不同(图 21.4)。可通过对两个应力极值进行建模而非对最大值进行建模(并考虑成比例的最小值)。通过监测样本周期内的绝对最大主应力,从而单独确定各个单元中的这些极值(图 21.5)。

图 21.4　因接触或材料属性引起的非线性造成应力与所施加的加载不成比例

2)标准的单独疲劳有限元分析步骤

(1)在 Digimat-MF 中定义包含疲劳失效指标的材料模型。

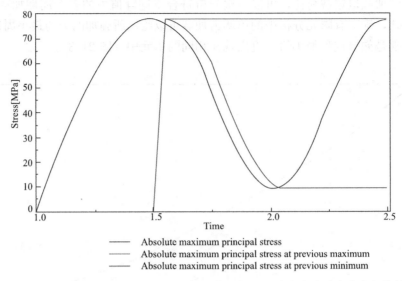

图 21.5 在给定的单元中，通过监测样本周期内绝对最大主应力确定应力极值使用

（2）对 Digimat-MX 中的疲劳失效指标进行逆向工程。

（3）在 Digimat-CAE 中导入模型并设置耦合的有限元分析：

● 选择微观或混合求解方法；

● Digimat-CAE 中选择隐式有限元界面；

● 选择所考虑的加载率变化性，并定义相应的高周疲劳控制，即

-恒定载荷比；

-样本周期开始和结束时的时间，以考虑具有空间变化性的加载率；

● Digimat-CAE 中除默认输出临界周期数外，可选择临界损伤值作为自定义疲劳输出。

（4）运行分析，高周疲劳状态变量后处理。

21.1.3 频率相关性的材料行为

在分析结构的动态行为时，需要研究其在动态振荡下的稳态反应，即所引起的应力或位移。这种通常称为动态分析的过程可以分析在平衡状态下结构的振动，可使用如下复数运算解决小幅度变化问题：

$$[K + i\bar{\omega}D - \bar{\omega}^2 M]\bar{u} = \bar{P} \tag{21.1}$$

式中，$\bar{u}$ 为复杂的反应向量；$\bar{P}$ 为复杂的外部加载向量；$\bar{\omega}$ 为激发频率；K 为单元刚度基体（刚性实部）；D 为包含黏性材料阻尼的单元阻尼基体（刚度的虚部）；M 为单元质量基体。

从物理角度而言，刚度基体的实部将提供频域中结构的共振频率位置，而虚部将衰减反应。如果不考虑黏性材料阻尼（即虚拟刚度），则只能进行定性研究。但对于实际上无阻尼系统而言（即无黏性阻尼），方法在定量上是精确的。现有的多种数值方法可用于解决该问题，主要为模态叠加和直接积分。对于非线性问题而言，可根据物理自由度使用直

接积分法直接计算动态反应和黏性阻尼。

在动态分析中使用频率相关的 Digimat 材料，可在研究结构的每个材料点处考虑真实的由工艺引起的微观结构演化。Digimat-CAE/Abaqus 或 Digimat-CAE/Marc 可以使用 Digimat 材料，运行动态分析或过程，其中需要频率相关的材料行为。对于 Digimat-CAE/Marc 耦合模拟而言，激活材料频率相关性并不需要采取任何措施。

在动态分析中，有限元软件和 Digimat 材料之间的耦合只是确定预期材料行为，而非其力学反应。这表明应变或应力无法通过 Digimat-CAE/Abaqus 或 Digimat-CAE/Marc 进行计算，从而使相应的 SDV 保持空白。仅通过界面有限元软件评估应力和应变，需要指定具体的输出，以提取生成的应力和应变值：

（1）对于 Digimat-CAE/Abaqus 而言，所选输出的实部默认由 Abaqus/CAE 显示。为控制显示的复数形式：从 Abaqus/CAE 主菜单栏中选择结果（Result）→选项（Options）；然后点击出现的对话框中的复数形式（Complex Form）选项卡。数值形式（Numeric Form）选项出现，可选择用于复数的形式（数量、相位角、实数、虚数或角度值）。

（2）对于 Digimat-CAE/Marc 而言，以下单元张量可能有用：真实动态应力张量（351）、虚拟动态应力张量（361）、真实动态应变张量（621）、虚拟动态应变张量（631）或者特定的单元数据。

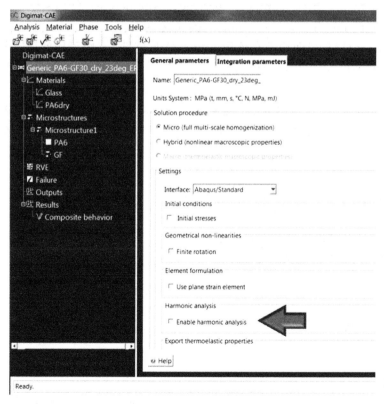

图 21.6　图形用户界面-动态分析激活窗口

21.1.4 导出刚度属性

在耦合有限元分析过程中，可以在不同的时间步长导出宏观刚度基体，以便结合任何类型的有限元求解器用于弱化耦合方法中。

（1）Digimat-CAE 界面

对于部分有限元模型中的各层/各单元/各积分点/各截面点而言，若调用 Digimat，可导出宏观刚度基体和宏观热膨胀基体。Digimat 提供两种不同的导出格式：

- ASCII 格式：文件扩展名是 .stf
- HDF5 格式：文件扩展名为 .dsf

这两种格式均可导入到 Digimat-MAP（Digimat 网格映射模块）中，以便对结构中全局刚度（机械和热力）的异质性进行可视化。需要注意的是在导入时必须选择何时创建文件，并且在耦合有限元分析过程中可以创建多个文件，且须指定显式和隐式分析。

- 步数/增量数/层数（如果使用壳体单元）
- 时间步长/层数（如果使用壳体单元）

可以指定必须导出结果的层集，也可以导出各层的刚度。指定的时间步长不一定完全对应于分析的时间步长。实际上，Digimat 将为第一个时间步长（大于或等于用户指定的时间）创建刚度文件。以下规则适用于各个创建文件的名称：

- .mat file name _ Step Number _ Increment Number.dsf（或 .stf）
- .mat file name _ Time Step number.ds（或 .stf）

所有 Digimat-CAE 界面均具有该项功能。对于 Digimat 中可用的所有材料而言（弹性、黏弹性、超弹性等），可以导出刚度和热膨胀。

（2）Digimat-MF

使用 Digimat-MF，也可以输出宏观刚度和热膨胀基体。但是在这种情况下，热弹性复合材料，其中纤维取向使用取向文件，可以使用 Digimat 中提供的所有类型的取向文件。

对于中面取向文件而言，无法选择导出宏观刚度的层集，即所有层均将进行导出。至于 Digimat-CAE，有两种不同的格式可供选择：

- ASCII 格式：文件扩展名是 .stf
- HDF5 格式：文件扩展名为 .dsf

以下规则适用于所创建文件的名称：

- .mat 文件名称＋.dsf 或 .stf 扩展名

21.2 Digimat-CAE/Abaqus

21.2.1 界面

在微观-宏观层次下使用 Digimat 功能对复合材料进行建模，并利用 Abaqus 求解，可解决复杂的非线性多尺度有限元问题。这种双尺度建模方法涉及 Digimat 和 Abaqus 之间的强耦合。两者耦合不会在分析开始时对材料属性进行单一预测，且无需软件之间的进一步交互。在分析过程中，通过动态库与在每个积分点调用的材料行为有关的计算由 Abaqus 指定 Digimat 进行，在模拟过程中者之间进行连续通信。

耦合分析中所有错误、警告和信息消息均可输出到 Digi2Abaqus 分析 . log 文件中。对于显式分析，也可在 . sta 文件中获取这些消息。计算结果存储在一个名为 Abaqus Output DataBase（. odb）（输出数据库）文件中，Digimat 结果存储为 SDV（状态相关变量），包含以下信息：

（1）宏观和微观层次上的应力和应变（基体和纤维）；

（2）失效指标变化。

21.2.2　设置输入文件进行耦合分析

可以使用分析文件（Digimat Analysis File）（. daf 文件），按如下所述进行基本操作：

（1）在 Digimat-CAE 中定义分析。

在 Digimat-CAE 中建立 Digimat 输入文件，并明确加载源自 Abaqus/Standard 或 Abaqus/Explicit。例如：分析名称为"PMC _ composite"。

（2）生成界面文件。

通过运行分析，在 Digimat-CAE 中生成以下界面文件：

● PMC _ composite. mat-Digimat 材料文件，主要输入文件；

● PMC _ composite. aba-包含与 Abaqus 用户材料定义有关的信息，随后复制到 Abaqus 中；

● PMC _ composite. log-包含运行信息及运行失败时的错误消息。

（3）定义 Abaqus 用户材料。

为明确 Abaqus 使用 Digimat-CAE/Abaqus 以处理给定的材料，须在 Abaqus ＊. inp 文件中定义材料：

● 通过命令指定材料名称：

$$* \text{Material,name}=\text{PMC\_composite}$$

● 通过命令指定状态变量的数量：

$$* \text{Depvar}$$
$$69$$

DepVar 的数量表示在每个积分点上 Digimat 保存结果需要的状态变量的数量，对应于 ODB 中的 SDV 的数量。该数量取决于 Digimat 材料模型，并在 . aba 文件中显式 SDV 的意义。

● 通过命令指定材料为用户定义：

$$* \text{User Material,constants}=1$$
$$0. ,$$

"＊User Material"仅表示材料行为将通过 Umat/VUmat 界面由 Digimat-CAE/Abaqus 进行建模，而不是由 Abaqus 直接建模。即使未使用自定义材料，也需要至少定义一个常数。一般情况下，该值设置为 0。但在模拟频率相关的材料行为下（例如动态分析），该值应设置为 1：

$$* \text{User Material，constants}=1$$

1.,

（4）定义 SDV。

在 Abaqus 中，SDV 没有名称，只是简单地进行编号。可直接在 ODB 文件中为 SDV 编写选定的名称。在 .aba 文件中，绘制以下 SDV 说明，以避免有限元分析后对 SDV 重命名。

```
1,"001_E11_macro","Average macro 11-strain"
2,"002_E22_macro","Average macro 22-strain"
3,"003_E33_macro","Average macro 33-strain"
4,"004_2*E12_macro","2 * Average macro 12-strain"
5,"005_2*E23_macro","2 * Average macro 23-strain"
6,"006_2*E13_macro","2 * Average macro 13-strain"
etc.
```

其中，第一栏表示 SDV 编号，第二栏表示其名称，第三栏表示其说明信息。

（5）询问 Digimat 输出结果。

通过 Abaqus.inp 文件中的以下命令，告知 Abaqus 将 SDV 字段存储在 ODB 中。

* Element output

SDV

（6）如果使用壳体单元，更新横向剪切刚度。

如果 PMC_composite 用于 Abaqus 的"壳体剖面（shell section）"中，需要在 Abaqus.inp 文件中添加"* 横向剪切刚度（Transverse shear stiffness）"命令。该项操作在壳体剖面定义之后进行。.aba 文件提供确切的命令行。.aba 文件中横向剪切刚度的值仅是根据整个结构模型中计算的最硬材料值而估计的值。

（7）触发单元删除，进行显式分析。

当使用 Abaqus/Explicit 界面时，必须定义单元删除功能。这对应于 * Depvar 命令中的删除。例如：

* Depvar，delete＝37

37

当失效指标或损伤参数（Lemaitre-Chaboche 损伤模型）达到其临界值时，需要删除单元。对于具有多个积分点的实体单元而言，第一个积分点失效时单元就会被删除。

（8）为渐进失效添加其他参数。如果 Digimat 材料使用渐进失效模型，则应在执行隐式分析时添加一些特殊参数：

● 时间步长应该足够短，以确保适当说明机械行为。通常采取的时间步长等于分析持续时间的 10^{-2} 倍；

● 当损伤时间积分方法设置为"黏性阻尼"时，必须在 Abaqus/Standard 界面激活非对称刚度（Unsymmetric stiffness）选项。这对应于 * User Material 中的其他关键字：

* User Material，constants＝1，UNSYM

0.，

21.2.3 设置 Abaqus 用于 UD/织物分析

（1）对于不使用铺覆代码定义 UD/织物取向的壳体单元而言，各叠层由 * 壳体部分（Shell section）命令定义。由取向（orientation）选项定义的轴系相关的层取向角度。如果未定义该轴系，则计算有关壳体平面中全局 X 坐标轴系统投影的角度。在以下示例中，用于定义的轴系对应于 XYZ 轴系（图 21.7）。

```
*Orientation, name=Ori-1
          1.,              0.,              0.,              0.,              1.,
3, 0.
** Section: Section-1-_PICKEDSET7
*Shell Section, elset=_PICKEDSET7, composite, orientation=Ori-1
0.125, 1, ELASTIC, 0., PLY1
0.125, 1, ELASTIC, 90., PLY2
0.125, 1, ELASTIC, -45., PLY3
0.125, 1, ELASTIC, 45., PLY4
0.125, 1, ELASTIC, 45., PLY5
0.125, 1, ELASTIC, -45., PLY6
0.125, 1, ELASTIC, 90., PLY7
0.125, 1, ELASTIC, 0., PLY8
```

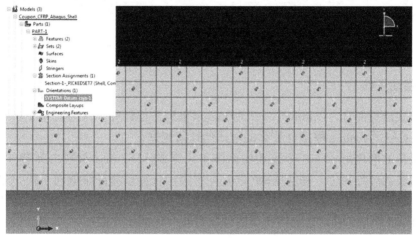

图 21.7　Abaqus CAE 中壳体局部轴系的定义

（2）对于使用铺覆文件定义 UD/织物取向的壳体单元而言，必须将层取向角度设置为 0。此外，单元取向必须根据节点编号进行定义，可由 Digimat-CAE 生成的 inp 文件以及 .aba 界面文件中定义该取向系统。必须使用 ∗ include 命令或者通过简单的复制粘贴，将该文件纳入原始选项卡中。以下提供了该取向定义的示例：

```
*Orientation, name=Orientation-1, definition=offset to nodes, system=rectangular
2,3
3,0
*Shell section, elset=SetSection-0, composite, orientation=Orientation-1
```

（3）对于实体单元而言，"0°"方向将定义为全局 X 轴。为定义其他层取向，必须定义其他轴系，并在实体剖面的定义中引用该轴系。在以下示例中，"0°"层取向将定义为 Y 轴（图 21.8）。

```
*Orientation, name=Ori-1
          1.,           0.,           0.,           0.,           1.,           0.
3, 90.
** Section: Section-1-LAYER1
*Solid Section, elset=LAYER1, orientation=Ori-1, material= elastic
```

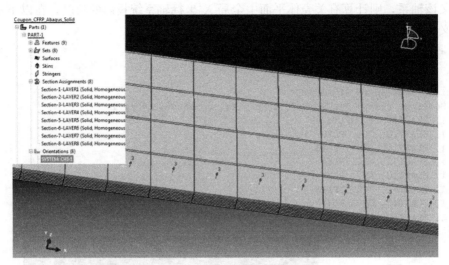

图 21.8　在 Abaqus CAE 中实体局部轴系定义

21.2.4　启动工作

对于显式计算而言，Digimat-CAE/Abaqus 采用并行计算。作为典型案例，以下为利用 Digimat-CAE/Abaqus 模拟计算移动电话的跌落测试。

移动电话的网格由 30113 个线性四面体单元组成。Digimat 材料由弹塑性基体组成，该基体为短玻璃纤维强化，并使用 Moldflow 有限元软件预测纤维取向。模拟采用两个双核 Opteron 处理器在 Linux Suse 64 位上进行计算。图 21.9 显示了使用 2、3 和 4 个内核获得的增速。T_n 为使用 n 个内核花费的计算时间（包括预处理）。

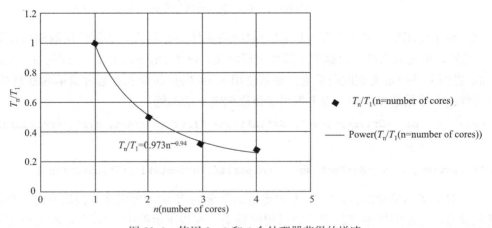

图 21.9　使用 2、3 和 4 个处理器获得的增速

21.2.5　Digimat 历史变量的可视化

Digimat 后处理的过程只需通过 Abaqus/CAE 界面执行即可。访问 Abaqus 的结果（Results）对话窗口，Digimat 结果将被命名为 SDV♯。为了解每个 SDV 结果的含义，

需要在预处理步骤中打开由 Digimat-CAE 生成的 ＊.aba 界面文件。该界面文件包含了所有的 SDV 定义。

21.2.6　适于 Abaqus/CAE 的 Digimat 插件

Abaqus/CAE 的 Digimat 插件一方面可以方便地为耦合模拟 Digimat-CAE/Abaqus 设置模型，另一方面可以在后处理时改善效果。从 Abaqus/CAE 的插件菜单中启动 Digimat-CAE/Abaqus 插件（图 21.10）。Digimat 菜单提供了以下若干选项：

（1）添加 Digimat 材料

（2）后处理 Digimat SDV

（3）探测多尺度数据

（4）简单的 XY 绘图

（5）多尺度场的平铺视窗

（6）在 Digimat-FE 中使用单元加载

（7）将路径重置到 Digimat-CAE/Abaqus 说明文件中

（8）启动 Digimat 文件

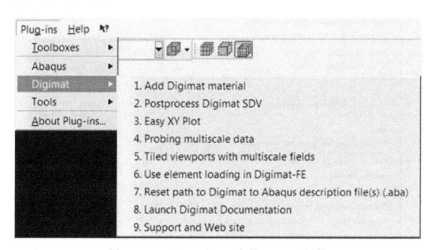

图 21.10　Abaqus/CAE 中的 Digimat 插件

1）添加 Digimat 材料

选择该选项，将会出现图 21.11 中的对话框。其分为两个选项卡，Digimat 材料（Digimat material）和 Digimat 积分参数（Digimat integration parameters）。

（1）Digimat 材料选项卡

使用该插件将 Digimat 材料添加到 Abaqus 模型中，分为以下 3 步过程：

● 选择待使用的 Digimat 材料和解决方案程序（1）；

● 选择待使用的取向文件（如有）（2 和 3）；

● 选择将使用 Digimat 材料的模型所需要的区域或剖面（4）。

（2）选择 Digimat 材料

该选框可以定义待使用的 Digimat 材料文件和过程类型，从而取代 Abaqus 常用材料。可以在微观、混合和宏观求解方法中选择：

● 对于微观/混合求解方法，须提供一个 Digimat 分析文件（＊.daf）以及取向文件的使用、映射及分析参数等，该插件将分析文件转换为 Digimat-CAE 格式，并创建 Digimat-to-Abaqus 界面文件；

● 对于宏观求解方法，须提供 Digimat 弱化耦合分析文件（＊＿DWC.mat）（刚度文件）。该选项假设使用 Digimat-CAE 预先生成了这些文件。取向文件和分析参数选择在插件中不可用。

● 创建新材料（Create a new Digimat material）按钮可以创建新的 Digimat 材料。点击该按钮，将打开 Digimat-MF 新窗口。可以使用该窗口定义将要使用的 Digimat 材料（材料、相等）。

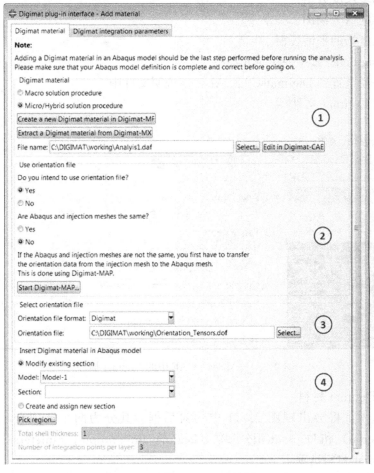

图 21.11　添加 Digimat 材料窗口

● 从 Digimat-MX 数据库中提取 Digimat 材料（Extract a Digimat material from a Digimat-MX database）按钮可以直接在 Abaqus 中使用存储在 Digimat-MX 数据库中的材料。点击该按钮，打开 Digimat-MX。然后浏览数据库，并选择所需要的材料。选择材料后，关闭 Digimat-MX 将导出该材料，并将其导入到插件中。

● 选择（Select）按钮可以直接加载之前保存在 ＊.daf（或 ＊＿DWC.mat）文件中的

Digimat 材料。

● 在 Digimat-CAE 中编辑（Edit in Digimat-CAE）按钮可以打开 Digimat-CAE 中提供的 DAF 文件，编辑该文件，并将副本保存在 Digimat 工作目录中（默认情况下）。

（3）使用取向文件（Use orientation file）

该选框中的前两项为问题项。如果您对第一个问题选择 yes（是），则启用以下项目，并显示一些新的控制。第二项也为问题项，询问结构和注塑网格是否相同。只有在使用由注塑成型模拟软件（Moldflow、Moldex、REM3D、SigmaSoft、3D TIMON）生成的取向文件时才具有相关性。在这种情况下，注塑成型模拟软件中使用的大部分网格通常与 Abaqus 中用于结构分析的网格不同。为将这些取向张量从注塑网格传输到结构网格中，需要进行映射步骤。第三项可以使用 Digimat-MAP 进行映射操作。点击该项启动 Digimat-MAP。然后，加载具有取向文件的给体（即注塑）网格和受体（即 Abaqus. inp）网格进行映射。下一选框可以选择待使用的取向文件。首先，必须选择取向文件格式，其次，使用选择按钮选择取向文件。最后，在 Abaqus 模型中插入 Digimat 材料，将其分配到有限元模型中已经存在的 Abaqus 剖面，并将其分配给视窗选取的区域。

（4）Digimat 积分参数选项卡

该选项卡显示在图 21.12 中。默认参数应该适用于大多数分析。点击添加（Add）按钮有效地将 Digimat 新材料插入到当前的 Abaqus 有限元模型中。

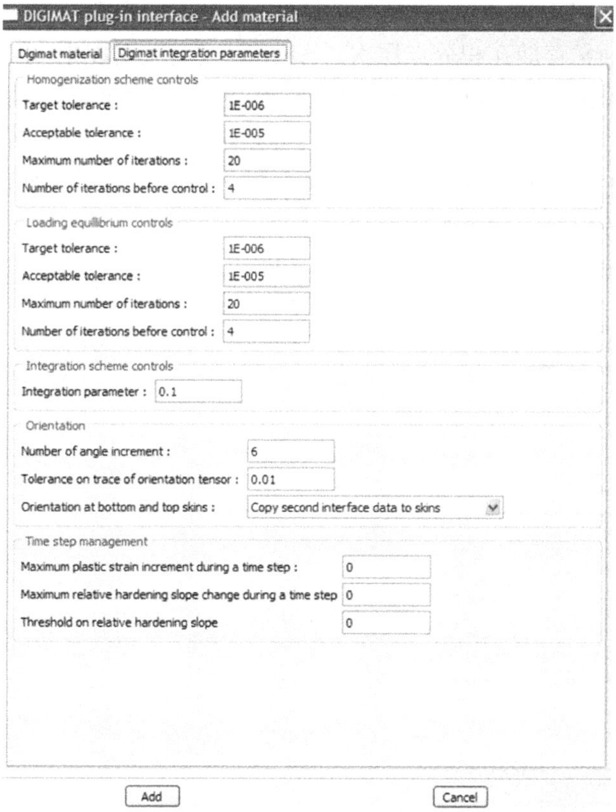

图 21.12　Digimat 积分参数选项卡

当第一次调用需要状态相关变量的信息插件时，需要提供带有 .aba 扩展名的 Digimat-CAE/Abaqus 界面文件的路径，且必须为使用的每种 Digimat 材料提供该文件。这些文件详细说明了所有状态相关变量，并对后处理插件具有强制性。图 21.13 为相应的对话框。插件自动提供与 Digimat 材料名称相同的文件，该文件位于与 Abaqus 输出数据库相同的文件夹中，或位于 Digimat 工作目录中。如果之后想要更改说明文件，可以在 Digimat 插件子菜单中使用快捷方式 Reset path to Digimat to Abaqus interface description files（.aba）［将路径重置为 Digimat 到 Abaqus 界面说明文件（.aba）］，以重新启动该对话框。

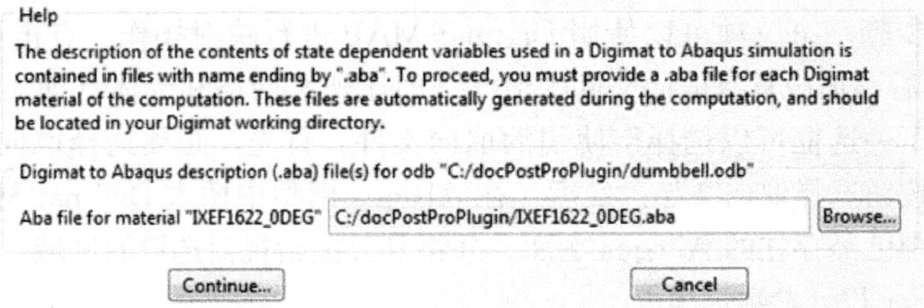

图 21.13　提供 Digimat-CAE/Abaqus 界面文件

2）后处理状态相关变量（Post-processing state-dependent variables）

外部材料（例如 Digimat）建模器存储需要执行的数据，以计算状态相关变量（SDV）。这些变量通常存储在积分点层次。Abaqus 输出数据库中 SDV 名称遵循 Digimat 命名规定。SDV 预先命名为 SDV1、SDV2 等，但这些变量仍然为标量，即使其表示张量数量的分量。该插件可以将对应于张量分量的标量重新组合成单独的张量场。这可以在张量场上使用 Abaqus 的后处理特征，例如不变量的可视化。最后，插件可以在 Abaqus 常用的参考框（即实体单元的全局参照框和壳体单元的参照框）中，或者在表征夹杂相取向的取向张量的主轴中表达该新的张量（图 21.14）。

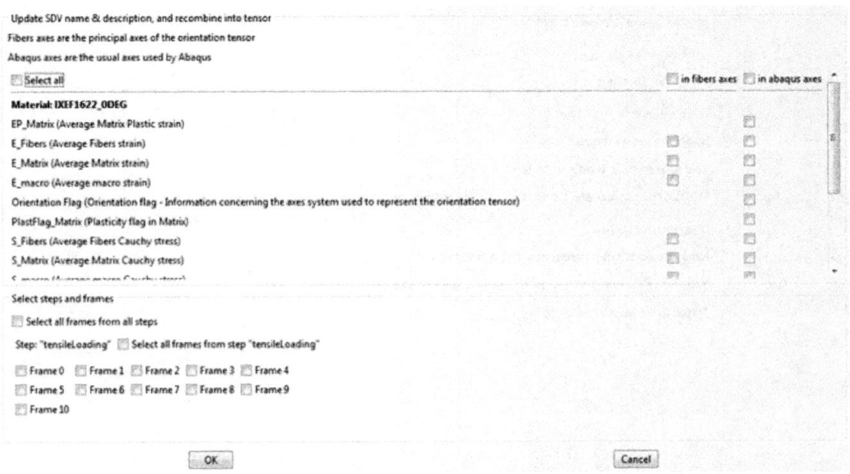

图 21.14　后处理 SDV

3）探测多尺度数据

利用该插件，可以获得多尺度场（应力和应变）、失效标准和取向张量的值。在 Digimat 插件菜单中选择探测多尺度数据（Probing multi-scale data）项后，只需在视窗中选取单元，然后弹出探测窗口（图 21.15）。只要取向张量分量已经存储在 SDV 中，则可以在 Abaqus 坐标轴或者取向张量的主轴中表示这些多尺度场。

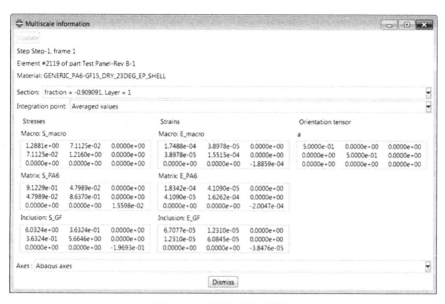

图 21.15　探测多尺度数据

由于 ODB 中的查询速度很慢，当显示的数据并不是最新数据时（更改后的积分点、层或输出框），将启用更新（update）按钮，以便选择何时进行更新。当选取壳体单元时，可选择显示整个剖面的平均值，或给定剖面点处的值。对由多种材料组成的复合材料剖面需要特殊的操作，可在下拉列表中选择其感兴趣的材料。下拉菜单中只提供与该材料对应的剖面层，并且平均值不可用。当更改材料时，层列表将自动更新。

4）获取 XY 绘图

XY 绘图（Easy XY plot）插件提供了有关 Abaqus XY 数据工具的增强功能和快捷方式。首先，可使用 Digimat 插件菜单中的 XY 绘图项，启动插件。然后，要求您使用常用的选取过程，选取视窗中的单元。完成后，插件将启动 XY 绘图对话框（图 21.16）。最后，选择 X 轴和 Y 轴的名称，可绘制时间、壳体厚度、积分点、剖面点处等想要的数据。

5）平铺视窗中的多尺度场

多尺度场的平铺视窗（Tiled Viewport with multiscale fields）功能可以将可视化窗口分成三个视窗：宏观结果、基体结果和夹杂结果。可选择应力和应变以及在哪个坐标系中显示哪些分量或不变量，还可选择颜色条范围和视窗布局。视窗为同步视窗。图 21.18 和图 21.19 为对话框和结果视窗的屏幕截图。

6）在 Digimat-FE 中使用单元加载

该插件可以根据有限元模型的积分点所见的应变历史定义 Digimat（Digimat-MF 或 Digimat-FE 模型）中应用的机械加载。其中该插件的一个应用为耦合 FE-FE 多尺度分析：首先运行第一个有限元分析，其中涉及由复合材料制成的宏观结构，该结构的一些区

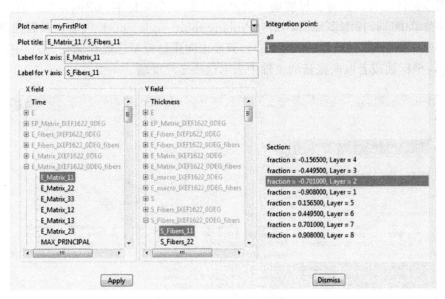

图 21.16　XY 绘图对话框

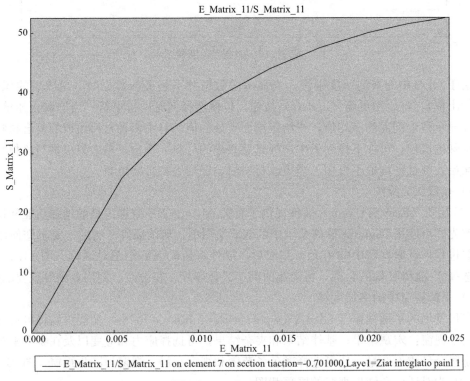

图 21.17　XY 绘图示例

域表现出高度的应变或应力。然后，可生成代表复合材料微观结构的 RVE，并且将该 RVE 提交给在宏观结构的可疑区域中所见到的相同的加载历史。因此，可以准确且详细地了解在宏观结构的该特定区域中以及微观结构层次所发生的事情。

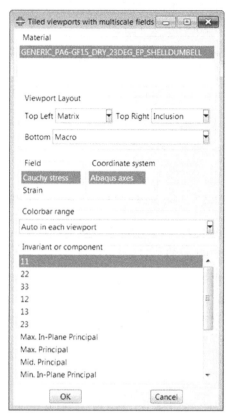

图 21.18　平铺视窗对话框

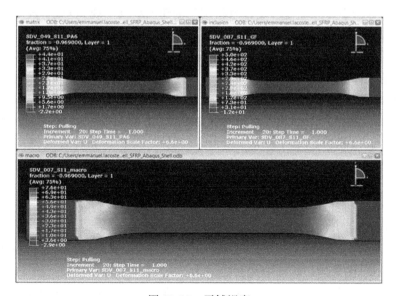

图 21.19　平铺视窗

使用该插件生成 Digimat 加载相当于使用宏观有限元模型作为 Digimat-MF 或 Digi-mat-FE 内部的加载源定义机械加载。在操作过程中必须加载 ODB 文件，并且显示在

Abaqus/CAE 中，以使用该插件。具体操作有以下三个步骤：

（1）选择模型的特定单元和积分点（图 21.20）。

图 21.20　Digimat-FE 插件，选择待使用的单元

（2）选择 Digimat Analysis File（Digimat 分析文件）（＊.daf）作为参考，以及其他 Digimat Analysis File（Digimat 分析文件）（＊.daf）以存储结果（图 21.21）。

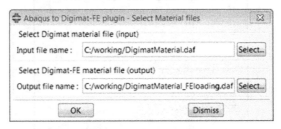

图 21.21　Digimat-FE 插件，选择输入和输出 Digimat 分析文件

（3）提取第一步中选择的积分点所见到的完整应变历史记录。在选定的 Digimat-MF 或 Digimat-FE 分析中，该应变历史记录将用于创建加载（常规 2D 或常规 3D）。提取过程完成后，将启动 Digimat-FE，并且自动加载 Output Digimat Analysis File（输出 Digimat 分析文件）。

7）涉及的具体分析

（1）使用时间相关材料进行分析（Analyses with time dependent materials）

当在 Digimat 中使用时间相关材料时（如黏弹性、弹粘塑性或黏弹性黏塑性材料等），建议使用 ＊Static（静态）分析而非 ＊Visco（黏性）分析。黏度效应将在 Digimat 中计算，而非在 Abaqus 中计算，且利用 ＊Static（静态）分析获得的收敛性更好。当涉及黏弹性分析的初始时间增量时，该时间增量必须足够大，以减少增量的总数，从而减少 CPU 时间。但是，对于系统的最小松弛时间而言，初始增量必须较小。

（2）使用初始应力进行分析（Analyses using initial stresses）

如果有兴趣使用初始应力作为 Digimat-CAE/Abaqus 耦合分析中的初始边界条件，则需要检查 Digimat 图形用户界面中的初始应力（initial stress）选项（图 21.22）。可通过 INP 文件中的初始条件（Initial conditions）关键字将初始应力应用于 Abaqus 分析中。

＊INITIAL CONDITIONS，TYPE＝STRESS，INPUT＝Inistressfile.str

备注：

● 初始应力输入文件只适用于给定的网格和注塑过程。如果更改注塑过程或网格（几

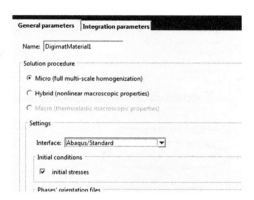

图 21.22　当与初始边界条件相关时，必须检查 Initial stresses（初始应力）选项

何图形、单元类型或分层剖面定义），需要重新映射初始应力输入。

- 需要检查 Abaqus 中使用的单位制和 Digimat 材料的一致性。

（3）基于热耦合的分析（Analyses based on thermal coupling）

Digimat-CAE/Abaqus 可以执行耦合的多尺度热分析。在该选项框中，应使用 Thermal Digimat Material。Digimat-CAE 能够识别由其微观热属性所定义的材料，并生成适用于 Abaqus 分析的文件。Abaqus 插件也可以加载 Thermal Digimat Material。在分析过程中，可为所涉及材料的热属性（热导率和特定的热容量）设置温度相关性。根据当前时间增量的温度值推导相应的热属性。

（4）使用其他外部子程式进行分析（Analyses with additional external subroutines）

为将 Digimat-CAE/Abaqus 界面与其他外部库进行链接，在与 Abaqus 链接之前，e-Xstream 工程提供了 Digimat-CAE/Abaqus 库，其中包含重命名界面。可通过邮箱 support@e-xstream.com 与 e-Xstream 进行联系，以获取需要的静态库。对于 Digimat-CAE/Abaqus 标准界面而言：

- 界面函数的名称为 "DIGI2ABA _ Std"，参数列表和顺序与仅涉及 Digimat 和 Abaqus 的正常计算相同。

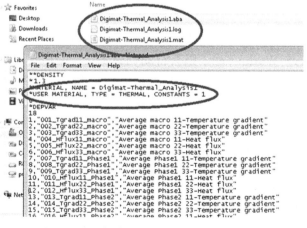

图 21.23　在耦合的热分析情况下生成的文件

图 21.24　在耦合的热分析情况下的 Abaqus 插件

● 对于 Digimat-CAE/Abaqus 显式界面而言：界面名称为"DIGI2ABA _ Exp"，参数列表和顺序与仅涉及 Digimat 和 Abaqus 的正常计算相同。通过这些界面并使用 C 编程语言，可以编写自定义子程序。

21.3　Digimat-CAE/ANSYS

21.3.1　界面

通过 Digimat 和 ANSYS Mechanical 之间的界面使用 Digimat 中定义的微机械材料模型，还可通过其考虑注塑代码计算的纤维取向。Digimat-CAE/ANSYS 包含 ANSYS 规定的一些界面的定义，即 ANSYS 中的"用户子程序（user subroutines）"。在这些界面中，主要界面是 ANSYS 的用户材料定义子程序，称为 UserMat。在有限元分析流程中，AN-SYS 将有关材料行为的计算（在每个积分点处需要该计算）转移到 Digimat（如果材料是用户定义的材料）。还可通过这些界面在 ANSYS 结果文件中写入输出状态变量 SVAR。因此，Digimat-CAE/ANSYS 在 ANSYS 结果文件中写入自己材料的微观和宏观应力、应变。

如果使用 ANSYS Classic，则默认情况下将在输出窗口中显示所有错误、警告和信息。如果使用 ANSYS Workbench，则会自动创建 Log _ output 文件。该文件始终称为"DIGIMAT. log"。该文件可在 ANSYS Workbench 项目目录树中相应的耦合 Digimat 分析的子目录中找到，例如，

\ dir \ Test _ plate _ ScrewExample _ files \ dp0 \ SYS-4 \ MECH

21.3.2　设置输入文件进行耦合分析

可通过两种方式生成 Digimat-CAE/ANSYS 的输入文件。对于 ANSYS Classic 而言，使用 Digimat-CAE 生成界面文件；然后，在文本编辑器中手动编辑输入。在 ANSYS Classic 环境的命令栏中复制粘贴内容，将 . ans 界面文件的内容插入到 ANSYS 模型中。

一般情况下，可从 ANSYS Workbench 环境中直接调用 Digimat。ANSYS Workbench 的 Digimat 插件提供了一个简单和以工作流程为导向的工具，来建立耦合分析。

（1）使用初始应力进行分析（Analyses using initial stresses）

使用初始应力作为耦合 Digimat-CAE/ANSYS 分析中的初始边界条件，需要检查 Digimat GUI 中的初始应力选项。该选项位于分析选项卡下方（图 21.25）。如果这些限制不适用分析，建议预先激活初始应力选项。

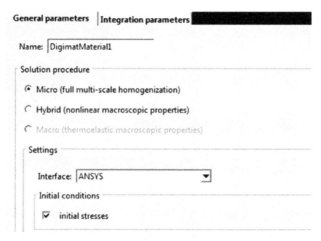

图 21.25 当与初始边界条件相关时，须检查初始应力选项

（2）预应力模态和重新开始分析

● 预应力模态或预应力线性屈曲分析，就该分析而言，将采用静态结构分析作为模态（或线性屈曲）分析的初始条件；

● 使用以前的热分析（瞬态或稳态）给出的热初始条件进行的热分析。

例如，初始状态由第一次分析结果确定的任何类型的分析，应确保所需的 Digimat 材料文件和取向文件存在于求解器目录中，如果不存在，则复制它们。

（3）适于 UD/织物分析的设置 ANSYS

● 对于不使用铺覆代码定义 UD/织物取向的壳体单元而言，将由 APDL 命令定义叠层（图 21.26）。将附着在表面体上的轴线定义层片取向角，如未定义该坐标轴，则将就单元的节点编号计算角度。对于使用 UD 或织物材料的壳体模型而言，Digimat 插件添加了一个可修改的示例（取向、相对厚度、层数）。

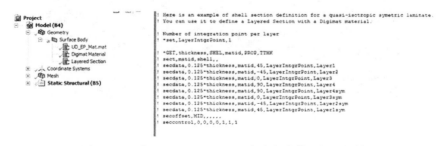

图 21.26 在 Ansys Workbench 中定义壳体局部坐标轴

● 在使用铺覆代码定义 UD/织物取向时，壳体单元须对单元的节点编号（默认 AN-

SYS 选项）计算局部坐标轴。

● 对于实体单元而言，"0°"方向将定义为局部 X 轴（默认：全局坐标轴）。如要定义另一个层片取向，则须定义另一个坐标轴并将其指定给部件（图 21.27）。

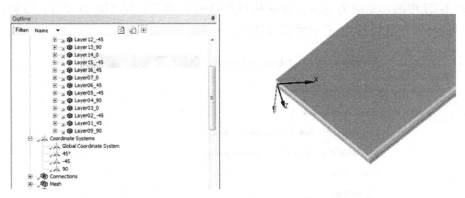

图 21.27　在 Ansys Workbench 中定义固体局部坐标轴

21.3.3　启动工作

启动 Ansys Classic（图 21.28），可以不同的方式执行耦合分析：在一个或多个处理器上。首选项和关联设置须在"高性能计算设置（High Performance Computing Setup）"选项卡中定义：

图 21.28　ANSYS Classic：并行执行 Digimat-CAE/ANSYS 工作的设置

（1）单处理器：SMP，处理器数量 1；

（2）多个处理器：Intel-MPI，平台-MPI（PCMPI），MS-MPI。

Ansys Workbench 中提供相同的执行选项：一个或多个处理器。使用"高级（Advanced）"选项将首选项和关联设置定义为"解决流程设置（Solve Process Settings）"（图 21.29）。如果选择分布式解决方案（即 MPP）选项，则在再次启动 ANSYS 执行工作之前，需要退出 ANSYS 并修改 ANS＿USER＿PATH 环境变量。须与以下各项一起修改环境变量：

（1）Intel-MPI

ANS＿USER＿PATH＝C：\ MSC. Software \ Digimat \ 2017. 0 \ DigimatCAE \ exec \ digi2Ansys \ DMP＿INTELMPI

（2）平台-MPI

ANS＿USER＿PATH＝C：\ MSC. Software \ Digimat \ 2017. 0 \ DigimatCAE \ exec \ digi2Ansys \ DMP＿PCMPI

（3）MS-MPI

ANS＿USER＿PATH＝C：\ MSC. Software \ Digimat \ 2017. 0 \ DigimatCAE \ exec \ digi2Ansys \ DMP＿MSMPI

通过将相应命令添加到"其他命令行参数"中来设置用于计算的 MPI 库：

- Intel-MPI：-mpi intelmpi
- 平台-MPI：-mpi pcmpi
- MS-MPI：-mpi msmpi

默认的 MPI 库是用于 ANSYS 16.0 和 ANSYS 16.2 的 Platform-MPI，以及自 AN-SYS 17.0 开始的 Intel-MPI。一旦选择执行模式并定义其设置，只需按下 Solve（求解），即开始工作。

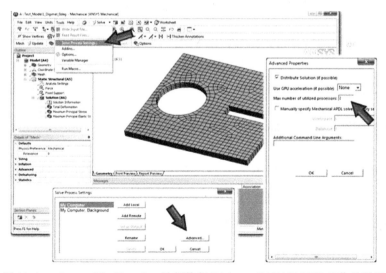

图 21.29　Ansys Workbench：并行执行 Digimat-CAE/ANSYS 工作的设置

21.3.4　Digimat 历史变量的可视化

Digimat 结果的显示可在版本 13.0 及更高版本的 Ansys Workbench 环境中查看。可通过插入"用户定义结果"或定义 SVAR 编号查看状态因变量（图 21.30）。但对于壳体单元而言，如果分析流程中使用的 SVAR 数量超过 64 个，则 Ansys Workbench 将会受到限制，可尝试减少 SVAR 的数量：

（1）采用混合求解方法；

（2）去除相位等级的 Digimat 输出；

（3）取消选中积分参数选项卡中的"使用上一次时间步长初始化（Initialisation with previous time step）"复选框（可能会增加计算时间）。

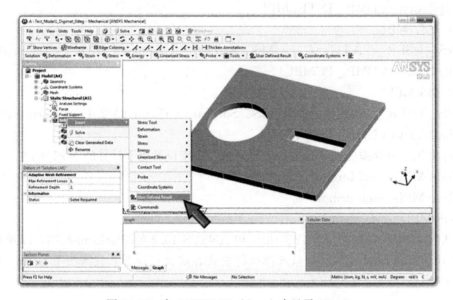

图 21.30 在 ANSYS Workbench 中显示 SVAR

如果该方法不够有效，则仍然可使用 ANSYS Classic 对前面 11 个 SVAR 进行后处理，详情如下所述（图 21.31 和图 21.32）：

（1）切换电源图形。

（2）阅读 .rst 文件。

（3）阅读所需结果集（例如，最后的结果集）。

（4）输入 APDL 命令 plesol，svar，\ ♯SVAR，以显示 SVAR。

（5）在 Ansys Workbench 模型中，SVAR 列表和相应定义将在 Digimat-CAE 生成的 .ans 界面文件中规定，或附加到插入的命令中作为注释。

21.3.5 适于 Ansys Workbench 的 Digimat ACT 插件

Digimat ACT 插件基于 Ansys Workbench v14.5 中引入的应用程序自定义工具包，包含 Mechanical APDL 的附加工具栏（图 21.33），可执行以下操作：

（1）为在 Digimat-MAP 中绘制取向文件，导出网格，以选择部件；

（2）将 Digimat 材料分配给选定部件，并将所需 Digimat 文件存储在项目目录中；

（3）导出非局部计算所需的所有分析文件（例如，用于团簇计算的文件）；

（4）后处理 Digimat 结果，简化状态变量的可视化，特别是当多个材料分配给结构时；

(1) Switch off power graphics
(2)Read in.rst file
(3)Read in e.g.last set

图 21.31　在 ANSYS Classic 中显示 SVAR，在 . rst 文件中加载

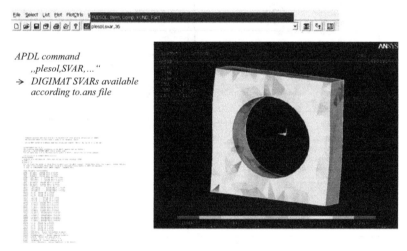

APDL command
,,plesol,SVAR, ... "
→　DIGIMAT SVARs available
　　according to.ans file

图 21.32　在 ANSYS Classic 中显示 SVAR，使用命令行访问 SVAR

（5）打开 Digimat 产品、文档和网站。

图 21.33　Digimat ACTplugin 工具栏设计

　　这些工具栏按钮创建的新对象是 Workbench 模型树，它封装了必要的 Mechanical 命令。通过该新插件，模型树中不再需要 APDL 命令，并在内部管理这些命令。此外，ACT 插件提供更高级的长期文件管理功能，以及耦合和多物理分析功能。

1）导出 Digimat-MAP 的网格文件

导出网格以选择部件的流程包括以下步骤（图 21.34）：

（1）导出网格（Export Mesh）；

（2）右键点击网格导出（Mesh export），选择定义网格以导出（Define Mesh to Export）。模型树中将出现一个新的项目，以及一个对象详情（Object details）面板；

（3）在对象详情面板中，点击几何（Geometry）文本框，选择要导出的几何体，然后点击应用（Apply）；

（4）在对象详情面板中，填写或更新文件名（File Name）；

（5）右键点击导出网/树项目，然后选择导出网格操作（闪电形图标）；

（6）浏览导出网格文件的目录；

（7）等待几秒钟，直到出现成功消息。

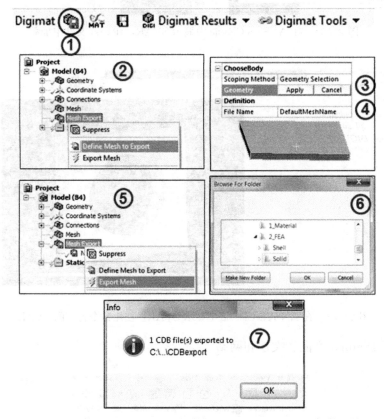

图 21.34　使用 Digimat ACT 插件导出 Digimat-MAP 的部件网格

2）将 Digimat 材料分配给几何体

该功能与 Digimat 插件提供的功能非常相似，但具有其他优点：

（1）运行耦合 Digimat 至 ANSYS 分析所需的 APDL 命令现封装到 Digimat 材料项中，而非明确添加到模型树中；

（2）为每个 Workbench 项目创建的"项目 _ 文件/用户文件"目录，存储各种 Digimat 文件（例如，材料文件、取向文件、刚度文件等）；

（3）切换各种 Digimat 设置（求解方法、取向描述、分析参数等），重新生成材料和界面文件；

（4）直接通过插件生成混合参数的独有功能，无需打开 Digimat-CAE；

（5）更好地管理耦合和/或多物理分析。

分配 Digimat 材料的流程包括以下步骤（图 21.35）：

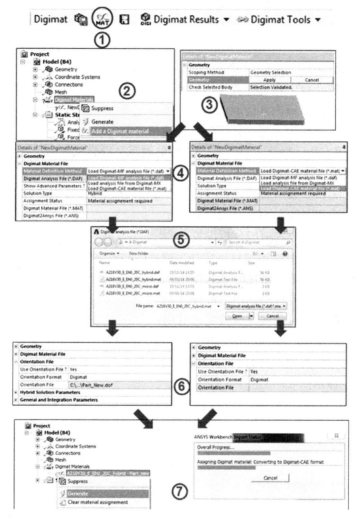

图 21.35　使用 Digimat ACT 插件分配 Digimat 材料

（1）点击分配材料（Assign Material）图标。模型树中出现一个新的项 Digimat 材料。

（2）右键点击 Digimat 材料树项目，然后选择分配新 Digimat 材料（Assign a new Digimat mat）。模型树中将出现新子项，以及一个对象详情（Object details）面板。

（3）在对象详情面板中，点击几何体（Geometry）文本框，选择要在可视化面板中待分配材料的主体，然后点击应用（Apply）。

（4）在对象详情面板中，选择要使用的分配方法（Assignment method），可选择三种不同的工作流程：

● 如果选择"加载 Digimat-MF 分析文件（*.daf）"，则须通过点击相应的文本框来提供 Digimat 分析文件（*.daf），该文件将打开一个文件对话框。在该流程结束时，插件会调用 Digimat-CAE 生成材料文件（*.mat）、混合参数和界面文件（*.ans）。

● 如果选择"从 Digimat-MX 加载分析文件"，则除了插件将打开 Digimat-MX 之外，工作流程将完全相同，可从数据库中提取分析文件。

● 如果选择"加载 Digimat-CAE 材料文件（*.mat）"，则将直接提供材料文件（*.mat）和界面文件（*.ans），前提是已事先在 Digimat-CAE 中创建。在该流程结束时，插件将直接分配给它们（无需调用 Digimat-CAE）。

（5）在对象详情面板中，选择要使用的分析或材料文件（取决于分配方法）。将自动分析文件，相应地修改面板的其他属性。

（6）在对象详情面板中，将根据需要设置或修改其余属性：

● Digimat 求解方法：微观、具有混合失效的微观、混合或宏观；

● 取向描述：恒定取向或取向文件；

● 混合求解方法和参数生成的设置（使用 Digimat-CAE 获得更多选项）；

● 宏观求解方法和刚度文件生成的设置；

● 微观和混合求解方法的一般分析设置。

（7）最后，右键点击模型树项目，选择生成（Generate）进行材料分配操作：

● 生成操作仅在几何体网格化时才起作用；

● 更新求解方法时，将自动调用生成操作；

● 生成操作仅在所有对象属性有效时才可用；

● 分配状态（Assignment status）也作为属性存储在对象详情面板中。在分配材料后，其将设置为已分配材料，并且只有在修改材料属性时才会更改。

材料分配后，显示图 21.36：

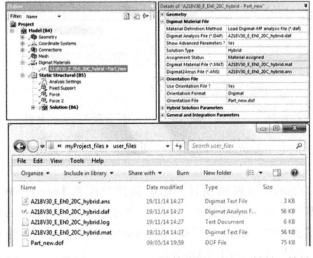

图 21.36　使用 Digimat ACT 插件分配 Digimat 材料：结果

（1）Digimat 材料具有有效的状态，并按照"材料文件 _ （取向/刚度文件）［Material file _ （Orientation/Stiffness file）］"的模板进行重命名。

（2）将不同的 Digimat 文件（分析/材料文件、取向/刚度文件、界面文件）复制到"项目 _ 文件/用户 _ 文件（Project _ files/user _ files）"目录中。

（3）根据具体情况编辑分析/材料文件的关键字。只编辑"项目 _ 文件/用户 _ 文件"中包含的文件，不会修改原始文件。

（4）在 Object details（对象详情）面板中，将显示带相关路径的文件，并由插件自动解释。

另外，所有这些对象属性（材料定义方法、解决方案方法、取向选项等）可按需要随意更改。操作时，插件会自动隐藏无意义的属性组，并启用/禁用与不支持的配置对应的属性。此外，还默认隐藏一些高级选项（混合参数和积分参数）以简化界面。如让其可见，可激活显示高级参数（Show advanced parameters）选项。在解析分析之前，插件会自动复制分析工作目录中的 Digimat 文件，并在输入文件中添加一些特定命令（以便在指定取向文件时激活用户材料子程序，重命名材料文件，定义壳体复合材料壳体断面等）。此外，对于一些特定配置而言，还要进行特殊操作：

（1）涉及初始条件（例如预应力模态、具有模态初始条件的谐波响应或具有热初始条件的静态结构）时，插件会将所有 Digimat 文件从"初始条件"分析工作目录复制到"当前"分析工作目录。

（2）涉及两种不同物理学的耦合分析（例如具有热初始条件的静态结构）时，插件会默认认为 Digimat 材料只描述机械性能，而非热性能。因此，对于热分析（"初始条件"）而言，将不使用 Digimat，且材料行为将由 ANSYS 材料卡确定。

3）导出用于团簇计算的项目文件

团簇导出（Export for Cluster）选项提供了一种可将所有计算所需的文件导出到独立文件夹或远处团簇的简单方法。使用流程包括以下步骤（图 21.37）：

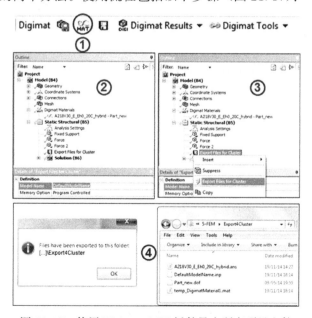

图 21.37　使用 Digimat ACT 插件导出所有项目文件

(1) 点击团簇导出图标，模型树中将出现一个新的项导出团簇文件（Export files for cluster）。

(2) 在对象详情（Object details）面板中，编辑输入文件名称文本框；随意更改内存选项（Memory option）以设置"DSPOPTION"，该设置与分布式稀疏求解器的内存分配方法相对应。

(3) 右键点击导出团簇文件树项目，然后浏览到要导出文件所在的目录。

(4) 所有必需文件将出现在指定导出文件夹中，并弹出一个确认窗口。

(5) 可在团簇上复制这些文件，并在命令行中启动计算。可能还需要复制与远程配置对应的"DIGIMAT _ Settings. ini"文件。

4）获得 Digimat 可视化结果

通过"Digimat 结果"下拉菜单，可请求获得和可视化一些有意义的状态变量，特别是在将具有不同 SVAR 编号的多个材料分配给结构时。使用流程包括以下步骤（图 21.38）：

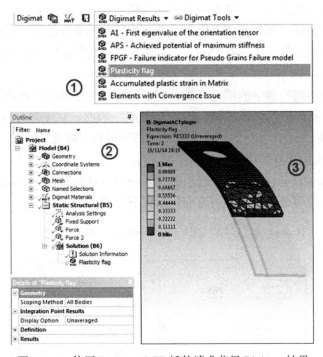

图 21.38　使用 Digimat ACT 插件请求获得 Digimat 结果

(1) 点击 Digimat 结果（Digimat Results）图标，从下拉菜单中选择一个可用结果。相应的项目将添加到模型树的求解分支中；

(2) 编辑对象详情；

(3) 评估结果。

在进行评估之后，可在可视化面板中显示这些结果。Digimat ACT 插件将解析分配给请求主体的所有 Digimat2Ansys（. ans）文件，找到所需结果和相应的 SVAR 索引，然后在可视化面板中显示该结果。如未定义给定 Digimat 材料结果，则不会在相应主体上显示结果。另一个有用的 Digimat 结果是"具有 Digimat 收敛问题的单元（Elements with Digimat convergence problem）"。Digimat ACT 插件将解析 Digimat 日志文件，寻找无收敛信息，并显示相应的单元。

21.4　Digimat-CAE/Marc

21.4.1　界面

Digimat-CAE/Marc 包含 Digimat 功能和所需界面的材料库，以便与 Marc 有限元（FE）求解器相连。通过将 Marc 库与 Digimat-CAE/Marc 相连，可访问 Digimat for FE 小应变分析中可用的所有线性和非线性小应变材料模型，还可通过其考虑注塑代码计算的纤维取向。

21.4.2　设置输入文件进行耦合分析

假设 Digimat 分析文件（.daf 文件）已经可用（myAnalysis）。Digimat-CAE/Marc 分析需要采取以下步骤来准备 Digimat 材料。

（1）在 Digimat-CAE 中定义分析：
- 在 Digimat-CA 中加载之前在 Digimat-MF 中定义的 .daf 文件。
- 选择界面代码 Marc（图 21.39）。
- 指定取向文件的路径。

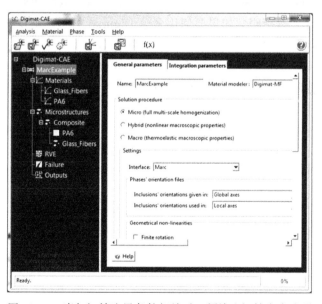

图 21.39　当与初始边界条件相关时，须检查初始应力选项

（2）生成界面文件，通过在 Digimat-CAE 中运行分析，将生成以下界面文件：
- MarcExample.mat：主要输入文件；
- MarcExample.marc：复制到 Marc 输入卡中，并写入 Marc 后处理文件中状态变量的含义；

- MarcExample. log。

（3）定义 Marc 材料：

通过类似于以下各项的命令行来定义 Marc. dat 文件中的用户材料。

- 定义材料模型

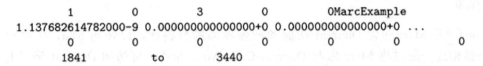

```
hypoelastic

        1            0            3            0          0MarcExample
 1.137682614782000-9 0.000000000000000+0 0.000000000000000+0 ...
        0            0            0            0            0            0            0
     1841          to         3440
```

第一行的关键词次弹性（hypoelastic）向 Marc 表明，材料行为将由 Digimat 材料库 Digimat-CAE/Marc 通过 HYPELA2 子程序进行模拟，而非由 Marc 直接模拟。第二行为空。第三行第一个数字给出了材料标识号。MarcExample 是材料名称，须与 Digimat 材料文件相同。第四行第一个数字给出了复合材料的密度（由 Digimat 自动计算）。第六行给出了须分配给 Digimat 材料的单元列表（在示例中为单元 1841 至 3440）。在 .marc 界面文件中，该单元列表由表达式 elementList 表示，须使用 Digimat 材料由指定的实际单元列表替换该表达式。

- 定义状态变量的数量

在输入选项标题部分（尺寸与第一个结束关键字之间），须确定状态变量的数量。状态变量的数量表示 Digimat 在每个积分点所需的变量数量，取决于确切的 Digimat 材料模型，并在 .marc 文件予以指明。如果要使用多个 Digimat 材料，则须在每个 Digimat 材料中输入最大数量的状态变量。

（4）获得 Digimat 输出结果：为在后处理中获得可视化状态变量，需要在 Marc 输入卡片的后部分插入负码。例如，对实体模型而言：

```
post
       16      16      17       2       0      19      20       0       1       0       0       0       0       0       0       0
       17       0
      311       0
      401       0
       -1       0
       -2       0
       -3       0
       -4       0
       -5       0
       -6       0
       -7       0
       -8       0
       -9       0
      -10       0
      -11       0
      -12       0
      -13       0
```

也可通过在选项卡 Marc Mentat 中选择所需的后处理状态变量：

Job->Properties->Job Results

在 Marc Mentat 中定义状态变量的后处理：

AVAILABLE ELEMENT SCALARS

（5）为渐近性失效添加附加参数：如果 Digimat 材料使用渐进失效模型，则应在执行隐式分析时添加一些特殊参数：时间步长应该足够短，以确保适当说明机械行为。通常采取的时间步长等于分析持续时间的 10^{-2} 倍。

（6）如要在 Digimat-CAE/Marc 应用程序中使用大旋转，则需检查 Digimat-CAE GUI 中的有限旋转选项，并在"工作，分析选项，高级选项"一节中的 Marc Mentat 中选择 Update 更新拉格朗日公式（Lagrangian formulation）（图 21.40 和图 21.41）。

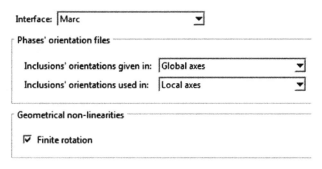

图 21.40　在 Digimat-CAE GUI 中选择有限旋转

图 21.41　Marc Mentat 中选择 Update Lagrangian formulation

（7）对于蠕变分析而言，Marc 的自动蠕变（auto creep）选项须替换为 Marc 输入选项中等效的自动步长（auto step）或自动加载（auto load）。在 Marc Mentat GUI 中，载荷状况类型须设置为静态而非蠕变（图 21.42）。

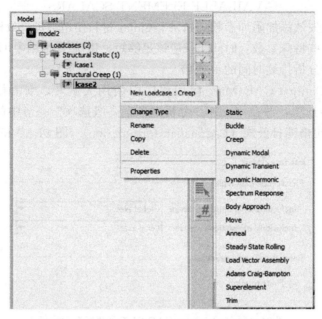

图 21.42　Marc Mentat 中更改载荷状况类型

（8）为限制内存消耗，使用 Casi 求解器或前置直接稀疏基体求解器。在 Marc 输入选项中，通过命令选择 Casi 求解器：

```
solver
    9    0    0    0    0    0    0    0    0    0    0    0    0    0    0    0
 1000    1    0
 1.000000000000000-8
```

在 Marc Mentat 中，将在"工作属性（Job properties）"中更改默认求解器，然后在"工作参数（Job parameters）"和"基体求解器（Matrix solver）"中更改（图 21.43）。

21.4.3　适于 UD/织物分析的设置 Marc

（1）当使用未使用铺覆代码的壳体单元来定义 UD/织物取向时，使用复合命令来定义 UD/织物的叠层：

```
composite
        0            0            1
        2            8            0 0.000000000000000+0              0
        1 3.000000000000000-1 4.500000000000000+1
        1 3.000000000000000-1 0.000000000000000+0
        1 3.000000000000000-1-4.500000000000000+1
```

定向命令来定义层片定向角：

```
1 3.000000000000000-1 9.000000000000000+1
1 3.000000000000000-1 9.000000000000000+1
1 3.000000000000000-1-4.500000000000000+1
1 3.000000000000000-1 0.000000000000000+0
1 3.000000000000000-1 4.500000000000000+1
 1          to        150

orientation

coord sys           0.000000000000000+0          1
        1          to        150
```

在该例子中，用于定义的坐标轴与以下定义的 XYZ 坐标轴对应：

```
1 coord system
2
3 $....coordinate system 1: crdsyst1
4 cord2r                    0        1        0
5        1        0
6  0.000000000000000+0 0.000000000000000+0 0.000000000000000+0
   0.000000000000000+0 0.000000000000000+0 1.000000000000000+0
7  1.000000000000000+0 0.000000000000000+0 0.000000000000000+0
```

图 21.44 说明了定义具有 UD/织物结构取向的复合截面的流程。如未定义该耦合取向/坐标系，则将根据节点编号来计算角度。

图 21.43　在 Marc Mentat 中选择 Casi 求解器

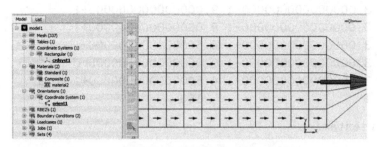

图 21.44　Marc Mentat 中壳体局部坐标轴的定义

（2）使用铺覆代码定义 UD/织物取向时的壳体单元须就单元的节点编号（默认的 Marc 选项）计算局部坐标轴，并且须将层角度设置为零。

（3）使用实体单元，"0°"方向将定义为全局 X 轴。为定义另一个层面取向，须定义耦合到另一个坐标轴的取向，并将该取向引用到与该局部坐标轴有关的单元：

```
orientation

coord sys                     4.500000000000000+1                0
                451           to            750
```

在本例中（图 21.45），就全局 X 轴而言，将在 45°处的 XY 平面内定义"0°"层取向。

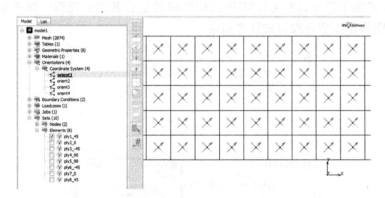

图 21.45　在 Marc Mentat 中定义实体局部坐标轴

21.4.4　启动工作

Digimat-CAE/Marc 启动耦合分析主要有三种平台可以使用，具体可参考 Digmat 安装手册：

（1）Windows 平台；

（2）Marc Mentat；

（3）Linux 平台。

21.4.5　Digimat 状态变量的可视化

根据 Marc Mentat（见上文）中定义的后部分或后处理选项在 .t16/.t19 文件中写入

状态变量。

21.4.6　适于 Marc Mentat 的 Digimat 插件

可在 Marc Mentat 的 Digimat 菜单中启动 Digimat-CAE/Mentat 插件（图 21.46）。Digimat 菜单中提供以下选项：

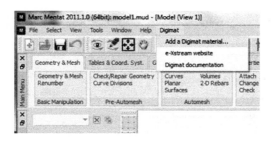

图 21.46　Marc Mentat 中的 Digimat 插件

1）添加 Digimat 材料

在 Marc 模型中添加 Digimat 材料的流程如下：

（1）选择待使用的 Digimat 材料和求解方法；

（2）选择待使用的取向文件；

（3）将 Digimat 材料添加到模型中。

2）选择 Digimat 材料

可选择宏观、微观和混合求解方法，具体操作如下：

（1）对于微观/混合求解方法，须提供一个 Digimat 分析文件（∗.daf）包含取向文件的使用、映射、分析参数等。管理分析文件向 Digimat-CAE 格式的转换，以及 Digi-mat-to-Marc 界面文件的创建。

（2）对于宏观求解方法，提供一个 Digimat 弱耦合材料文件（∗_DWC.mat）（刚度文件）。该选项假设已使用 Digimat-CAE 预先生成了这些文件，不提供取向文件和分析参数。

Digimat 材料的以下按钮提供了若干选项来定义和编辑 Digimat 分析（或材料）文件。

（1）创建新 Digimat 材料：允许创建新的 Digimat 材料，点击打开一个 Digimat-MF 的新窗口，可以定义待使用的 Digimat 材料（材料、相等）。

（2）从 Digimat-MX 中提取 Digimat 材料：直接在 Marc 中使用存储在 Digimat-MX 数据库中的材料，点击打开 Digimat-MX，可浏览 Digimat-MX 数据库，并选择所需材料文件。完成后，关闭 Digimat-MX 导出所选材料。

（3）浏览：直接加载之前保存在 .daf 文件中的 Digimat 材料。

（4）加载数据：允许将 Digimat 材料文件中定义的积分参数加载到插件中。

3）使用取向文件

该选框中的前两项为问题项：如果对第一项的问题选择 yes，则启用以下项，并显示一些新的控制；第二项询问结构网格和注塑网格是否相同，该项只有在使用注塑成型模拟软件生成的取向文件时才有意义；若注塑成型模拟软件中使用的网格通常与 Marc 中用于结构分析的网格不同，需要执行映射将这些取向张量从注塑网格转移到结构网格。第三项为使用

Digimat-MAP 进行映射操作。点击启动 Digimat-MAP，加载具有取向文件的给体网格和受体网格执行映射。完成后保存并返回到 Marc Mentat。最后一个选项选择待使用的取向文件。

4）在 Marc Mentat 模型中插入 Digimat 材料

点击 Add Digimat material 按钮，将新 Digimat 材料有效地插入到当前 Marc Mentat 模型中。然后，将新材料属性添加至所需单元（图 21.47）。

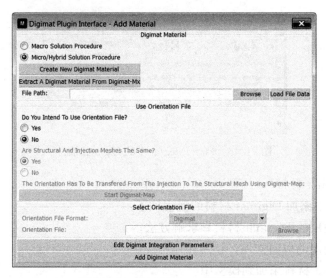

图 21.47　添加 Digimat 材料窗口

5）Digimat 积分参数窗口

点击编辑 Digimat 积分参数（Edit Digimat Integration Parameters）按钮时将出现此窗口，默认参数适用于大多数分析（图 21.48）。

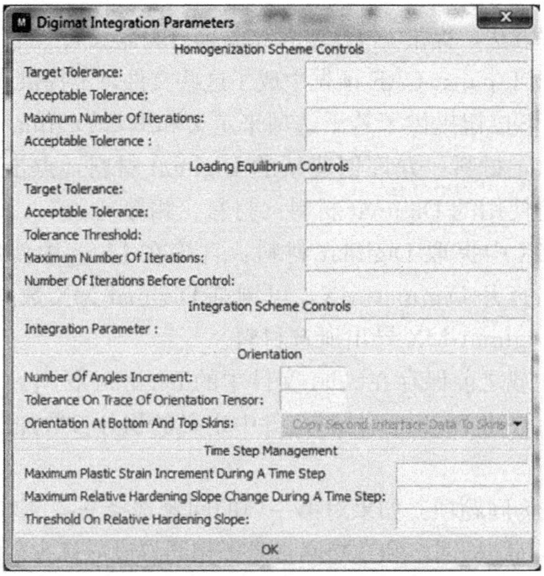

图 21.48　Digimat 积分参数窗口

第 22 章　与疲劳分析软件耦合分析

22.1　Digimat-CAE/nCode DesignLife

22.1.1　界面

使用 Digimat 功能在微观-宏观层次下对复合材料进行建模，并结合 nCode Design-Life，从而解决复杂的疲劳线性多尺度有限元问题。这种双尺度建模方法涉及 Digimat 和 nCode DesignLife 之间的强耦合，以准确描述复合材料中的疲劳效应。

Digimat 和 nCode DesignLife 之间的界面可以考虑由注塑成型软件包计算的纤维取向。因此，可通过界面对复合材料部件结构行为的注射流程的影响建模。

22.1.2　设置输入文件进行耦合分析

1）准备 Digimat-CAE 中的疲劳数据

为准备进行 Digimat-CAE/nCode DesignLife 耦合分析，须开展如下工作：

（1）在 Digimat-CAE 图形用户界面中加载 Digimat 分析文件；

（2）在选项卡 General parameters 中选择 nCode DesignLife 界面（图 22.1）；

（3）定义映射到结构网格上的纤维取向文件的格式和路径；

（4）如果尚未纳入 Digimat 原始分析文件中，则须添加疲劳失效指标；

（5）运行分析。

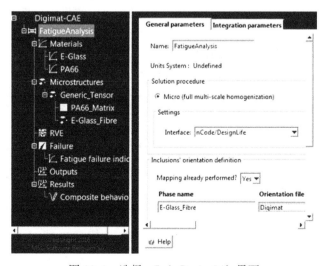

图 22.1　选择 nCode DesignLife 界面

在工作目录中生成 2 个界面文件：

（1）构成 Digimat 输入文件的材料文件（.mat），以进行 Digimat-CAE/nCode DesignLife 输入文件。

（2）以及构成 nCode 输入文件的项目文件（.dmp），以进行 Digimat-CAE/nCode DesignLife 分析。

2）在 nCode DesignLife 中使用 Digimat

Digimat-CAE/nCode DesignLife 耦合疲劳分析需要以下定义：

（1）有限元结果；

（2）加载；

（3）材料；

（4）分析运行；

（5）后处理。

因此，只有在使用 Digimat-CAE/Abaqus 或 Digimat-CAE/ANSYS 进行准静态结构有限元分析（FEA）后才可对其设置。须在将取向张量作为 Digimat 自定义输出和有限元结果之后运行该有限元分析。如果结果文件位于 nCode 打开时设置的工作文件夹中，则 nCode 将自动识别结果文件。

22.1.3 设置 Digimat-CAE/nCode DesignLife 耦合疲劳分析

（1）打开 nCode；

（2）设置工作文件夹；

（3）点击主菜单中的 DesignLife（左栏）；

（4）将可用数据中的有限元结果文件拖放到工作区中；

（5）将 nCode 色板中 DesignLife 部分（右栏）的符号 Short Fibre Composite SN Analysis 拖放到工作区，并将其连接到有限元输入选项中；

（6）将 nCode 色板中 Display（显示）部分的 nCode 有限元显示和数值显示拖放到工作区，并将其连接到 Short Fibre Composite SN Analysis 符号中（图 22.2）。设置所需要的分析参数：

- 右键点击分析符号并选择高级编辑；
- 接受运行至该点的分析，以便确认有限元结果。

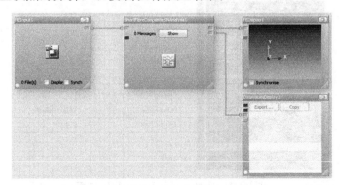

图 22.2　适用于 Digimat-CAE/nCode DesignLife 耦合疲劳分析的 nCode 流程示例

打开 DesignLife 配置编辑器，并通过左侧树形结构访问各种分析参数（图 22.3）。

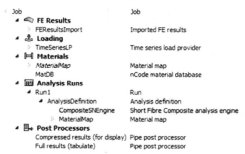

图 22.3　DesignLife 配置编辑器树形结构示例

22.1.4　编辑加载

（1）点击加载部分下的树形结构项。

（2）将加载类型更改为恒定幅值（图 22.4）。

（3）设置与目标加载率一致的最大和最小系数。

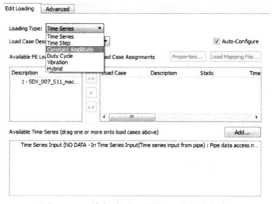

图 22.4　将加载类型设置更改为恒幅

22.1.5　编辑材料

（1）点击材料部分下的 Material Map 树形结构项。

（2）将材料类型更改为 Digimat SN（图 22.5）。

图 22.5　将材料类型设置更改为 Digimat SN

（3）点击添加按钮，添加新的数据库。

（4）将右下角的文件类型过滤器更改为 Digimat files（.dmp）后，选择之前生成的 .dmp 文件（图 22.6）。创建名为 DigimatDB 的新材料数据库对象。其指向构成 Digimat 输入的材料文件。将底部框中可用的材料拖放到顶部框上，以将其分配给默认材料组。

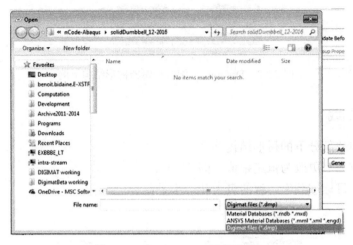

图 22.6　打开 Digimat 项目文件

22.1.6　运行分析编辑

（1）点击运行分析部分下的 Composite SN Engine 树形结构项。

（2）对于平均应力不敏感分析，将 SN Method 更改为 Digimat，而对于平均应力敏感性分析，将 SN Method 更改为 Digimat Haigh（图 22.7）。

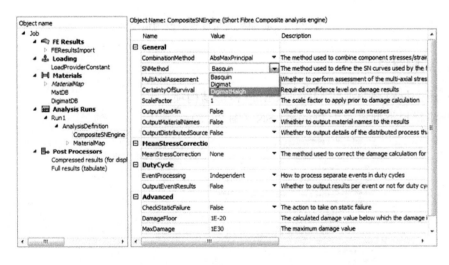

图 22.7　将 SNMethod 更改为 Digimat 或 Digimat High

（3）点击确认，以验证分析参数。

运行 Digimat-CAE/nCode DesignLife 耦合分析，默认情况下，流程在 FE Display nCode 中显示损伤结果（图 22.8）。可使用 nCode 某些高级功能，从而使得 Digimat-CAE/nCode DesignLife 分析更加有效。

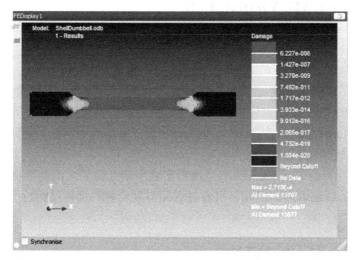

图 22.8　Digimat-CAE/nCode DesignLife 耦合分析样品损伤结果

（1）为在随后打开分析时检索之前的分析结果，在文件菜单中选择 Save Process With Data，然后关闭 nCode。

（2）Digimat 不支持 nCode 并行处理。因此可能需要在工作高级属性中将属性 Num Analysis Thread 设置为 1。

（3）默认情况下，nCode Short Fibre Composite SN Analysis 引擎在有限元结果文件的状态变量中查找压力。但是，状态变量映射并没有嵌入到 ANSYS 结果文件（.rst）中。因此，如果该界面已经运行准静态有限元分析（FEA），则需要将属性 State Variable Mapping 设置为 Digimat-CAE/ANSYS 界面文件（.ans）的路径。

（4）如果有限元模型中涉及没有分配 Digimat 材料的部件，则仅需在分配有 Digimat 材料的部件上运行分析。为此，将属性 Selection Group Type 设置为 Material，将属性 Group Names 设置为 Digimat 材料的名称。

（5）默认情况下，根据设置为 State Variables 的属性 Material Orientation Tensors，nCode 将取向张量（来源于记录在有限元结果中的状态变量）转换为 Digimat。将该属性设置为 "None"（无），使 Digimat 从取向文件中读取取向张量，但前提条件是这些张量并未被要求作为准静态有限元分析（FEA）的自定义输出。

（6）与 Digimat 一并使用的首选应力合成方法是 Abs Max Principal。但是，选项 Critical Plane 也可进行函数分析。

（7）出于验证的目的，需要评估单元中使用的实际应力幅值，以导出损伤或寿命结果。为此，将属性 Output Max Min 设置为 True，以使最大和最小应力输出为 "完整结果" 表格中的附加栏。

（8）默认情况下，nCode 将会考虑 Digimat 提供的 S-N 曲线，单位为 MPa。如果以其他单位制设置 Digimat 材料模型，则相应地设置属性 Digimat Stress Units。

（9）为从"完整结果"表格的第一行直接定义最短寿命单元，可将属性 Sort Key words 设置为-Damage。

22.2 Digimat-CAE/Virtual. Lab

22.2.1 界面

使用 Digimat 功能在微观-宏观层次下对复合材料进行建模，并结合 Virtual. Lab Durability（虚拟实验室耐久性），可以解决复杂的疲劳线性多尺度有限元问题。该双尺度建模方法涉及 Digimat 和 Virtual. Lab Durability（虚拟实验室耐久性）之间的强耦合，以准确说明复合材料中的疲劳效应。

Digimat 和 Virtual. Lab Durability（虚拟实验室耐久性）之间的界面可以考虑由注塑成型代码计算出的纤维取向。因此，可通过界面对复合材料部件结构行为的注射流程的影响建模。

22.2.2 设置输入文件进行耦合分析

为进行 Digimat-CAE/Virtual. Lab Durability 耦合分析，须在 Digimat-CAE 图形用户界面的 General parameters 选项卡中选择 LMS Virtual. LabDurability 界面（图 22.9）。选择 LMS Virtual. Lab Durability 界面后，必须选择与单位加载计算的线性分析相对应的有限元结果文件。该有限元结果文件的格式必须是 Abaqus（.odb）或 ANSYS（.rst）文件以及适用于实体单元的取向文件（图 22.10）。

图 22.9 LMS Virtual. Lab Durability 界面选择

第二步是定义三个疲劳失效指标，对应于单向复合材料的三个 SN 实验曲线（一条 SN 纵向曲线，一条 SN 横向曲线以及一条 SN 有向曲线），从而将应力幅值确定为周期数函数。

运行 Digimat 后，将在工作目录中生成两个新文件：Digimat. mat 文件和.dmp 项目文件，其中包含有关 Virtual. Lab 进一步分析的信息。

图 22.10　有限元结果文件的选择

在 Virtual. Lab Durability、中，加载和使用 Digimat 项目：

为打开 Digimat 项目，请在耐久性分析中选择 File->Import。选择 Digimat Project（*.dmp）作为文件类型，并选择项目文件（图 22.11）。自动加载相应的有限元文件，如果成功，将显示图 22.12。

图 22.11　在耐久性分析中选择 Digimat 项目文件

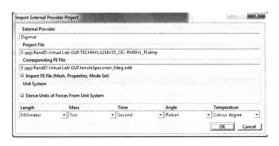

图 22.12　Digimat 项目文件的导入结果

为在 Virtual. Lab Durability Stress Life Analysis 中使用 Digimat 材料，须双击耐久性工作任务定义中的 SN Curve 功能（图 22.13），并在 S-N 曲线定义对话框中选择 External SN Curve 作为 Definition Type（参见图 22.14）。以下列表显示了所有导入的 Digimat 项

目，可选择要用于该 SN 曲线的项目。

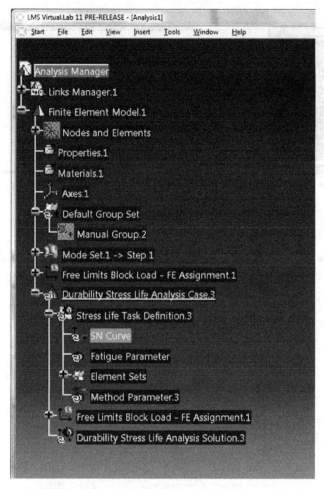

图 22.13　SN 曲线中 Digimat 材料的分配

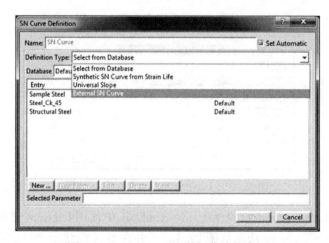

图 22.14　Digimat SN 外部曲线的选择